普通高等教育"十三五"电工电子基础课程规划教材
江苏高校品牌专业建设工程资助项目

电子工艺基础与实践训练
——面向卓越工程师培养

主　编　朱昌平　张秀平
副主编　单鸣雷　李　建　姚　澄　林善明　殷　明
参　编　龚润航　刘逸韬　陈增熙　童紫薇　李博微

机械工业出版社

"电子工艺基础训练"是电子信息类各专业的一门实践类技术基础课，它从基本元器件的认知和基本焊接技能入手，引导刚刚进入电子信息领域的学生开展实践学习。教材总结了河海大学声通315团队近年来在教学实践、学科竞赛实践和产学研实践中积累的经验，以常用典型实例引导，结合问题分析，加强基本技能训练；同时注意吸收专业领域内的先进技术，如仿真技术等内容。

本书内容分为三个部分。第1部分是电子工艺设计基础知识，共四章：对电阻器、电位器、电容器、电感器、变压器、二极管、晶体管、开关、蜂鸣器、模拟集成电路等常用基本元器件的识别和检测常识逐一介绍；从焊接工具、焊料焊剂认识入门，详细讲解手工焊接技术、要求和质量检测方法；以51单片机最小系统开发板的设计、制作为例，介绍电路板的设计和手工制作过程及热转印机的使用；结合普通高校实验室的情况，介绍电子设计常用仪器，包括直流稳压电源、示波器、数字万用表和信号发生器等，以及电子测量基本方法。第2部分是电子设计实例，共三章：基础型电子设计实例、仿真型电子设计实例和提高型电子设计实例，由浅及深循序渐进地讲述了电子技术设计实例。第3部分是团队模式下提高本科生实践创新能力的探索实践经验介绍，旨在为引导学生开展自主实践创新提供借鉴。

本书可作为高等学校电子信息类及相关专业的本科生教材，也可作为一般电子爱好者开展电子实践制作的辅助资料和参考书。

图书在版编目（CIP）数据

电子工艺基础与实践训练：面向卓越工程师培养/朱昌平，张秀平主编. —北京：机械工业出版社，2016.1（2025.8 重印）
普通高等教育"十三五"电工电子基础课程规划教材
ISBN 978-7-111-54073-1

Ⅰ.①电… Ⅱ.①朱… ②张… Ⅲ.①电子技术-课程设计-高等学校-教材 Ⅳ.①TN-41

中国版本图书馆 CIP 数据核字（2016）第 140301 号

机械工业出版社（北京市百万庄大街 22 号 邮政编码 100037）
策划编辑：徐 凡 责任编辑：徐 凡 王玉鑫
责任校对：张晓蓉 封面设计：张 静
责任印制：刘 媛
北京富资园科技发展有限公司印刷
2025 年 8 月第 1 版第 7 次印刷
184mm×260mm · 13.5 印张 · 328 千字
标准书号：ISBN 978-7-111-54073-1
定价：38.00 元

电话服务　　　　　　　　　　网络服务
客服电话：010-88361066　　　机 工 官 　网：www.cmpbook.com
　　　　　010-88379833　　　机 工 官 　博：weibo.com/cmp1952
　　　　　010-68326294　　　金 书 　网：www.golden-book.com
封底无防伪标均为盗版　　　机工教育服务网：www.cmpedu.com

前　　言

　　与发达国家相比，中国的高等教育在严守规范的契约精神、积极探索的实践创新意识、理性分析的批判性思维能力等方面的培养均需要更进一步加强，对此国家和学校采取了诸多办法，有的已收到了良好实效，受到了学生的欢迎和社会的好评。作者所在的河海大学声通315团队（以下简称315团队）从2002年建立以来，坚持以"学生成为最好的自己，在和谐进取的氛围中练就过硬的创新创业能力"为培养理念，已培养出300多名社会责任意识与专业技术水平都受到社会好评的本科毕业生。从2013年起，为了将团队的培养经验让全院学生分享，学院又让315团队的10多位教师共同承担了学院400多名学生的"电子工艺基础训练"课程，采用学生通过两周完整的时间进行该课程学习的方式，使全体学生在电子工艺规范、电子设计和电子工程创新三个方面得到一定的基础性培养，受到了学生广泛认可。

　　在这些实践教学中，有以下几点体会：

　　实践教学目标需要紧密切合企业对人才培养的需求。因此，在接受教学任务后，团队10多位教师和40多名学生先后多次到企业和兄弟院校进行了调研。在对企业的调研中，了解到企业对学生最为关注的是"严守规范的契约精神"，而且企业当下对新入职员工在规范培养上花的精力很大。为此，我们感到，应在每一教学过程中都对相应的规范加以强调，如电烙铁的使用规范、每个电子仪器的使用规范、安全用电的规范、进出实验室的规范等，而且均应特别提出，并作为评定成绩关注点和要点之一。同时，在规范的培养过程中，应由学生参与管理，事前师生一起学习相关规范，并拟定共同遵守的细则，据此引入学生互评机制，教师进行过程调控，在实践过程中培养学生严守规范的契约精神。

　　实践教学模式需要紧密结合学生的认知需求。包括两个方面：教师适时适度地辅助指导和以学生作为实践主体的中心地位。

　　课程教学团队在探索中发现，当每个老师指导人数不大于8人时，实践教学效果最优，而本科教学中，一般给每个自然班（约30人）配备一名主讲教师，因此并不能保证实践教学效果最好。解决的办法是，借鉴团队运作成熟的"梯队人才培养模式"，在每个自然班发展并建立4~5人的小辅导老师队伍，协助主讲教师完成实践教学指导，以保证最多8个学生获得一个人的指导。其中，小辅导老师的来源是授课班级中的315团队成员。期望成为团队成员的学生在大学一年级即可自主申请进入315团队，至电子工艺实践开课时，由于每个成员在团队已接受了一个学期以上时间的培训和考核，因此每一位成员不仅懂得实践应知应会规范，而且更具备了制作简单电子电路的基本技能。为了使这些期望的成员达到小辅导老师的要求，团队老师可利用暑期对全体小辅导老师进行针对性的培训。培训内容包括：基本元器件的识别、Protel 软件的安装和使用训练、制板工具的使用、电路板的焊接与调试训练等。在培训过程中，团队老师协同小辅导老师对每一个模块内容整理了一套简单的操作流程，对于手工制板录制了相应的视频教程，方便在实践教学过程中学生预习。在每个培训结点，展开讨论，并对每个人遇到的问题及解决方法进行汇总、共享，便于实施过程中遇到相同的问题时，小辅导老师能够快速准确地进行解答。培训结束后，要结合电子工艺实践教学的具体实施项目，进行集体备课，针对当次实践要求的基础题目和提高题目，每个人亲手做一遍，对于过程中遇到的问题进行交流总结和分享，提高辅导的效果。通过集中培训和集体备课成长起来的小辅导老师，可以比较有效地解决 1 师 8 生问题，确保对每一位学生指导到位。

学生是电子工艺实践教学的主体，对于刚升入大二的学生而言，他们多数只具备简单电路的基本理论知识，没有接触过画电路图、制作单元电路的过程。为了确保每一位学生在两周教学时间内能听懂、学透、独立完成实践项目，团队教师以学生为中心，将课堂下移，延伸课堂外学习。同时，对教学过程进行了优化，把教学过程分为四个阶段：第一个阶段学习基础知识。这一阶段重视课前预习，以提高基础入门信息量。在课前下发关于基本元器件的认识和制作项目原理讲解的电子讲稿，方便学生预习。好的开头是成功的一半，有了预习做基础，就可以在课堂上给学生介绍很多优秀的学生电子设计作品，重在激发学生的兴趣与对电子设计的感知认识。第二个阶段学习 Protel 画原理图和印制电路板（PCB）图。软件的安装包以及安装方法提前一天下发，安装到学生自备的计算机上，对于安装不成功的学生由辅导老师辅助，保证软件在课前安装到位，不影响学习进程。课堂进度跟着学生走，教师讲解，学生同步操作，每一位小辅导老师负责解答附近 8 位学生的问题，主讲教师每讲解 20 分钟左右，就会暂停一段时间，给同学们解决自己遇到的问题，并练习刚刚讲过的内容。尽量让每一位同学不仅能够入门，还要明明白白地掌握，以提高整体学习效率和学习水平。第三个阶段练习焊接。课前下发录制好的视频，供学生提前自学，课堂上着重讲解焊接规范中的注意事项和常见问题。学生进行焊接练习时，1 师 8 生现场指导。焊接过关后，进入第四个阶段——学习实践制作，内容包括手工制板、焊接和调试。通过讲解和演示手工制板的完整过程，即打印电路图、热转印、腐蚀电路板、钻孔、电路板测试、元器件测试、电路焊接和电路调试等，加上预习视频的辅助，学生可以较快地上手，独立实践制作的过程。其间，1 师 8 生指导不间断，随时解答学生遇到的问题。这样以学生为中心，课堂下移的教学过程，可以较好地提升学习效果。

考核不仅仅是一种评价方式，更是促使学生对知识和技能精确熟练掌握的有效手段。为此，除第一个学习阶段外，在其后每一个阶段的同步讲解学习和练习之后，采取随机抽题的方式，加入考核环节。重点考察学生应用所学知识解决具体问题的能力和不足，给出改进建议，做出评定。考核标准由主讲教师给出，涵盖了 PCB 整体布局、焊点质量、作品运行情况等。小辅导老师交叉对学生的软件和硬件作品打分，避免人为因素对评定的影响。

以每一位学生为中心的电子工艺实践类课程，旨在引导学生熟悉应知应会的规范，在电子设计和制作中能够做到游刃有余；通过实践，学生体验自己的智慧和双手设计制作出自己想要的东西，感受那种跃变的过程；通过实践，激发学生深入学习专业知识的热情，享受电子设计的乐趣。

在两周集中实践结束后，教师给学生布置基本要求和提高要求两方面的课后作业。其中，基本要求是每位学生必须完成的。基本要求的内容是，撰写课程报告，报告中除对收获与体会进行总结外，特别要求对本次课程教学内容、教学方法、教学手段、教学形式等提出意见与建议。提高要求的内容是，依据个人兴趣与特长，对本次课程的实践项目进行拓展、创新、优化。学生用四周时间完成课后作业，并在全班进行作业交流答辩，课后作业及答辩环节，给学生独立思考、总结提高提出了要求，旨在对学生批判性的学习能力进行培养。

本书内容是 315 团队师生 10 多年实践能力培养与近年来通过课程教学由点带面的总结。由于水平有限，书中还存在不少错误和不妥之处，作者热忱希望使用本书的师生和其他读者给予指正，帮助改进。在完成书稿的过程中学习和参考了许多同行的教学学术成果，在此深表谢意。

本书为江苏高校品牌专业建设工程资助项目（PPZY2015B141）和国家自然科学基金资助项目（11274092）。

编　者

目　　录

第 2 部分　电子设计实例

第1部分　电子工艺设计基础知识

第1章　基本电子元器件

电子电路中常用的元器件包括：电阻器、电容器、二极管、晶体管、场效应晶体管、晶闸管、电感器、变压器、开关、传感器、集成电路芯片、熔断器、光耦合器、滤波器、接插件、电动机、天线等。本章介绍最常用的几类元器件。

1.1　电阻器和电位器

电阻器（Resistance，通常用 R 表示）是电路中最常用的器件，简称电阻。单位欧姆（ohm），符号 Ω，其图形符号如图 1.1.1 所示。

电阻器可以分为固定电阻器和可调电阻器。可调电阻器的阻值可以调节，常见的可调电阻器是滑动变阻器，如图 1.1.2 所示。例如，收音机音量调节的装置是个圆形的滑动变阻器。可调电阻器中主要应用于电压分配的，称为电位器，其图形符号如图 1.1.3 所示。

电阻器在电路中的主要作用是缓冲、负载、分压分流、保护等作用。

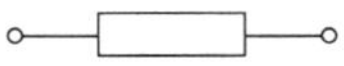

图 1.1.1　固定电阻器 　　　图 1.1.2　可变（调）电阻器 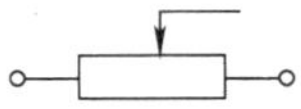　　　图 1.1.3　滑动触点电位器

1.1.1　电阻器和电位器的型号

电阻型号命名方法见表 1.1.1。

表 1.1.1　电阻器型号命名方法

第一部分：主称		第二部分：材料		第三部分：特征分类			第四部分：序号
符号	意义	符号	意义	符号	意义		第四部分：序号
					电阻器	电位器	
R	电阻器	T	碳膜	1	普通	普通	对主称、材料相同，仅性能指标、尺寸大小有差别，但基本不影响互换使用的产品，给予同一序号；若性能指标、尺寸大小明显影响互换时，则在序号后面用大写字母作为区别代号
		H	合成膜	2	普通	普通	
		S	有机实心	3	超高频	—	
		N	无机实心	4	高阻	—	
		J	金属膜	5	高温	—	
		Y	氧化膜	6	—	—	

（续）

第一部分：主称		第二部分：材料		第三部分：特征分类			第四部分：序号
符号	意义	符号	意义	符号	意义		
					电阻器	电位器	
R	电阻器	C	沉积膜	7	精密	精密	对主称、材料相同，仅性能指标、尺寸大小有差别，但基本不影响互换使用的产品，给予同一序号；若性能指标、尺寸大小明显影响互换时，则在序号后面用大写字母作为区别代号
		I	玻璃釉膜	8	高压	特殊函数	
		P	硼碳膜	9	特殊	特殊	
W	电位器	U	硅碳膜	G	高功率	—	
		X	线绕	T	可调	—	
		M	压敏	W	—	微调	
		G	光敏	D	—	多圈	
		R	热敏	B	温度补偿用	—	
				C	温度测量用	—	
				P	旁热式	—	
				W	稳压式	—	
				Z	正温度系数	—	

示例：1）精密金属膜电阻器。

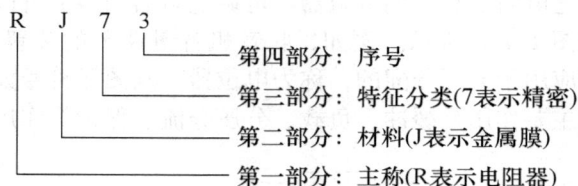

R J 7 3

- 第四部分：序号
- 第三部分：特征分类(7表示精密)
- 第二部分：材料(J表示金属膜)
- 第一部分：主称(R表示电阻器)

2）多圈线绕电位器。

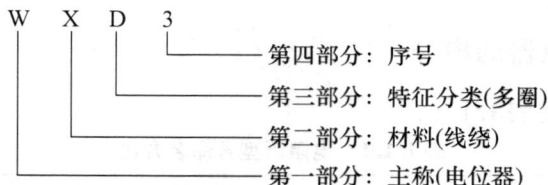

W X D 3

- 第四部分：序号
- 第三部分：特征分类(多圈)
- 第二部分：材料(线绕)
- 第一部分：主称(电位器)

1.1.2 电阻器的主要技术指标

1. 额定功率

电阻器在正常大气压力及额定温度下，长时间连续正常工作，满足规定的性能要求时，所允许消耗的最大功率称为额定功率。电阻器的额定功率并不是电阻器在电路中工作时一定要消耗的功率，而是电阻器在电路工作中所允许消耗的最大功率。不同类型的电阻具有不同系列的额定功率，见表1.1.2。

表 1.1.2　电阻器的功率等级

名称	额定功率/W
实心电阻器	0.25、0.5、1、2、5
线绕电阻器	0.5、1、2、6、10、15、25、35、50、75、100、150
薄膜电阻器	0.025、0.05、0.125、0.25、0.5、1、2、5、10、25、50、100

2. 标称阻值

阻值是电阻器上的名义阻值。不同类型的电阻，阻值范围不同，不同精度的电阻其阻值系列也不同。根据国家标准，常用的标称电阻值系列见表 1.1.3。E24、E12 和 E6 系列也适用于电位器和电容器。

表 1.1.3　标称电阻值系列

标称值系列	精度	电阻器、电位器标称值
E24	±5%	1.0、1.1、1.2、1.3、1.5、1.6、1.8、2.0、2.2、2.4、2.7、3.0、3.3、3.6、3.9、4.3、4.7、5.1、5.6、6.2、6.8、7.5、8.2、9.1
E12	±10%	1.0、1.2、1.5、1.8、2.2、2.7、3.3、3.9、4.7、5.6、6.8、8.2
E6	±20%	1.0、1.5、2.2、3.3、4.7、6.8

注：表中数值再乘以 10^n，其中 n 为正整数或负整数。

3. 允许偏差等级

电阻器的实测阻值与标称阻值之间可能有偏差，允许的最大偏差范围称为允许偏差或精度。在精密仪器中，电阻器的精度常常是决定仪器精度的一个重要因素。一般而言，精度高的电阻器温度系数小，阻值稳定性高。电阻器精度等级见表 1.1.4。

表 1.1.4　电阻器精度等级

允许偏差（%）	±0.001	±0.002	±0.005	±0.01	±0.02	±0.05	±0.1
等级符号	E	X	Y	H	U	W	B
允许偏差（%）	±0.2	±0.5	±1	±2	±5	±10	±20
等级符号	C	D	F	G	J（Ⅰ）	K（Ⅱ）	M（Ⅲ）

1.1.3　电阻器的标识方法

1. 文字符号法

文字符号法用阿拉伯数字和文字符号有规律的组合来表示电阻器的标称阻值、额定功率、允许偏差等级等。

用 R、k、M、G、T 几个文字符号表示电阻的单位，见表 1.1.5。文字符号前面的数字表示整数阻值，后面的数字依次表示第一位小数阻值和第二位小数阻值。如 1R5 表示 1.5Ω，5k1 表示 $5.1k\Omega$。

表 1.1.5　文字符号表示电阻的单位

文字符号	R	k	M	G	T
表示单位	欧姆（$10^0\Omega$）	千欧姆（$10^3\Omega$）	兆欧姆（$10^6\Omega$）	吉欧姆（$10^c\Omega$）	太欧姆（$10^{12}\Omega$）

示例：

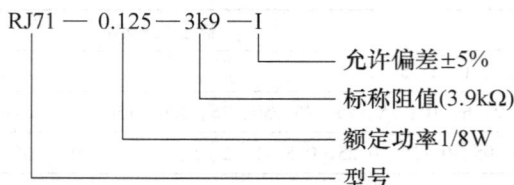

由标号可知，本例是精密金属膜电阻器，额定功率为 1/8W，标称阻值为 3.9kΩ，允许偏差为 ±5%。

2. 直标法

直标法用阿拉伯数字和单位符号在电阻器表面直接标出标称阻值，其允许偏差直接用百分数表示，如图 1.1.4 所示。

另一种方法是数字法，完全采用数字标识，前几位是有效数字，最后一位是倍率，表示乘以 10 的多少次方，如图 1.1.5 所示。贴片电阻比较小，一般采用数字法标出其阻值。例如，472 表示 $47 \times 10^2 \Omega$ 即 4.7kΩ 的电阻。

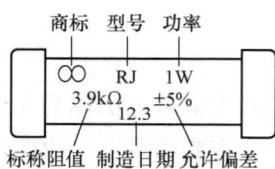

图 1.1.4　直标法

图 1.1.5　数字法

3. 色标法

色标法是用不同颜色的色环或色点在电阻器表面标称阻值和允许偏差。根据环数可分为三环、四环、五环三种标法。

三环：有一位有效数字，是允许偏差固定为 ±20% 的普通电阻器。例如，色环为棕黑红，表示 $10 \times 10^2 \Omega = 1.0 \times (1 \pm 20\%)$ kΩ 的电阻器。

四环：有二位有效数字，是普通电阻器。其中三条色带表示阻值，一条表示偏差。例如，色环为红紫黄银，表示 $27 \times 10^4 \Omega = 270 \times (1 \pm 10\%)$ kΩ 的电阻器。

五环：有三位有效数字，是精密电阻器，其中四条色带表示阻值，一条表示偏差。例如，色环为红绿蓝红棕，表示 $256 \times 10^2 \Omega = 25.6 \times (1 \pm 1\%)$ kΩ 的电阻器。

一般四色环和五色环电阻器表示允许偏差的色环的特点是该环离其他环的距离较远。较标准的表示应是表示允许偏差的色环的宽度是其他色环的 1.5~2 倍。

有些色环电阻器由于厂商生产不规范，无法用上面的特征判断，这时只能借助万用表判断。

图 1.1.6 给出了五环电阻的表示方法，表中给出了色环电阻各种颜色表示的数值。

读取色环电阻的参数，首先要判断读数的方向。一般来说，表示允许偏差的色环离开其他几个色环较远并且较宽一些。判断好方向后，就可以从左向右读数。

标称值第一位有效数字

标称值第二位有效数字

标称值第三位有效数字

标称值有效数字后0的个数

允许偏差

颜色	第一位有效数字	第二位有效数字	第三位有效数字	倍率	允许偏差
黑	0	0	0	10^0	
棕	1	1	1	10^1	±1%
红	2	2	2	10^2	±2%
橙	3	3	3	10^3	
黄	4	4	4	10^4	
绿	5	5	5	10^5	±0.5%
蓝	6	6	6	10^6	±0.25%
紫	7	7	7	10^7	±0.1%
灰	8	8	8	10^8	
白	9	9	9	10^9	
金				10^{-1}	
银				10^{-2}	

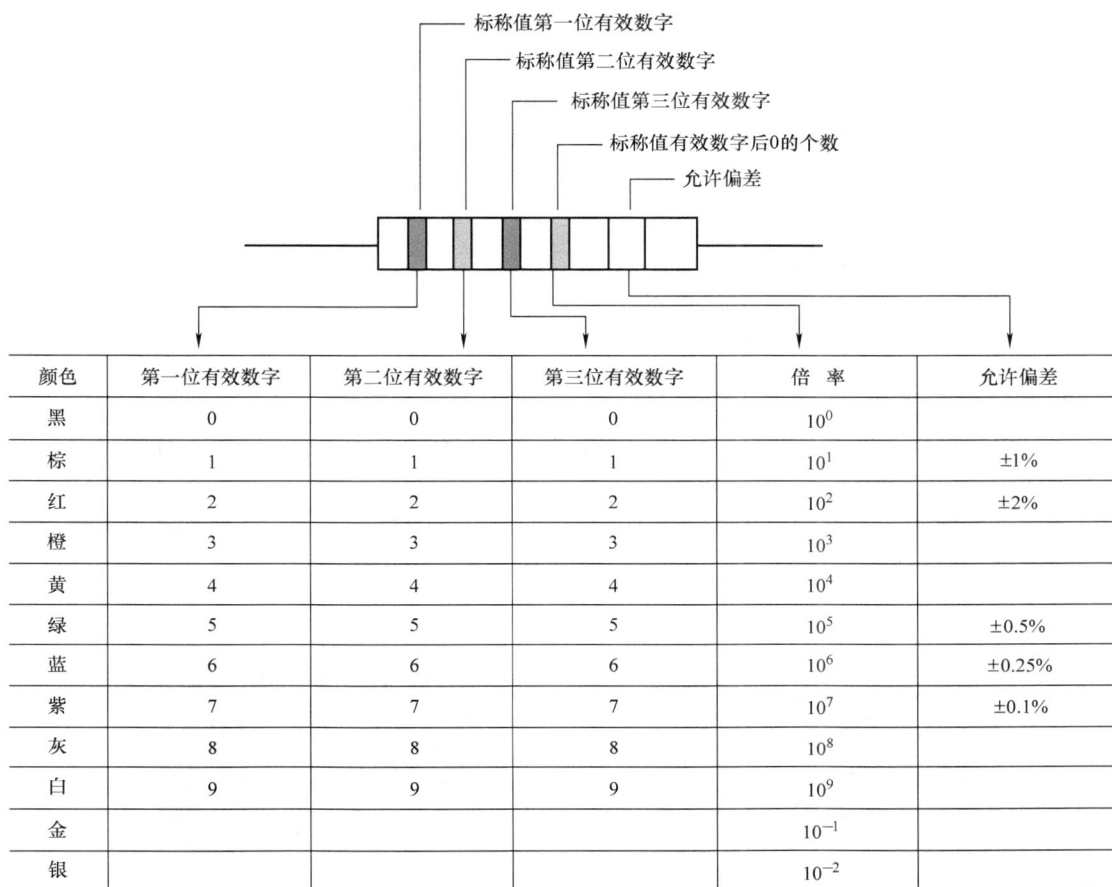

图 1.1.6　三位有效数字阻值的色环表示法

1.1.4　常用电阻器

1. 碳膜电阻器

如图 1.1.7 所示，符号 RT。碳膜电阻器利用真空喷涂技术在瓷棒上面喷涂一层碳膜，再将碳膜外层加工切割成螺旋纹状，依照螺旋纹的多少来定其电阻值，螺旋纹越多，表示电阻值越大，最后在外层涂上环氧树脂，密封保护，是我国目前生产量最大、用途最广的通用电阻器。

优点：阻值范围宽且稳定，受电压和频率的影响小，脉冲负载稳定，电阻温度系数不大且是负值，价钱便宜。

缺点：阻值偏差比金属膜电阻高。

2. 金属膜电阻器

如图 1.1.8 所示，符号 RJ。金属膜电阻器利用真空喷涂技术在瓷棒上面喷涂金属膜（如镍、铬），然后在金属膜车上螺旋纹，做出不同阻值，最后对瓷棒两端镀上贵金属。

优点：低噪声，性能稳定，受温度影响小，精确度高，耐高温，体积小，被广泛应用于高级音响器材、计算机、仪表、国防及太空设备等方面。

缺点：脉冲负载能力差。

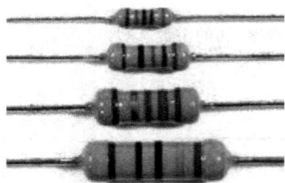

图 1.1.7　碳膜电阻器

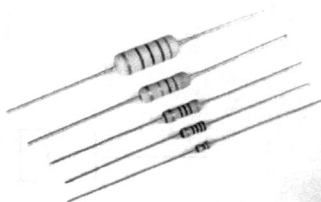

图 1.1.8　金属膜电阻器

3. 线绕电阻器

线绕电阻器用高阻合金线绕在绝缘骨架上制成，外面涂有耐热的釉绝缘层或绝缘漆，如图 1.1.9 和图 1.1.10 所示。

优点：在较宽的温度范围内具有较低的温度系数，阻值精度高，稳定性好，耐热、耐磨、耐腐蚀，抗氧化，强度较高，主要作为精密大功率电阻器使用。

缺点：高频性能差，时间常数大。

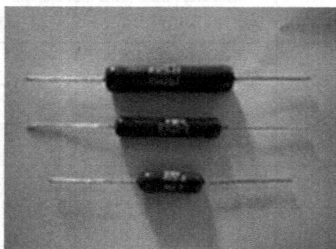

图 1.1.9　线绕电阻器

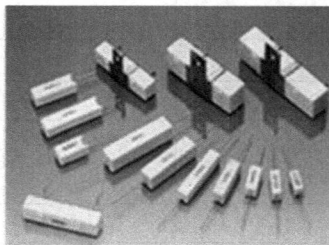

图 1.1.10　方形线绕电阻

4. 特种电阻器

特种电阻器是一些特殊功能的电阻器，如热敏电阻、光敏电阻、压敏电阻等，分别对热量、光辐射和电压等物理量敏感，可以用来测量外界的热、光等物理信号。

1.2　电容器

电容器是存储电荷的器件。两个彼此绝缘并相互靠近的金属导体就构成一个最简单的电容器。电容器容纳电荷的本领用电容量来衡量表征，电容器通常用 C 表示。在 1V 电压作用下，若电容器存储的电量为 1 库仑，则此电容器的电容量为 1 法拉，简称法，符号 F。电容量的单位有 F（法拉）、μF（微法）、nF（纳法）、pF（皮法）。

1.2.1　电容器的分类和型号

电容器根据容量是否可调，可以分为固定电容器（包含电解电容器）、可变电容器、微调电容器，电路图形符号如图 1.2.1 所示。电容器型号命名法见表 1.2.1。

a) 固定电容器　　　b) 有极性固定电容器　　　c) 可变电容器　　　d) 微调电容器　　　e) 双联同调可变电容器

注：可增加同调联数。

图 1.2.1　电容器的电路图形符号

表 1.2.1　电容器型号命名法

第一部分：主称		第二部分：材料		第三部分：特征分类						第四部分：序号
符号	意义	符号	意义	符号	意义					
					瓷介	云母	玻璃	电解	其他	
电容器		C	瓷介	1	圆片	非密封	—	箔式	非密封	对主称、材料相同，仅尺寸、性能指标略有不同，但基本不影响互使用的产品，给予同一序号；若尺寸性能指标的差别明显，影响互换使用时，则在序号后面用大写字母作为区别代号
		Y	云母	2	管形	非密封	—	箔式	非密封	
		I	玻璃釉	3	迭片	密封	—	烧结粉固体	密封	
		O	玻璃膜	4	独石	密封	—	烧结粉固体	密封	
		Z	纸介	5	穿心	—	—	—	穿心	
		J	金属化纸	6	支柱	—	—	—		
		B	聚苯乙烯	7	—	—	—	无极性	—	
		L	涤纶	8	高压	高压	—	—	高压	
		Q	漆膜	9	—	—	特殊	—	特殊	
		S	聚碳酸酯	J	金属膜					
		H	复合介质	W	微调					
		D	铝							
		A	钽							
		N	铌							
		G	合金							
		T	钛							
		E	其他							

示例：1）钽电解电容器。

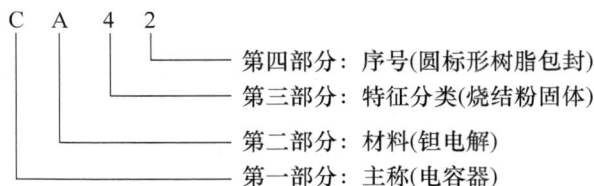

C A 4 2

第四部分：序号(圆标形树脂包封)

第三部分：特征分类(烧结粉固体)

第二部分：材料(钽电解)

第一部分：主称(电容器)

2）圆片形瓷介电容器。

C C 1—1

第四部分：序号

第三部分：特征分类(圆片)

第二部分：材料(瓷介质)

第一部分：主称(电容器)

3）纸介金属膜电容器。

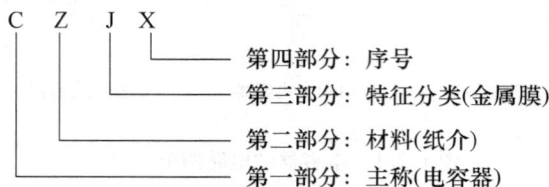

```
C  Z  J  X
            第四部分：序号
         第三部分：特征分类(金属膜)
      第二部分：材料(纸介)
   第一部分：主称(电容器)
```

1.2.2　电容器的主要技术指标

1）额定电压：电容器在规定的工作温度范围内，长期、可靠地工作所能承受的最高电压称为额定电压。

常用固定式电容的直流工作电压系列为：6.3V、10V、16V、25V、40V、63V、100V、160V、250V、400V。

2）标称容量和允许偏差：每个电容器上都标有电容量数值，称其为标称容量；它与实际电容量之间有一定的偏差，允许的偏差范围称为允许偏差，见表1.2.2。

表1.2.2　固定式电容器标称容量系列和允许偏差

标称值系列	精度	电容器（PF）标称值
E24	±5%	1.0、1.1、1.2、1.3、1.5、1.6、1.8、2.0、2.2、2.4、2.7、3.0、3.3、3.6、3.9、4.3、4.7、5.1、5.6、6.2、6.8、7.5、8.2、9.1
E12	±10%	1.0、1.2、1.5、1.8、2.2、2.7、3.3、3.9、4.7、5.6、6.8、8.2
E6	±20%	1.0、1.5、2.2、3.3、4.7、6.8

注：标称电容量为表中数值或表中数值再乘以 10^n，其中 n 为正整数或负整数，单位为pF。

3）电容器允许偏差等级：电容器允许偏差等级见表1.2.3。

表1.2.3　电容器允许偏差等级

允许偏差	±2%	±5%	±10%	±20%	+20% −30%	+50% −20%	+100% −10%
级别	0.2	I	II	III	IV	V	VI

4）漏电流：对电容器施加额定直流工作电压将观察到充电电流的变化开始很大，之后会随着时间而下降，到某一终值时达到较稳定状态，这一终值电流称为漏电流。

5）绝缘电阻：绝缘电阻是指加在电容器上的直流电压与通过它的漏电流的比值，一般应为 5000Ω 以上，优质电容器可达 $T\Omega$ 级。对于陶瓷电容器和薄膜电容器，绝缘电阻越大越好，而铝电解电容等的绝缘电阻则是越小越好。

6）损耗因数：电容器在电场作用下，有一部分电能转换为热能，导致能量损耗，它包括金属极板损耗和介质损耗两部分。小功率电容器主要是介质损耗。所谓介质损耗，是指介质缓慢极化和介质电导所引起的损耗。

损耗因数通常用损耗功率和电容器的无功功率之比，即损耗角的正切值来表示：$\tan\delta$ = 损耗功率/无功功率。各类电容器都规定了在某频率范围内的损耗因数允许值，在选用脉冲、交流、高频等电路使用的电容器时应考虑这一参数。

1.2.3　电容器的标识方法

电容器的一般标示内容及排列次序为：商标，型号，工作温度组别，工作电压，标称电容量及允许偏差，生产日期，无极介质电容器的温度系数。

1. 直标法

直标法是在电容器的表面直接标出其主要参数和技术指标的一种方法。例如，C841 250V 2000pF ±5%。本示例标识的内容是：C841 型精密聚苯乙烯薄膜电容器，其工作电压为 250V，标称电容量为 2000pF，允许偏差为 ±5%。

2. 文字符号法

文字符号法是采用阿拉伯数字或字母和数字有规律组合的方法，来标注电容器的主要参数。

1）数字标注法。数字标注法一般是用三位数字表示电容器的容量。其中，前两位数字为有效值数字，第三位数字为倍乘数（即表示有效值后有多少个 0）。例如，104 表示 $10 \times 10^4 \mathrm{pF} = 0.1 \mu \mathrm{F}$。

2）字母与数字混合标注法。此标注方法是用 2~4 位数字表示有效值，用 p、n、M、μ、G、m 等字母表示有效数后面的量级。进口电容器在标注数值时不用小数点，而是将整数部分写在字母之前，将小数部分写在字母后面。例如，4p7 表示 4.7pF，8n2 表示 8200pF，M1 表示 0.1μF，3m3 表示 3300μF，G1 表示 100μF。

3. 色标法

色标法就是用不同颜色的色带或色点，按规定的方法，在电容器表面上标识出其主要参数的方法。电容器的标称值、允许偏差及工作电压均可采用颜色进行标志，其规定见表 1.2.4。

色标法表示的电容单位为皮法。例如，图 1.2.2 所示的电容器，对照表 1.2.4 可以读出，标称电容量为 0.047μF，允许偏差为 ±5%。

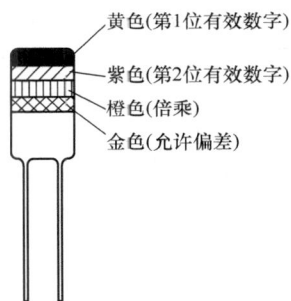

黄色(第1位有效数字)
紫色(第2位有效数字)
橙色(倍乘)
金色(允许偏差)

图 1.2.2　色标电容

表 1.2.4　电容器主要参数的色标规定

颜色	黑	棕	红	橙	黄	绿	蓝	紫	灰	白	金	银	无色
有效数字	0	1	2	3	4	5	6	7	8	9	—	—	
允许偏差（%）	—	±1	±2			±0.5	0.25	0.1		-20~50	±5	10	±2
工作电压/V	4	6.3	10	16	25	32	4	50	63				
倍率	10^0	10^1	10^2	10^3	10^4	10^5	10^6	10^7	10^8	10^9	10^{-1}	10^{-2}	

1.2.4　常用电容器

1. 纸介电容器

纸介电容器用特制的电容器纸作为介质，铝箔或锡箔作为电极并卷绕成圆柱形，然后接出引线，再经过浸渍处理，用外壳封装或环氧树脂灌封而成。它的结构如图 1.2.3 所示。纸介电容器广泛用于直流及低频电路中，它具有以下特点：①由于介质厚度小（一般仅为 6~

20μm），而且电容器纸有较高的抗拉强度，故可卷绕成容量大、体积小的电容器，电容量可达 $1 \sim 20\mu F$；②电容量范围宽，工作电压高；③化学稳定性和热稳定性差，容易老化；④介质损耗大；⑤工作温度一般在 $85 \sim 100℃$；⑥吸湿性强，需要密封，不适合用于高频电路；⑦工艺简单，生产成本低。

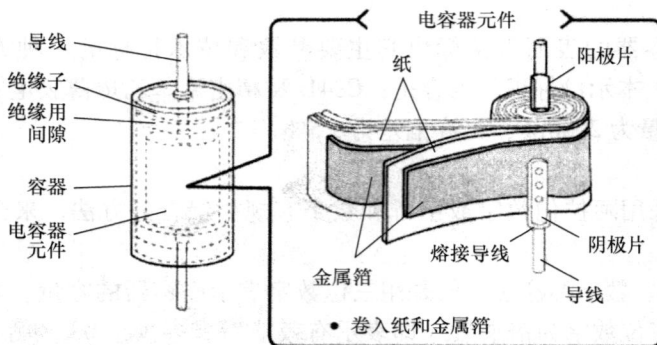

图 1.2.3　纸介电容器的结构

2. 薄膜电容器

薄膜电容器是以金属箔作为电极，将其和聚乙酯、聚丙烯、聚苯乙烯或聚碳酸酯等塑料薄膜从两端重叠后，卷绕成圆筒状构造的电容器。其结构与纸质电容器相似。

薄膜电容器的介质损耗小，不能制成大的容量，耐热能力差，常用于滤波器、积分、振荡、定时电路。

几种薄膜电容器比较见表 1.2.5。

表 1.2.5　几种薄膜电容器比较

名称	电容量	额定电压/V	主要特点	应用
聚酯（涤纶）电容（CL）	$40pF \sim 4\mu F$	$63 \sim 630$	小体积，大容量，耐热耐湿，稳定性差	对稳定性和损耗要求不高的低频电路
聚苯乙烯电容（CB）	$10pF \sim 1\mu F$	$100 \sim 3 \times 10^4$	稳定，低损耗，体积较大	对稳定性和损耗要求较高的电路
聚丙烯电容（CBB）	$1000pF \sim 10\mu F$	$63 \sim 2 \times 10^3$	性能与聚苯乙烯电容相似但体积小，稳定性略差	代替大部分聚苯乙烯电容或云母电容，用于要求较高的电路

3. 瓷介电容器

用烧渗或镀银技术，在陶瓷片两面覆上银层制作两个极板，并在其上焊接引脚电极，外表涂上陶瓷浆封包，然后进行烧结制成。它具有以下特点：

1）结构简单，耐高压（耐压可高达 2kV），耐高温（$500 \sim 600℃$ 条件下能正常稳定工作），耐酸、碱、盐及水的侵蚀，能长期工作不易老化。

2）由于陶瓷片没有卷曲性，所以只能制成平板式，电容器本身不带电感性，高频特性较好，且损耗角正切值 $\tan\delta$ 与频率的关系很小，因此可以广泛应用于高频电路中。

3）瓷介质电容器的比电容较大（介电常数 ε 值很大，为几十到几百、几千），可以使体积做得很小，但平板式电容器的总电容不是很大，一般在几皮法到零点零几微法之间，若要增大电容，可采用叠层的方式，此时体积也随之增大。

　　4）陶瓷质电容器可制成圆片形、圆管形、筒形、叠片形等，常用的多为圆片形与叠片形。

　　5）高频瓷介电容器的电容量范围在 1 ~ 6800pF 之间，额定电压为 6 ~ 500V，高频损耗小，稳定性好，主要应用于高频电路；低频瓷介电容电容量范围为 10pF ~ 4.7μF，额定电压为 50 ~ 100V，体积小，价格低，损耗大，稳定性差，主要应用于要求不高的低频电路。陶瓷电容器如图 1.2.4 所示。

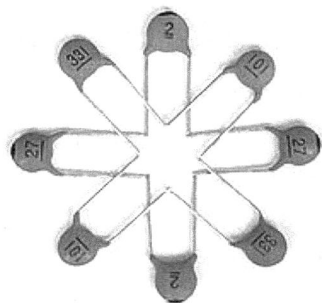

图 1.2.4　陶瓷电容器

4. 云母电容器

　　云母电容器是性能优良的高频电容器之一，电容量范围在 10pF ~ 0.1μF 之间，额定电压在100V ~ 7kV，广泛应用于对可靠性和稳定性要求较高的电路，如高频振荡电路和脉冲电路等。云母电容器如图 1.2.5 所示。

图 1.2.5　云母电容器

5. 铝电解电容器

　　铝电解电容器是有极性电容，电容量的范围为 0.47 ~ 10000μF，额定电压范围为 6.3 ~ 450V，体积小、容量大、损耗大、漏流电大，主要应用于电源滤波、低频耦合、去耦、旁路等。铝电解电容器如图 1.2.6 所示。

6. 可调电容器

　　可调电容器的电容量在一定范围内可以调节，分为空气介质可调电容器和固定介质可调电容器。可调电容器如图 1.2.7 所示。

　　可调电容器的结构：空气介质可调电容器由两组金属片组成电极，固定的一组称为定片，转动的一组称为动片。当动片全部旋进定片中间时，电容器的容量最大，反之则容量最小。固定介质可调电容器的定片和动片之间常以云母或塑料薄膜作介质，由于介质厚度通常很薄并具有一定的介电常数，动片与定片之间的距离很近，所以电容器体积极小。

　　微调电容器也是一种可调电容器，只是容量变化范围小，一般在几皮法至几十皮法之间。微调电容器在调整后固定于某个电容值，适用于整机调整后电容量不需经常改变的场合。微调电容器如图 1.2.8 所示。

图 1.2.6　铝电解电容器　　　　　图 1.2.7　可调电容器　　　　　图 1.2.8　微调电容器

1.2.5 电容器的应用及注意事项

1. 电容器的作用

虽然电容器的基本作用就是充电与放电，但是由这种基本充放电作用所延伸出来的许多电路现象，可使电容器有着种种不同的用途。例如，在电动机中，用它来产生相移，在照相机闪光灯中，用它来产生高能量的瞬间放电等，而在电子电路中，虽电容器不同性质的用途尤多，但其作用也均来自充电与放电。下面列举一些电容器的作用：

1）滤波：接在直流电压的正负极之间，以滤除直流电源中不需要的交流成分，使直流电平滑，通常采用大容量的电解电容器，也可以在电路中同时并接其他类型的小容量电容器以滤除高频交流电。

2）退耦：并接于放大电路的电源正负极之间，防止由电源内阻形成的正反馈而引起的寄生振荡。

3）旁路：在交直流信号的电路中，将电容器并接在电阻器两端或由电路的某点跨接到公共电位上，为交流信号或脉冲信号设置一条通路，避免交流信号成分因通过电阻产生压降衰减。

4）耦合：在交流信号处理电路中，用于连接信号源和信号处理电路或者作为两放大器的级间连接，用于隔断直流，让交流信号或脉冲信号通过，使前后级放大电路的直流工作点互不影响。用在交流耦合用途的电容器会有较大的电容量，其电容值不需很精确，但在信号交流成分流过时，电容需有低的感抗值。为此常设计成穿过一个金属控制板的电容，被称为穿心电容。

5）调谐：连接在谐振电路的振荡线圈两端，起到选择振荡频率的作用。

6）能量存储：当电容器和其充电线路分离后，电容器会存储能量，因此可作为电池，提供短时间的电力。电容器常用在配合电池使用的电子设备中，在更换电池时提供电力，避免存储的资料因没有电力而消失。电容器也可用在电容升压电路中，存储能量，以产生比输入电压更高的电压。

7）功率因数校正：加入三个电容器配合三相的负载使用，抵消电动机或荧光灯等电感性负载的影响，使负载尽量接近电阻性负载。

8）开关噪声过滤：当电感器中有电流流过，而瞬间开关开路时，因开关无法流过电流，电感电流瞬间降到零，会在开关或继电器两端产生高电压。若电感量较大时，其能量会产生火花，使得触点氧化或熔化接合，或造成固态开关的损坏。若在开关旁并联缓冲电容器，可以在开关开路时，提供电感电流路径通过，可以延长开关的寿命。例如在汽车点火系统的断路器就会并联一缓冲电容器。

9）电动机起动：感应电动机需要一个随着时间变化其角度的旋转磁场，才能正常工作。三相感应电动机可以直接由三相电源产生旋转磁场，若是单相感应电动机，则需在起动时加装一电容器，利用电容器和电动机电感的相位差产生旋转磁场，使电动机启动，此电容器称为起动电容器。

2. 电容器使用注意事项

在电容器充电后关闭电源，电容器内的电荷仍可能存储很长的一段时间。此电荷足以产生电击，或是破坏相连接的仪器。一个抛弃式相机闪光模组由 1.5V AA 干电池充电，看似安全，但其中的电容可能会充电到 300V。300V 的电压产生的电击会使人非常疼痛，甚至可能致命。

许多电容器的等效串联电阻值低，因此在短路时会产生大电流。在维修具有大电容的设备之前，需确认电容器已经放电完毕。为了安全上的考虑，所有大电容在组装前都需要放电。若是放在基板上的电容器，可以在电容器旁并联一泄放电阻器。在正常使用时，泄放电阻器的漏电流小，不会影响其他电路。而在断电时，泄放电阻器可提供电容器放电的路径。高压的大电容在存储时需将其端子短路，以确保其存储电荷均已放电，因为在安装电容器时，若电容器突然放电，则产生的电压可能会造成危险。

大型老式的油浸电容器中含有多氯联苯，因此丢弃时需妥善处理。若未妥善处理，则多氯联苯会进入地下水中，进而污染饮用水。多氯联苯是致癌物质，微量就会对人体造成影响。若电容器的体积大，其危险性更大，需要格外小心。新的电子零件中已不含多氯联苯。

1.3　电感器和变压器

电感器是能够把电能转化为磁能而存储起来的元件，通常用符号 L 表示。电感器能够阻碍流过自身的电流的变化，这种特性用电感来表示，单位为 H（亨利）、mH（毫亨）、μH（微亨）。注意，这里所说的"电感器"是一种元件，而"电感"是一个描述电感器特性的物理量。电感器又称扼流器、电抗器、动态电抗器，其电路图形符号如图 1.3.1 ~ 图 1.3.3 所示（注：符号中半圆数不得少于 3 个）。

图 1.3.1　电感器（线圈、
绕组或扼流）

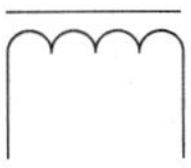

图 1.3.2　带磁心、铁心的
电感器

图 1.3.3　带磁心的连续
可调的电感器

1.3.1　电感器的结构特点及分类

1. 电感器的结构

电感器一般由骨架、绕组、屏蔽罩、封装材料、磁心或铁心等组成。

1）骨架：骨架泛指绕制线圈的支架。一些体积较大的固定式电感器或可调式电感器（如振荡线圈、阻流圈等），大多数是将漆包线（或纱包线）环绕在骨架上，再将磁心或铜心、铜心等装入骨架的内腔，以提高其电感量。

2）绕组：绕组是指具有规定功能的一组线圈，它是电感器的基本组成部分。

3）磁心与磁棒：磁心与磁棒一般采用镍锌铁氧体（NX 系列）或锰锌铁氧体（MX 系列）等材料，它有"工"字形、柱形、帽形、E 形、罐形等多种形状。其目的主要是避免涡流产生热，降低输电效率。

4）铁心：铁心材料主要有硅钢片、坡莫合金等，其外形多为 E 形。

5）屏蔽罩：为避免有些电感器在工作时产生的磁场影响其他电路及元器件正常工作，应为其增加金属屏幕罩（例如半导体收音机的振荡线圈等）。采用屏蔽罩的电感器，会增加线圈的损耗，使 Q 值降低。

6）封装材料：有些电感器（如色码电感器、色环电感器等）绕制好后，用封装材料将线圈和磁心等密封起来。封装材料采用塑料或环氧树脂等。

2. 电感器分类简介

1）按照电感器是否可调，电感可分为固定电感和可调电感，如图 1.3.4 和图 1.3.5 所示。

2）按照结构，电感器可分为线绕电感和非线绕电感，如图 1.3.6 和图 1.3.7 所示。

3）按照线圈结构可以分为单层线圈、多层线圈、蜂房式线圈等，如图 1.3.8 ~ 图 1.3.10 所示。

4）按照所使用的线圈心材料来分，有铁心电感线圈、铜心电感线圈、铁氧体心电感线圈、空心电感线圈等。

图 1.3.4　固定电感　　图 1.3.5　可调电感　　图 1.3.6　线绕电感　　图 1.3.7　非线绕电感

图 1.3.8　单层线圈　　　　　图 1.3.9　多层线圈　　　　　图 1.3.10　蜂房式线圈

1.3.2　电感器的型号及常用类型

1. 电感器的型号命名方法

电感器的型号一般由下列四部分组成：

第一部分：主称，用字母表示，其中 L 代表电感线圈，ZL 代表阻流圈。

第二部分：特征，用字母表示，其中 G 代表高频。

第三部分：型式，用字母表示，其中 X 代表小型。

第四部分：区别代号，用数字或字母表示。例如，LGX 型为小型高频电感线圈。

应指出的是，目前固定电感线圈的型号命名方法各生产厂商有所不同，尚无统一的标准。

2. 电感器的常用类型

电感器有固定电感器〔线绕电感，叠层电感，磁珠、磁环（环形）电感，电感线圈，色环、色码电感，互感器，SL、BL、穿心式固定电感器，铜心线圈，共模电感，EMI 滤波器，功率电感等]和可调电感器（磁心可调电感器、铜心可调电感器、滑动接点可调电感器、串联互感可调电感器和多抽头可调电感器）。电感器在电子电路中主要作振荡、调谐、耦合、滤波、延迟、偏转、补偿、阻流、陷波之用。常见的变压器、阻流圈、振荡线圈、偏转线圈、天线线圈、中频变压器、继电器以及延迟线和磁头等，都属电感器。各种常用电感器如图 1.3.11 所示。

1）固定电感器。固定电感器分为立式和卧式，所用心子采用带引腿的软磁"工"字形磁心，线材用高强度漆包线或自焊漆包线。绕线有排绕和乱绕两种。采用不同圈数和磁性材料，可做成具有不同电感量的不同规格的电感器。一般用酚醛树脂或 PVC 热缩型套管封装。

2）阻流圈。也叫扼流圈，是具有一定电感量的线圈，用来阻止某些频率的交流电流通过。用来阻止高频电流通过的称为高频阻流圈，用来阻止低频电流通过的称为低频阻流圈，用在电视机行（帧）电路中起阻流作用的称为行（帧）阻流圈，用在电源滤波器中起平滑作用的称为滤波阻流圈。阻流圈所用心子可以是硅钢片铁心、铁氧体磁心或合金铁心。

3）行线性线圈。用于电视机的行扫描电路，分为固定和可调两种，固定式的较为普遍。它与偏转线圈串联，调节行扫描电流的波形，以调整扫描水平线性。

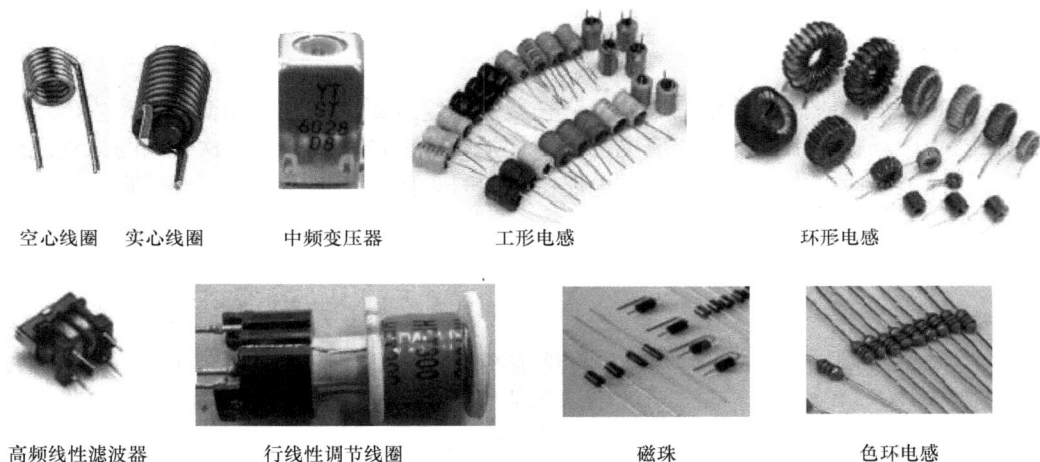

空心线圈　　实心线圈　　　　中频变压器　　　　　工形电感　　　　　　　环形电感

高频线性滤波器　　　行线性调节线圈　　　　　　磁珠　　　　　　　色环电感

图 1.3.11　各种常用电感器

1.3.3　电感器的主要技术指标

1）电感量：在没有非线性导磁物质存在的条件下，一个载流线圈的磁通量与线圈中的电流成正比，其比例常数称为自感系数，用 L 表示，简称为电感，即 $L = \varphi / I$。式中，φ 为磁通量；I 为电流。线圈圈数越多、绕制的线圈越密集，电感量就越大。有磁心的线圈比无磁心的线圈电感量大；磁心磁导率越大的线圈，电感量也越大，即铁心和铁氧体磁心能使电感的电感量大大增大，而铜心则会减小电感量。

2）允许偏差：允许偏差是指电感器上标称的电感量与实际电感的允许偏差值。一般用于振荡或滤波等电路中的电感器要求精度较高，允许偏差为 ±（0.2% ~ 0.5%）；而用于耦合、高频阻流等线圈的精度要求不高，允许偏差为 ±（10% ~ ±15%）。

3）分布电容：线圈各层、各匝之间，绕组与底板之间都存在着分布电容。分布电容能使等效耗能电阻变大，品质因数变小。减少分布电容常用丝包线或多股漆包线，有时也用蜂房式绕线法等。

4）品质因数：电感线圈的品质因数定义为 $Q = \omega L / R$。式中，ω 为工作角频率；L 为线圈电感量；R 为线圈的总损耗电阻。电感器的 Q 值越高，其损耗越小，效率越高。

5）额定电流：线圈中允许通过的最大电流。若工作电流超过额定电流，则电感器就会因发热而使性能参数发生改变，甚至还会因过电流而烧毁。

6）线圈的损耗电阻：线圈的直流损耗电阻。

1.3.4　电感器的标识方法

1）直标法：直接将电感量和允许偏差标在电感器的外壳上。

2）数码表示法：将电感器的标称值和允许偏差用数字和文字符号按照一定的规律组合标示在电感体上。单位为 μH 时用 R 代替小数点的位置，单位为 nH 时用 N 代替小数点的位置，其他与电阻器的表示方法相同。例如，4R7M 表示电感量是 $4.7\,\mu\text{H}$，偏差是 $\pm 10\%$。

3）色码表示法：这种表示法也与电阻器的色标法相同，色码一般有四种颜色，前两种颜色为有效数字，第三种颜色为倍率，单位为 μH，第四种颜色是偏差位。

1.3.5　变压器

变压器是根据电磁感应原理制成的。它一般有两组线圈，一次侧加交流电产生磁场，二次绕组在这个磁场作用下，产生感应电动势，接上负载就产生电流。一次绕组与二次绕组匝数不等，从而能够改变电压。变压器的电路图形符号如图 1.3.12～图 1.3.14 所示。

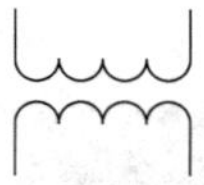

图 1.3.12　双绕组变压器
注：可增加绕组数目。

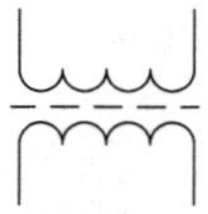

图 1.3.13　绕组间有屏蔽的双绕组变压器
注：可增加绕组数目。

图 1.3.14　在一个绕组上有抽头的变压器

变压器按用途可以分为电源变压器、调压变压器、音频变压器、中频变压器、脉冲变压器、枕形校正变压器等。

电源变压器的特性参数有工作频率、额定功率、额定电压、电压比、空载电流、空载损耗、效率、绝缘电阻等；音频变压器和高频变压器的特性参数有频率响应、通频带、初次级阻抗比等。变压器的主要作用是变换电压、电流和阻抗，在电源和负载之间进行直流隔离，以最大限度地传送电源能量（功率）。

1.4　半导体分立器件——二极管和双极型晶体管

1.4.1　二极管

二极管是一种单向传导电流的电子器件，是固态电子器件中的半导体两端器件，它的基本结构是一个 PN 结, 两个引线端子。在 PN 结界面处形成空间电荷层, 构成自建电场。当外加电压等于零时, 由于 PN 结两边载流子的浓度差引起扩散电流和由自建电场引起的漂移电流相等而处于电平衡状态, 过程如图 1.4.1 所示。这也是常态下的二极管特性。二极管按照外加电压的方向, 具备单向电流的传导性, 如图 1.4.2 和图 1.4.3 所示。

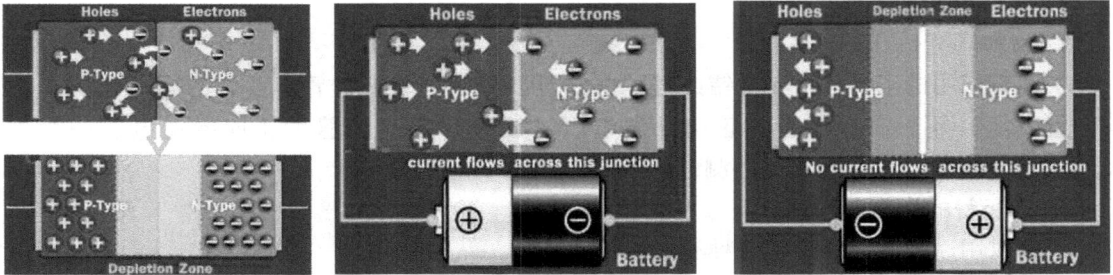

图 1.4.1　耗尽区建立过程　　图 1.4.2　正向电压作用时的导通特性　　图 1.4.3　反向电压作用时的截止特性

常见二极管的电路图形符号如图 1.4.4 所示。

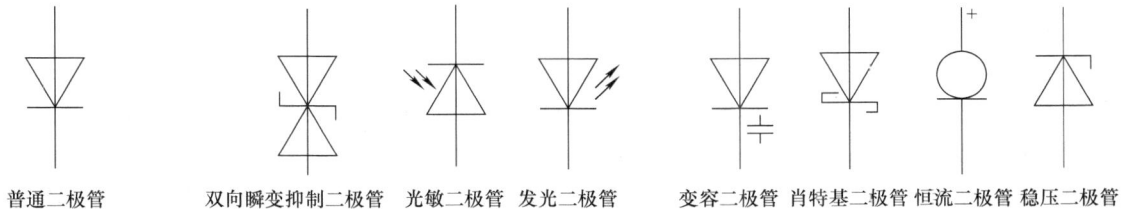

普通二极管　　　双向瞬变抑制二极管　光敏二极管　发光二极管　　变容二极管　肖特基二极管　恒流二极管　稳压二极管

图 1.4.4　常见二极管的电路图形符号

二极管主要的特征是具有非线性的电流—电压特性。随着半导体材料和工艺技术的发展, 利用不同的半导体材料、掺杂分布、几何结构, 已研制出结构种类繁多、功能用途各异的多种二极管, 其制造材料有锗、硅及化合物半导体等。二极管可用来产生、控制、接收、变换、放大信号和进行能量转换等。

1. 二极管的结构和封装

1) 结构。二极管按结构区分有点接触型和面接触型两大类, 如图 1.4.5 ~ 图 1.4.7 所示。

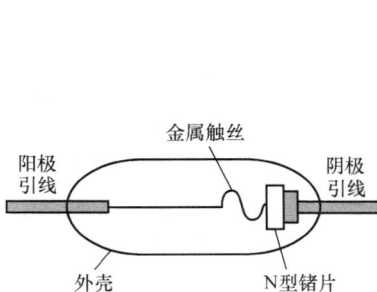

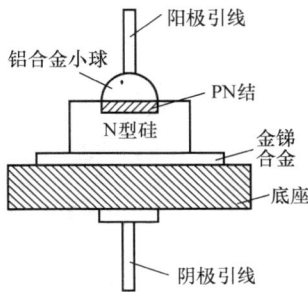

图 1.4.5　点接触型　　　　图 1.4.6　面接触型　　　图 1.4.7　集成电路中的平面型

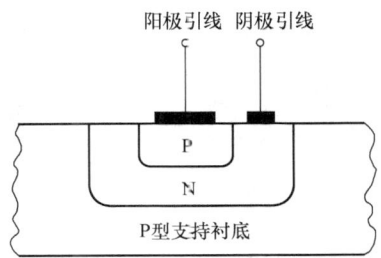

点接触型二极管的接触面积小，结电容小，用于检波和变频等高频电路；面接触型二极管的 PN 结面积大，用于工频大电流整流电路。

2）封装。常见有四种封装形式：同轴封装（Axial Pack，见图 1.4.8）、桥式整流器（Bridge Rectifier，见图 1.4.9）、贴片封装（SMD Pack，见图 1.4.13）、大功率封装（Power Pack）。

2. 材料

二极管使用的半导体材料是锗或硅，据此可以分为锗管或硅管。两者的导通电压（正向偏置电压）不一样，硅管的正向导通电压一般为 0.7V，锗管的正向导通电压一般为 0.3V。这一参数可以作为在电路测量的依据。

3. 二极管的类型和作用

下面以用途为例，介绍不同种类二极管的特性。

1）整流二极管：整流是从输入交流中得到输出的直流。以整流电流的大小（100mA）作为界线，通常把输出电流大于 100mA 的叫整流。整流二极管的结构是面接触型，工作频率在几十千赫以下，最高反向电压从 25～3000V 分 A～X 共 22 档。

分类：①硅半导体整流二极管 2CZ 型；②硅桥式整流器 QL 型；③用于电视机高压硅堆工作频率近 100kHz 的 2CLG 型。

整流二极管和整流桥如图 1.4.8 和图 1.4.9 所示。

2）检波二极管：检波是从输入信号中取出调制信号。以整流电流的大小 100mA 作为界线，通常把输出电流小于 100mA 的叫检波。点接触型检波用二极管（锗材料）工作频率可达 400MHz，正向压降小，结电容小，检波效率高，频率特性好，为 2AP 型。除用于检波外，检波二极管还能够用于限幅、削波、调制、混频、开关等电路。

检波二极管如图 1.4.10 所示。

3）开关二极管：包括在小电流下（10mA）使用的逻辑运算和在数百毫安下使用的磁心激励用开关二极管等。小电流的开关二极管通常有点接触型二极管和键型二极管等，也有在高温下工作的硅扩散型、台面型和平面型二极管。开关二极管的特点是开关速度快，例如肖特基型二极管的开关时间特别短，因而是理想的开关二极管。2AK 型点接触型开关二极管在中速开关电路使用；2CK 型平面接触型开关二极管在高速开关电路用。开关二极管也用于限幅、钳位或检波等电路。肖特基（SBD）硅大电流开关二极管，正向压降小，速度快、效率高。

开关二极管如图 1.4.11 所示。

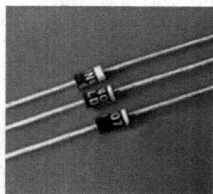

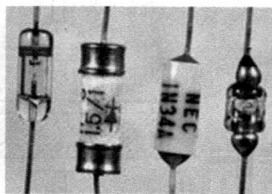

图 1.4.8　整流二极管　　　图 1.4.9　整流桥　　　图 1.4.10　检波二极管　　　图 1.4.11　开关二极管

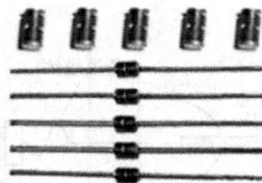

4）限幅二极管：大多数二极管都能用于限幅，但也有专用限幅二极管。为了使其具有

强的限制尖锐振幅的作用，通常使用硅材料制造二极管，当然也可依据限制电压需要，把若干个整流二极管串联起来形成一个整体，如图 1.4.12 所示。

5）调制二极管：通常指环形调制专用的二极管，即正向特性一致性好的四个二极管的组合件。

6）混频二极管：当使用二极管混频时，在 500 ~ 10000Hz 的频率范围内，多采用肖特基型和点接触型二极管，如图 1.4.13 所示。

7）放大二极管：放大用二极管通常是指隧道二极管、体效应二极管和变容二极管。隧道二极管和体效应二极管利用负阻性进行放大，变容二极管利用参量进行放大。

8）变容二极管：用于自动频率控制和调谐的小功率二极管称变容二极管。通过施加反向电压，使其 PN 结的静电容量随反向电压发生变化。对于电压而言，其静电容量的变化率特别大。因此，可取代可变电容，用于自动频率控制、扫描振荡、调频、调谐和锁相环路等用途。通常采用硅的扩散型二极管，也可采用合金扩散型、外延结合型、双重扩散型等特殊制作的二极管。例如，电视机高频头的频道转换和调谐电路中的变容二极管，多以硅材料制作。变容二极管外形如图 1.4.14 所示。

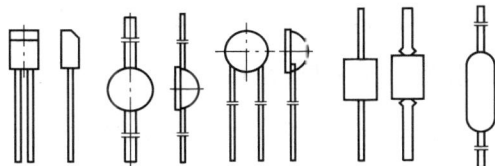

图 1.4.12　限幅二极管　　　　图 1.4.13　微波检波　　　　图 1.4.14　变容二级管外形
　　　　　　　　　　　　　　　二极管混频器

9）频率倍增二极管：分为依靠变容二极管的频率倍增和依靠阶跃（即急变）二极管的频率倍增。频率倍增用的变容二极管称为可变电抗器。可变电抗器虽然和自动频率控制用的变容二极管的工作原理相同，但电抗器的构造却能承受大功率。阶跃二极管又称阶跃恢复二极管，从导通切换到关闭的反向恢复时间特别短，即转移时间短。如果对阶跃二极管施加正弦波，因转移时间短，输出波形急骤地被夹断，能产生很多高频谐波。频率倍增二极管如图 1.4.15 所示。

10）稳压二极管：是反向击穿特性曲线急骤变化的二极管，当负极大于正极电压一定值（它的稳压值）才导通，用于控制电压和产生标准电压。二极管工作时的端电压（又称齐纳电压）从 3V 左右到 150V，按每隔 10% 划分成许多等级。在功率方面，也有 200mW ~ 100W 及以上的产品。稳压二极管工作在反向击穿状态，硅材料制作，动态电阻 R_Z 很小，一般为 2CW 型；将两个互补稳压二极管反向串接以减少温度系数时，则为 2DW 型。稳压二极管外形如图 1.4.16 所示。

11）发光二极管：用磷化镓、磷砷化镓材料制成，体积小，正向驱动发光。其工作电压低，工作电流小，发光均匀，寿命长，可发红、黄、绿单色光。发光二极管如图 1.4.17 所示。

12）快速关断（阶跃恢复）二极管：它的结构特点是：在 PN 结边界处具有陡峭的杂质分布区，从而形成"自助电场"。由于 PN 结在正向偏压下，以少数载流子导电，并在 PN 结附近具有电荷存储效应，使其反向电流需要经历一个"存储时间"后才能降至最小值（反向饱和电流值）。阶跃恢复二极管的"自助电场"缩短了存储时间，使反向电流快速截止，并产生丰富的谐波分量。利用这些谐波分量可设计出梳状频谱发生电路。快速关断（阶跃恢复）二极管用于脉冲和高次谐波电路中。

玻壳稳压二极管

塑封稳压二极管　　金属壳稳压二极管

图 1.4.15　频率倍增（齐纳）二极管　　　图 1.4.16　稳压二极管外形　　　图 1.4.17　发光二极管

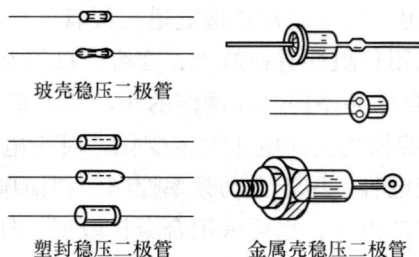

4. 二极管的主要参数

二极管的主要技术参数参见附录 B。

1.4.2　双极型晶体管

双极型晶体管（简称晶体管）有三个极，分别是集电极 c、基极 b、发射极 e，分成 NPN 和 PNP 两种。晶体管的结构和电路图形符号如图 1.4.18 所示，外形如图 1.4.19 所示。

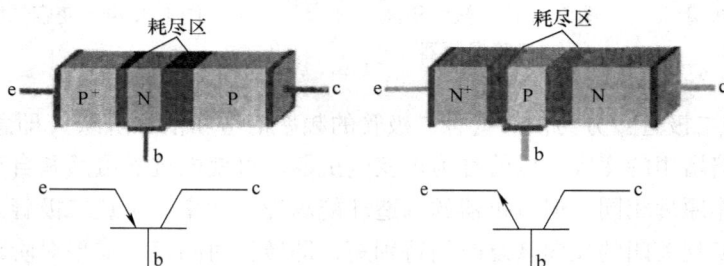

图 1.4.18　晶体管的结构和电路符号

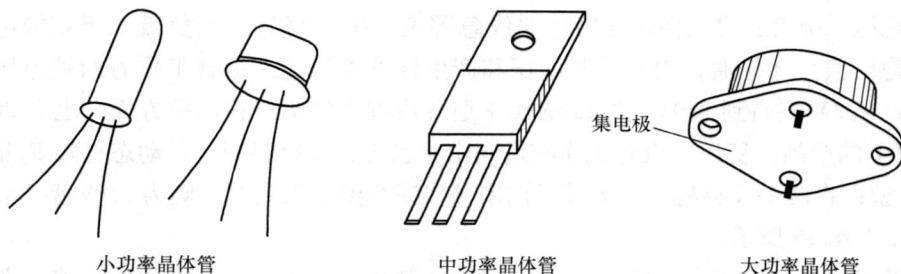

小功率晶体管　　　　中功率晶体管　　　　大功率晶体管

图 1.4.19　晶体管的外形

晶体管是电流放大器件，实质是晶体管以基极电流微小的变化量来控制集电极电流较大的变化量。

1. 晶体管的三种工作状态

晶体管的 V—I 特性曲线如图 1.4.20 所示。

（1）截止状态

当加在晶体管发射结的电压小于 PN 结的导通电压时，基极电流为零，集电极电流和发射极电流都为零，晶体管这时失去了电流放大作用，集电极和发射极之间相当于开关的断开状态，这时称晶体管处于截止状态。此时，$i_b \approx 0$，$i_c \approx 0$。

（2）放大状态

当加在晶体管发射结的电压大于 PN 结的导通电压，并处于某一恰当的值时，晶体管的发射结正向偏置，集电结反向偏置，这时基极电流对集电极电流起着控制作用，使晶体管具有电流放大作用，其电流放大倍数 $\beta = \Delta I_c / \Delta I_b$，这时晶体管处于放大状态。此时，$i_b \neq 0$，$i_c = \beta i_b$。

（3）饱和导通状态

当加在晶体管发射结的电压大于 PN 结的导通电压，并当基极电流增大到一定程度时，集电极电流不再随着基极电流的增大而增大，而是处于某一定值附近不怎么变化，这时晶体管失去电流放大作用，集电极与发射极之间的电压很小，集电极和发射极之间相当于开关的导通状态。晶体管的这种状态称之为饱和导通状态。此时，$i_b \neq 0$，$i_c < \beta i_b$。

根据晶体管工作时各个电极的电位高低，就能判别晶体管的工作状态，因此，电子维修人员在维修过程中，经常要拿万用表测量晶体管各引脚的电压，从而判别晶体管的工作情况和工作状态。

图 1.4.20　晶体管的 V—I 特性曲线

2. 晶体管应用电路

常见有共发射极放大电路、共基极放大电路和共集电极放大电路三种。基于 Multisim 软件仿真平台对三种组态电路进行仿真，电路连接及仿真结果如下：

（1）共发射极负反馈放大电路

共发射极放大电路及输入输出波形如图 1.4.21 和图 1.4.22 所示。

（2）共基极放大电路

共基极放大电路及输入输出波形如图 1.4.23 和图 1.4.24 所示。

从输出曲线和输入曲线可发现其有一定的相位差，这应该是晶体管的寄生电容造成的。为改变这种不良之处，可以使用负反馈。虽然共基极放大电路的输入阻抗低，但由于没有基极 – 集电极的结电容 C_{ob} 的影响，频率特性好，可用作高频放大器。

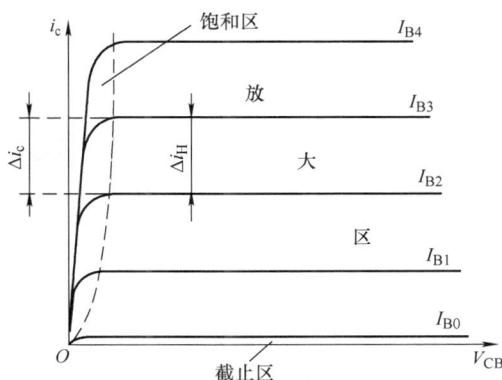

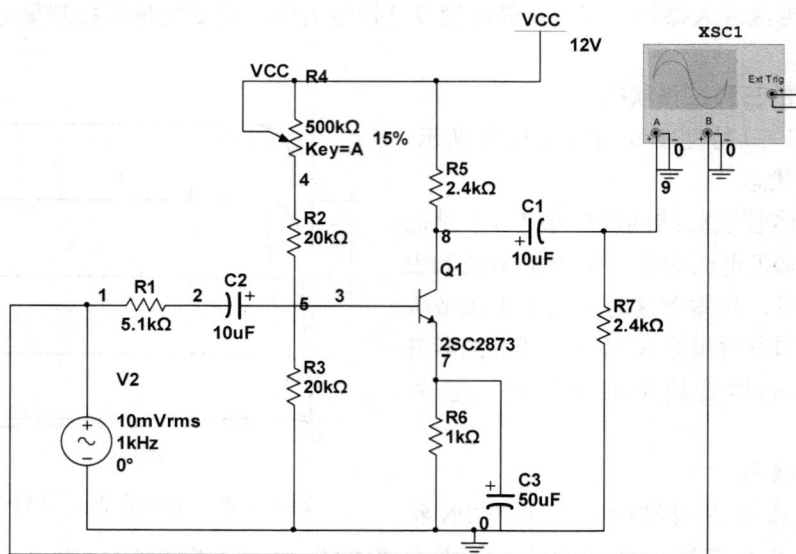

图 1.4.21　共发射极放大电路

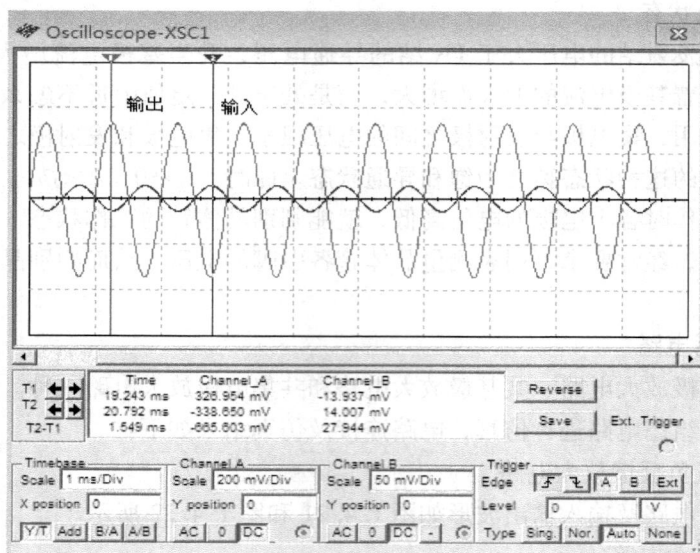

图 1.4.22　共发射极放大电路输入输出波形

（3）共集电极放大电路

下面具体分析共集电极放大电路的频率特性。共集电极放大电路及输入输出波形如图 1.4.25 和图 1.4.26 所示。

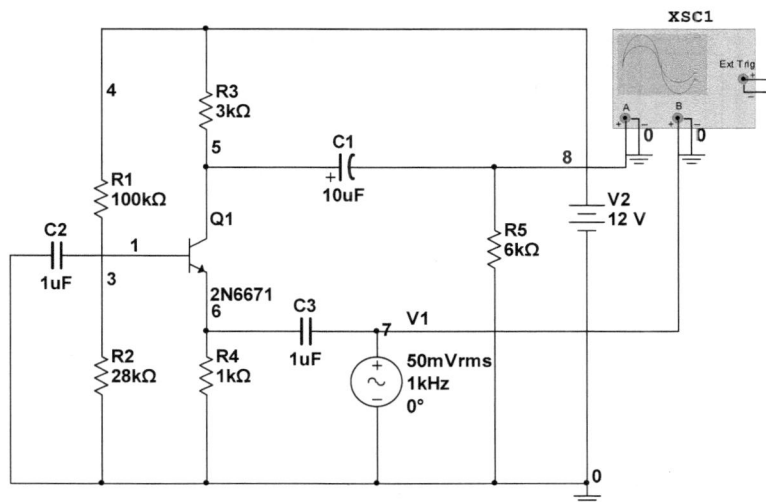

图 1.4.23　共基极放大电路

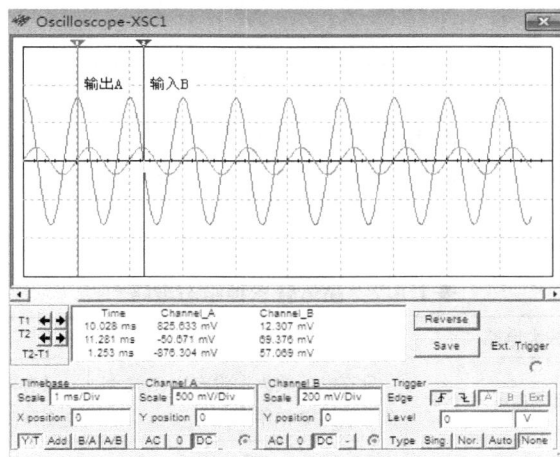

图 1.4.24　共基极放大电路输入输出波形

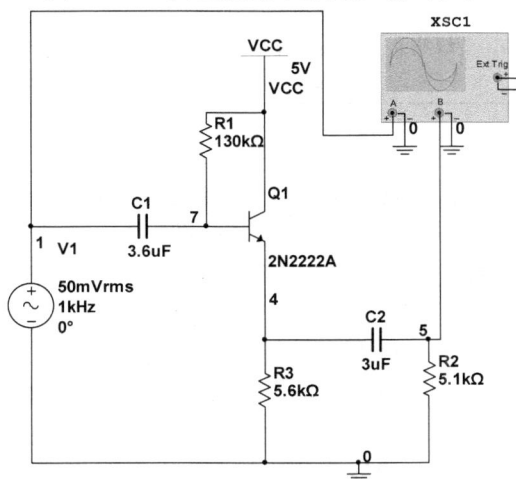

图 1.4.25　固定偏置的共集电极放大电路

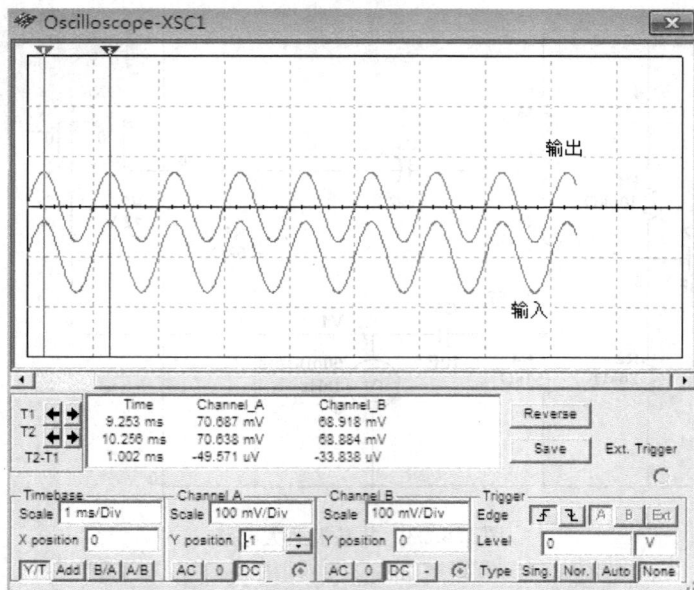

图 1.4.26 共集电极放大电路输入输出波形

共集电极放大电路的输出阻抗很低，约几十欧到几千欧。这里由于采用的是固定偏置，因而比较大，如果采用分压偏置，输出阻抗会更小。从输入输出波形可以看出共集电极放大电路具有电压跟随特性。

上述三种组态电路的特点见表1.4.1。

表 1.4.1　晶体管三种组态电路

	共发射极放大电路	共基极放大电路	共集电极放大电路
增益特性	电压增益和电流增益都大于1	只有电压放大，没有电流放大，有电流跟随作用	只有电流放大，没有电压放大，有电压跟随作用
输入阻抗	中	小	高
输出阻抗	与集电极电阻有关	与集电极电阻有关	小
用途	低频功率放大电路，多级放大电路的中间级	高频或宽带低输入阻抗放大电路输入级	电压跟随器，输入级、输出级、缓冲级

（4）开关电路

晶体管作为开关使用，与机械触点式开关在动作上并不完全相同。图1.4.27所示即为晶体管电子开关的基本电路。由图可知，负载电阻被直接跨接于晶体管的集电极与电源之间，而位居晶体管主电流的回路上，输入电压 V_{in} 则控制晶体管开关的开启与闭合动作，当 V_{in} 为低电压时，由于基极没有电流，因此集电极也无电流，致使连接于集电极端的负载也没有电流，而相当于开关的断开，此时晶体管工作于截止区。同理，当 V_{in} 为高电压时，由于有基极电流流动，使集电极流过更大的放大电流，因此负载回路被导通，相当于开关的闭合，此时晶体管工作于饱和区。

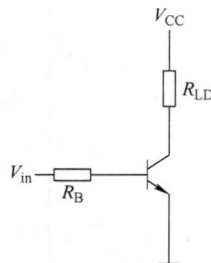

图 1.4.27　基本的晶体管开关

晶体管开关电路按驱动能力分为小信号开关电路和功率开关电路；按晶体管连接方式分为发射极接地（PNP 晶体管发射极接电源）和射极跟随开关电路。

1）几种开关电路的仿真。图 1.4.28 和图 1.4.29 分别是 NPN 型和 PNP 型开关电路（添加加速电容），其工作原理是：当晶体管突然导通（输入信号突然发生跳变），C_1 瞬间短路，为晶体管快速提供基极电流，这样加速了晶体管的导通。当晶体管突然关断（输入信号突然发生跳变），C_1 也瞬间导通，为泄放基极电荷提供一条低阻通道，这样加速了晶体管的关断。C 通常取值几十到几百皮法。

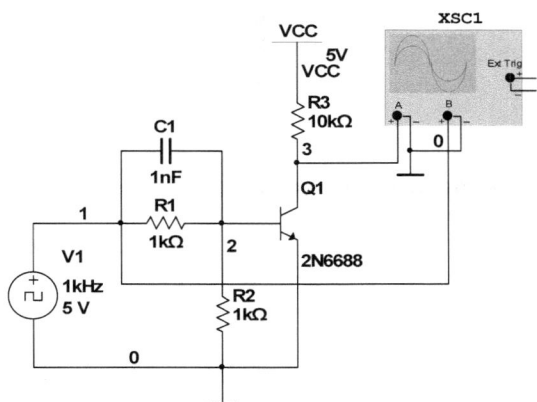

图 1.4.28　NPN 开关电路

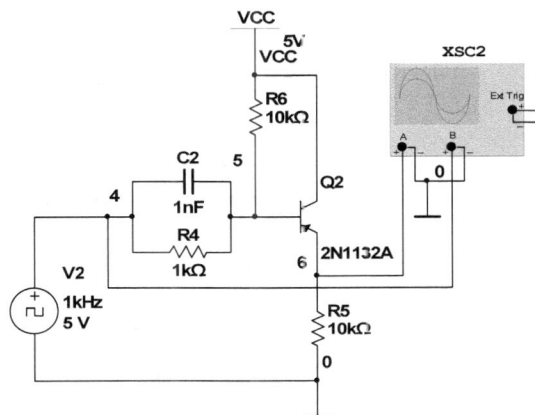

图 1.4.29　PNF 开关电路

图 1.4.30 为实用的 NPN 型开关电路（肖特基二极管钳位）：由于肖特基二极管的饱和导通压降 V_f 为 0.2~0.4V，比 V_{be} 小，所以当晶体管导通后大部分的基极电流是从二极管然后通过晶体管到地的，这样流到晶体管基极的电流就很小，积累起来的电荷也少，当晶体管关断（IN 信号突然发生跳变）时需要泄放的电荷少，关断自然就快。仿真结果如图 1.4.31 和图 1.4.32 所示。

在实际电路设计中需要考虑晶体管 V_{ceo}、V_{cbo} 等满足耐压，晶体管满足集电极功耗；通过负载电流和 h_{fe}（取晶体管最小

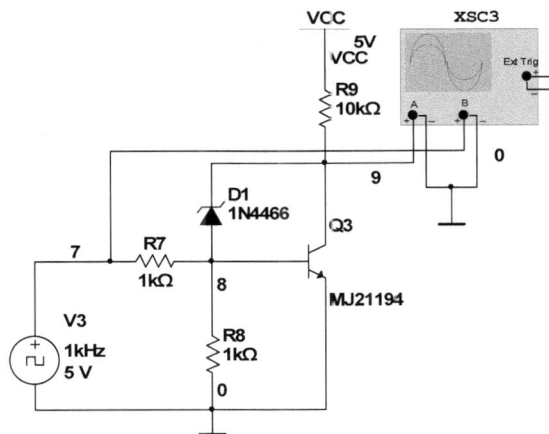

图 1.4.30　实用 NPN 开关电路

h_{fe} 来计算）计算基极电阻（要为基极电流留 0.5~1 倍的裕量）。这里，应注意肖特基二极管的反向耐压。

2）晶体管开关的特点。晶体管开关既无接点又是密封的，寿命较长；晶体管开关的动作速度以微秒（μs）计，一般的开关以毫秒（ms）计；晶体管开关没有跃动（Bounce）现象，一般的机械式开关在导通的瞬间会有快速的连续启闭动作，然后才能逐渐达到稳定状态。利用晶体管开关来驱动电感性负载时，在开关开启的瞬间，不致有火花产生；反之，当

机械式开关开启时，由于瞬间切断了感性负载上的电流，电感两端出现瞬间感应电压，将在触点上引起弧光，这种电弧不但会侵蚀触点的表面，也可能造成干扰或危害。

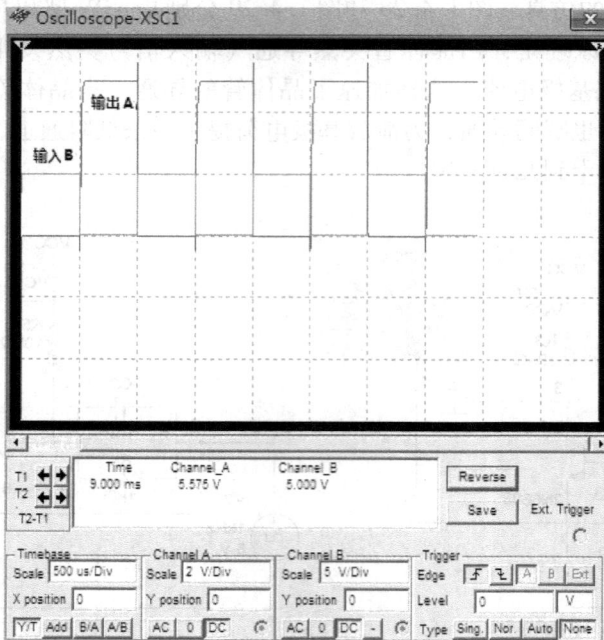

图 1.4.31　图 1.4.28 的仿真结果（1）

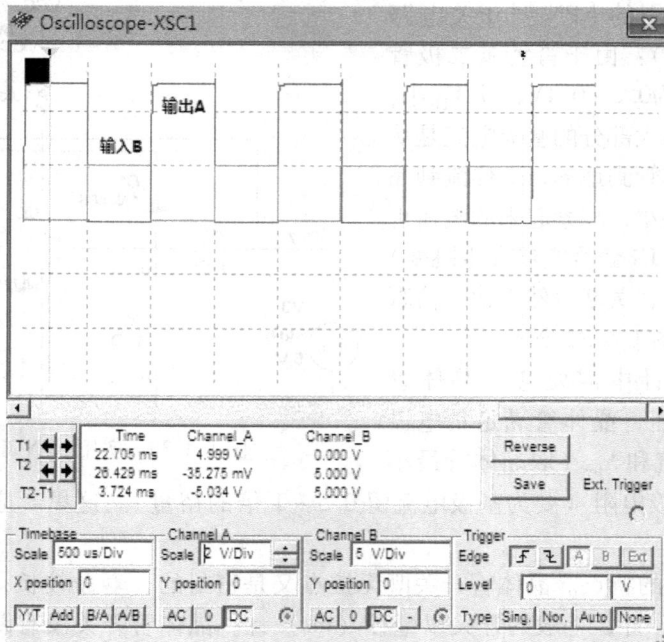

图 1.4.32　图 1.4.28 的仿真结果（2）

3. 常用晶体管和场效应晶体管的主要参数

晶体管和场效应晶体管的主要参数参见附录 C。

1.5　集成电路

集成电路（Integrated Circuit，IC）是指通过一系列特定的加工工艺，将多个晶体管、二极管等有源器件和电阻器、电容器等无源器件，按照一定的电路连接集成在一块半导体单晶片（如 Si、GaAs）或陶瓷等基片上，作为一个不可分割的整体执行某一特定功能的电路组件。集成电路技术可以将规模庞大的电路集成在一小块基片上，实现电路系统的微型化，同时在成本、功耗、稳定性等方面具有分立元器件电路不可比拟的优势。

人们在平时的电路设计过程中会用到各种各样的集成电路芯片。按照处理的信号类型来分，可以分为模拟集成电路、数字集成电路和模/数混合集成电路；按照应用领域来分，可以粗略的分为放大器、数据转换器、逻辑器件、电源管理器件、处理器、传感器等。图1.5.1 ~ 图 1.5.4 分别展示了放大器、数/模转换器、异或门和处理器芯片。

图 1.5.1　放大器　　　　　图 1.5.2　数/模转换器　　　　　图 1.5.3　异或门

1. 集成电路芯片的技术参数

在应用各种集成电路芯片时，选对芯片的参数很关键。当然，不同的电路应用对芯片参数的要求也不同，下面以常用的运算放大器芯片为例，介绍一下需要考虑的技术参数。

电源电压：芯片工作时的供电电压，对放大器来说，这一参数限制了输出电压的范围。

增益：一般给出的是开环增益，闭环增益由具体电路中的反馈电阻决定；也有些放大器如仪用放大器会给出闭环的增益参数。

图 1.5.4　处理芯片

带宽：放大器工作的频率范围，根据应用电路的频率要求来选取。很多时候会给出增益带宽积这一参数，反映了小信号情况下增益和带宽之间的关系，乘积是一定值。

压摆率：反映了大信号情况下增益与带宽之间的关系。

输入输出阻抗：放大器从信号源获取信号的能力和带负载的能力。

输入电压范围：规定了输入电压的大小。

共模抑制比：放大器特有的参数，反映抑制共模噪声的能力。

工作温度：器件正常工作和存储时的温度范围。

噪声：有电压噪声和电流噪声，反映放大器工作时的干扰大小，这一参数与温度、工作频率等有关系。

这些参数是集成电路芯片正常工作所表现出的特性，可以从芯片生产厂商所提供的数据手册中获取。除此之外，还有一些极限参数也会在数据手册中给出，芯片工作时绝对不能超出极限参数的范围，否则芯片将无法正常工作，甚至可能烧坏。

2. 集成电路芯片的封装

集成电路芯片有多种封装形式，按照外形可分为 SOT、QFN、SOIC、TSSOP、QFP、BGA 和 CSP 等，按照材料可分为金属封装、陶瓷封装和塑料封装等。不过，最常用的是按照与 PCB 的连接方式来分，即分为通孔式（PTH）与表面贴装式（SMT），如图 1.5.5 和图 1.5.6 所示。

图 1.5.5　通孔式封装　　　　　　　　图 1.5.6　表面贴装式封装

塑料封装成本最低，因此一般的器件都采用塑料封装，但在某些功率器件中，为了散热而采用金属或陶瓷封装。通孔式的封装可以使用底座，因此易于更换芯片，在电路调试过程中很方便，但缺点是体积较大，因此在各种电子产品中表面贴装式封装用得更多。

第2章 焊接技术

焊接是电子、电气产品生产及维修中的重要技术，是将各种元器件与印制导线牢固地连接在一起的过程。焊接的好坏直接影响产品质量。目前，科技高速发展，焊接虽然已大部分不需要由人工来完成，但是在电子设备的制作和维修过程中，仍然需要人工焊接及拆焊。所以，了解焊接的机理，熟悉焊接工具、材料和基本原则，掌握最基本的操作技艺，是学习电子技术的第一步。

2.1 焊接的基本工具

2.1.1 电烙铁

电烙铁是用来熔化锡焊、熔接元器件的一种工具。电烙铁主要有内热式、外热式、吸锡、恒温等类型，最常用的是内热式和外热式电烙铁。

1. 外热式电烙铁

外热式电烙铁如图 2.1.1 所示。外热式电烙铁是由烙铁头、传热筒、烙铁头固定螺钉、烙铁心、外壳、木柄、后盖以及插头、电源引线等部分组成的。这种电烙铁烙铁头安装在烙铁心内，故称为外热式电烙铁。烙铁头的温度可以通过烙铁头固定螺钉来调节。

2. 内热式电烙铁

内热式电烙铁如图 2.1.2 所示。由手柄、连接杆、烙铁头、烙铁心等部分组成。因为它的烙铁心安装在烙铁头内，故称为内热式电烙铁。内热式电烙铁的烙铁头温度也可以通过移动铜头与烙铁心的相对位置来调节。由于内热式电烙铁具有升温快、重量轻、耗电省、体积小、热效率高的特点，因而得到普遍应用。

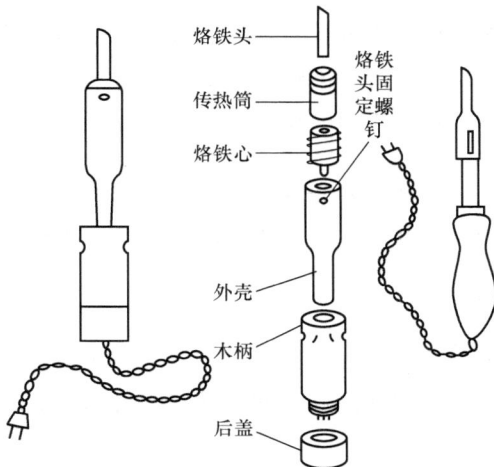

图 2.1.1 外热式电烙铁   图 2.1.2 内热式电烙铁

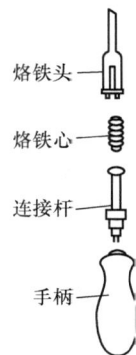

3. 吸锡电烙铁

吸锡电烙铁如图 2.1.3 所示。吸锡电烙铁是将活塞式吸锡器（见图 2.1.4）与电烙铁融于一体的拆焊工具，主要由含电热丝的外壁、弹簧及柱状烙铁心组成。吸锡器也可以单独作为一种工具使用。吸锡电烙铁具有使用方便、灵活、适用范围宽等优点。

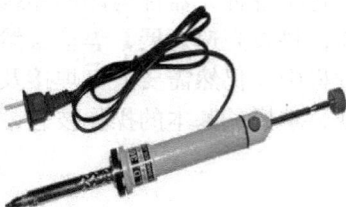

图 2.1.3　吸锡电烙铁

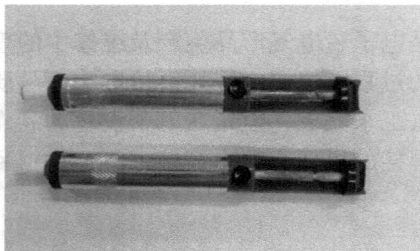

图 2.1.4　吸锡器

4. 恒温电烙铁

恒温电烙铁如图 2.1.5 所示。恒温电烙铁的烙铁头内，装有磁铁式的温度控制器，由它来控制通电时间，以实现恒温的目的。当烙铁温度上升，达到预定温度时，烙铁头内的强磁体传感器达到居里点而磁性消失，从而使磁心开关触点断开，烙铁头加热器断电。反之，当温度低于预定温度，强磁体迅速恢复磁性，并吸动磁心开关中的永久磁铁，使开关触点接通，继续向电烙铁供电。如此循环，达到控制温度的目的。在焊接温度不

图 2.1.5　恒温电烙铁

宜过高、焊接时间不宜过长的元器件，如集成电路、晶体管等时，应选用恒温电烙铁，但价格相对较高。

2.1.2　焊料

焊料一般用熔点较低的金属或金属合金制成，它的熔点低于被焊金属，而且易于与被焊金属表面形成合金。对焊料的要求有以下四点：①焊料的熔点要低于被焊物；②易于与被焊物连成一体；③导电性能好；④结晶速度快。常用焊料有以下几类：

1. 管状焊锡丝

在手工焊接中，为了方便，常把焊锡制成管状，有时在焊锡丝中注入由特级松香和少量活化剂组成的助焊剂，这种焊锡称为焊锡丝。大家在实验过程中所用的就是管状焊锡丝。整卷焊锡丝如图 2.1.6 和图 2.1.7 所示。

2. 抗氧化焊锡

在锡铅合金中加入少量活性金属，能使氧化锡、氧化铅还原，并漂浮在焊锡表面形成致密的覆盖层，从而使焊锡不被继续氧化，这类焊锡在浸焊与波峰焊中已得到广泛的应用。

3. 含银焊锡

电子元器件和导电结构件中，有不少是镀银件。使用普通焊锡，镀银层易被焊锡熔解，而使元器件的高频性能变差。在焊锡中添加质量分数为 0.5% ~ 2.0% 的银，可增加银在焊

锡中的含量，并可降低焊锡的熔点。

图 2.1.6　焊锡（俯视图）

图 2.1.7　焊锡（侧视图）

4. 焊膏

焊膏是表面安装技术中一种重要的贴装材料，如图 2.1.8 所示，由焊粉（制成粉末状的焊料）、有机物和溶剂组成，制成糊状物后能方便地用丝网、模板或涂膏涂在印制电路板上。

图 2.1.8　焊膏

2.1.3　焊剂

焊剂通常是以松香为主要成分的混合物，是保证焊接过程顺利进行的辅助材料。

1. 助焊剂

助焊剂通常是以松香为主要成分的混合物，是保证焊接过程顺利进行的辅助材料。焊接是电子装配中的主要工艺过程，助焊剂是焊接时使用的辅料。助焊剂的主要作用有：①可以清除金属表面的氧化物、硫化物和各种污物；②防止被焊物氧化；③能帮助焊料流动，减少表面张力；④帮助传递热量、浸润焊点。

2. 阻焊剂

阻焊剂是一种耐高温的涂料，可将不需要焊接的部分保护起来，致使焊接只在所需要的部位进行，以防止焊接过程中的桥连、短路等现象发生，这点对高密度印制电路板尤为重要。

2.2　手工焊接技术

掌握焊接工艺对于保证焊接质量具有重要意义，同时还需提高焊接速度以提高生产率，所以必须掌握焊接技术要领，学会熟练地进行手工焊接。手工焊接适合于产品试制、电子产品的小批量生产、电子产品的调试与维修以及某些不适合自动焊接的场合。

1. 焊接前准备

在焊接之前，除了保证工具和材料的合格，还需做一些准备工作，如保持焊件表面的清洁、检查电路板和元器件的有效性、设计合理的焊点、对元器件引线作成形处理等。包括以下几点：

1）选用合适功率的电烙铁。

2）选用合适的烙铁头。

3）烙铁头的清洁和上锡：要注意随时清理烙铁头上的杂质，注意整形和上锡，使烙铁头平整，使用方便。

4）可焊性处理：为了提高焊接的质量和速度，应该在装配前对焊接表面进行可焊性处理——镀锡。镀锡时应注意要使烙铁头保持清洁，然后在烙铁温度合适的情况下，使用合适的焊剂进行焊接。

2. 焊接操作姿势与安全

手工焊接中，一手握电烙铁，另一只手拿焊锡丝，帮助电烙铁吸取焊料，完成整个焊接过程。

由于本书中所使用的电烙铁以 30 ~ 50W 的小功率为主，故采用如图 2.2.1 所示的握持方法。如图所示，在焊接时就像握笔一样握住烙铁进行焊接。而手握持焊锡丝的方法如图 2.2.2 所示，用拇指和食指握住焊锡丝，其余手指配合拇指和食指把焊锡丝连续向前送进。

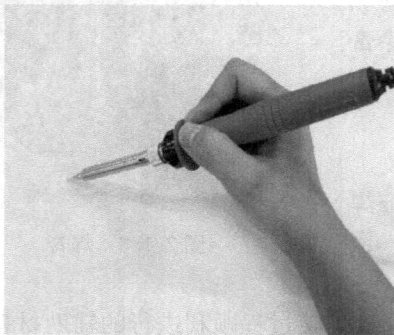

图 2.2.1　电烙铁的握持　　　　　　　　图 2.2.2　焊锡丝的握持

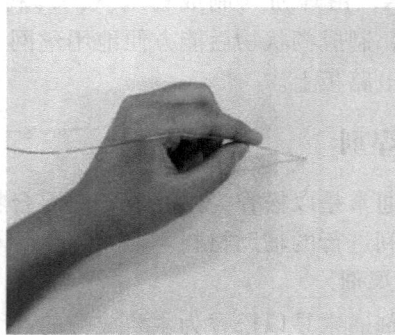

注意：焊锡中含有铅的成分，由于铅对人体有害，所以长时间操作时应带手套或操作后及时洗手，避免食入。

3. 焊接操作步骤及要点

为了保证焊接的质量，必须掌握正确的焊接步骤。一般将焊接操作步骤分为五步，俗称"五步焊接法"，如图 2.2.3 所示。

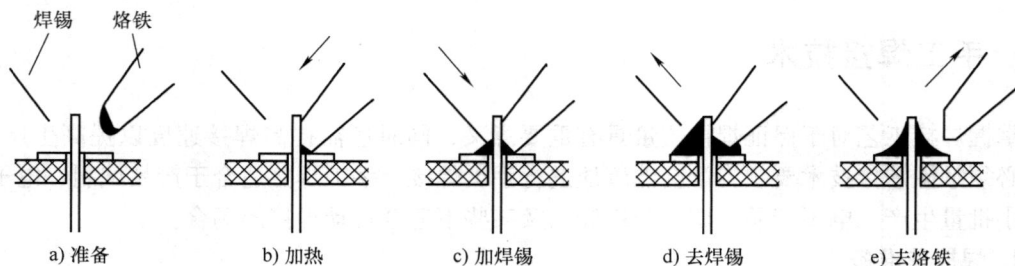

a) 准备　　　b) 加热　　　c) 加焊锡　　　d) 去焊锡　　　e) 去烙铁

图 2.2.3　手工焊接的操作步骤

1）准备：将焊接所需材料、工具准备好，随时处于焊接状态。

2）加热：将预上锡的电烙铁放在被焊点上，使被焊件的温度升高。应注意加热整个焊件，保持受热均匀，大件受热多，小件受热少。

3）加焊锡：焊件温度达到能够熔化焊料时，将焊丝置于焊点。操作时必须掌握和充分利用好焊料的特性，而且要对焊点的最终理想状态做到心中有数。为了得到理想的焊点，必须在焊料熔化后，将依附在焊接点上的烙铁头按照焊点的形状移动。

4）去焊锡：熔化一定量的焊锡后，将焊丝迅速移开，方向为右上 45°。

5）去烙铁：移开焊锡后，待焊锡全部浸润焊点时，就要及时迅速移开烙铁，一般移开烙铁的方向也是右上 45°。

除了以上进行说明的基本焊接步骤之外，焊接另有许多需要注意的要领：

1）焊件表面处理。一般情况下遇到的焊件往往都需要进行表面清理工作，去除焊接面上的锈迹、油污、灰尘等影响焊接质量的杂质。手工操作中常用机械刮磨和酒精擦洗等简单易行的方法。

2）预焊。预焊就是将要锡焊的元器件引线或导电的焊接部位预先用焊锡浸润，预焊并非锡焊不可缺少的操作，但对手工烙铁焊接特别是维修、调试、研制工作，几乎可以说是必不可少的。

3）不要用过量的焊剂。适量的焊剂是必不可缺的，但绝不是越多越好。过量的松香会加重焊后清洗工作，延长加热时间，降低工作效率；而加热时间不足又容易夹杂到焊锡中形成"夹渣"缺陷；对开关元件的焊接，过量的焊剂容易流到触点处造成接触不良等问题。

4）保持烙铁头的清洁。因为焊接时烙铁头长期处于高温状态，又接触焊剂等受热分解的物质，其表面很容易氧化而形成一层黑色杂质，这几乎形成隔热层，使烙铁头失去加热作用，所以要随时在烙铁架上蹭去杂质。用一块湿布或湿海绵随时擦烙铁头，也是常用的方法。

5）加热要靠焊锡桥。在平时焊接时，由于焊接的焊点形状是多种多样的，但又不可能不断地更换烙铁头，因此要提高烙铁头加热的效率，就需要形成热量传递的焊锡桥。所谓焊锡桥，就是靠烙铁上保留少量焊锡作为加热时烙铁头与焊件之间传热的桥梁。不过应注意，作为焊锡桥的锡，保留量不可过多。

6）焊锡量要合适。过量的焊锡不但浪费了较贵的锡，而且增加了焊接时间，相应降低了工作速度，更为严重的是，在高密度的电路中，过量的锡很容易造成不易察觉的短路，但焊锡过少又不能形成牢固的结合，降低焊点强度，特别是在板上焊导线时，焊锡不足往往还会造成导线脱落。

7）焊件要牢固。在焊锡凝固之前不要使焊件移动或振动，特别是使用镊子夹住焊件时，一定要等焊锡凝固后再移去镊子，实际操作时可以用各种适宜的方法将焊件固定，或使用可靠的夹持措施。

8）烙铁撤离有讲究。烙铁处理要及时，而且撤离时的角度和方向对焊点形成有一定关系。如果在撤烙铁时轻轻旋转一下，则可保持焊点适当的焊料，这需要在实际操作中体会。

焊接是一门经验活，只有多多练习才能精益求精，希望读者能多利用实践的机会锻炼自己的焊接技术，做到熟能生巧，巧能生精。

4. 其他常用焊接工具

在电子产品的装配过程中还要用到下面这些常用工具，如图 2.2.4 所示。

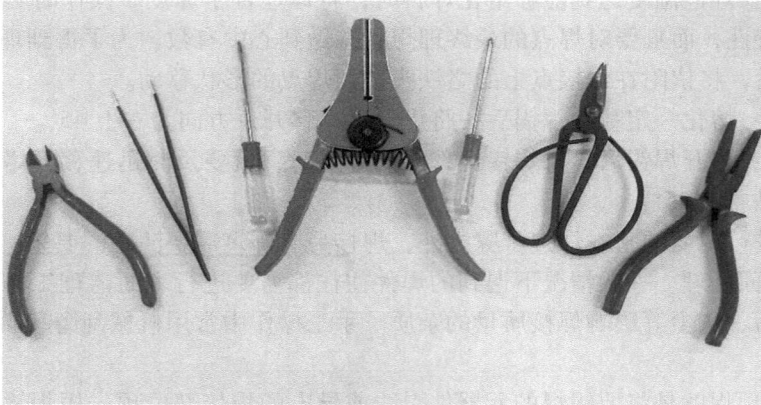

图 2.2.4　常用焊接工具

1）斜口钳：主要用于剪切导线，尤其是剪掉印制电路板焊接点上多余的引线，选用斜口钳效果最好。斜口钳还经常代替一般剪刀剪切绝缘套管等。

2）尖嘴钳：一般用来夹持小螺母、小零部件。尖嘴钳一般带有绝缘套柄，使用方便，且能绝缘。

3）镊子：镊子的主要用途是在手工焊接时夹持导线和元器件，防止其移动，还可以用镊子对元器件进行引线成形加工，使元器件的引线加工成一定的形状。

4）剥线钳：剥线钳适用于各种线径橡胶电线、电缆芯线的剥皮。它的手柄是绝缘的，用剥线钳剥线的优点在于使用效率高，剥线尺寸准确、不易损伤线芯。

5）剪刀：剪切金属材料用的剪刀，其头部短而且宽，刃口角度较大，能承受较大的剪切力。

6）螺钉旋具：螺钉旋具又称改锥和起子。它有多种分类，一般按头部形状的不同，可分为一字形和十字形两种。使用时必须注意螺钉旋具头部与螺钉槽相一致，以避免损坏螺钉槽。

5. 拆焊

在维修和调试过程中，常需要更换一些元器件，如果方法不得当，就会破坏印制电路板，也会使换下的并没有失效的元器件无法重新使用。拆焊的时候，根据不同的焊件，需要选择不同的拆焊方法。

拆焊的步骤一般与焊接步骤相反，拆焊前一定要弄清原焊接点的特点，不要轻易动手，其基本原则如下：

1）不要损坏待拆除的元器件、导线及周围的元器件。

2）拆焊时不可损坏印制电路板上的焊盘与印制导线。

3）对已判定为损坏的元器件，可先将其引线剪断再拆除，这样可以减少其他损伤。

4）在拆焊过程中，应尽量避免拆动其他元器件或变动其他元器件的位置，如确实需要应做好复原工作。拆焊方法和注意事项见表 2.2.1。

表 2.2.1 各类焊点的拆焊方法和注意事项

焊点类型		拆焊方法	注意事项
引线焊点		首先用烙铁头去掉焊锡，然后用镊子撬起引线并抽出。如引线采用绕焊的方法，则要将引线用工具拉直后再抽出	撬、拉引线时不要用力过猛，也不要用烙铁头乱撬，要先弄清引线的方向
引脚不多的元器件焊点		采用分点拆焊法，用电烙铁直接进行拆焊。一边用电烙铁对焊点加热至焊锡熔化，一边用镊子夹住元器件的引线，轻轻地将其拉出来	这种方法不宜在同一焊点上多次使用，因为印制电路板上的铜箔经过多次加热后很容易与绝缘板脱离而造成电路板的损坏
有塑料骨架的元器件		因为这些元器件的骨架不耐高温，所以可以采用间接加热拆焊法。拆焊时，先用电烙铁加热除去焊接点焊锡，露出引线的轮廓，再用镊子或针挑除焊盘与引线间的残留焊锡，最后用烙铁头对已挑开的个别焊点加热，待焊锡熔化时，迅速拔下元器件	不可长时间对焊点加热，防止塑料骨架变形
焊点密集的元器件	采用空心针管	使用电烙铁除去焊接点焊锡，露出引脚的轮廓。选用直径合适的空心针管，将针孔对准焊盘上的引脚。待电烙铁将焊锡熔化后迅速将针管插入电路板的焊接插孔并左右旋转，这样元器件的引线便和焊盘分开了 优点：引脚和焊点分离彻底，拆焊的速度快，很适合体积较大的元器件和引脚密集的元器件的拆焊 缺点：不适合引脚呈扁片状元器件的拆焊（如双联电容器），也不适合像导线这样不规则引脚的拆焊	① 选用针管的直径要合适。直径小于引脚插不进；直径大了，在旋转时很容易使焊点的铜箔和电路板分离而损坏电路板 ② 在拆焊中频变压器、集成电路等引脚密集的元器件时，应首先使用电烙铁除去焊接点焊锡，露出引脚的轮廓，以免连续拆焊过程中残留焊锡过多而对其他引脚拆焊造成影响 ③ 焊后若有焊锡将引线插孔封住可用铜针将其通开
	采用吸锡电烙铁	它具有焊接和吸锡的两个功能。在使用时，只要把烙铁头靠近焊点，待焊点熔化后按下按钮，即可把熔化的焊锡吸入	
	采用吸锡器	吸锡器本身不具备加热功能，需要与电烙铁配合使用。拆焊时，先用电烙铁对焊点进行加热，待焊锡熔化后移去电烙铁，再用吸锡器将焊点上的焊锡吸除	撤去电烙铁后，吸锡器要迅速地移至焊点吸锡，避免焊点再次凝固，不易吸锡
	采用吸锡绳	使用电烙铁除去焊接点焊锡，露出导线的轮廓。将在松香中浸过的吸锡绳贴在待拆焊点上，用烙铁头加热吸锡绳，通过吸锡绳将热量传导给焊点熔化焊锡，待焊点上的焊锡熔化并吸附在锡绳上，抻起吸锡绳。如此重复几次即可把焊锡吸完。此方法在高密度焊点拆焊点拆焊操作中具有明显优势	吸锡绳可以自制，方法是将多股胶质电线去皮后拧成绳状（不宜拧得太紧），再加热吸附上松香助焊剂即可

在进行拆焊时应注意：

1) 严格控制加热的温度和时间，以免将元器件烫坏或使焊盘翘起、断裂。宜采用间隔加热法来拆卸。

2) 拆焊时不要用力过猛，过分用力地拉、摇、扭都会损坏元器件和焊盘。

3) 对于引脚不多（电阻器、电容器、晶体管等）且每个引脚能够相对活动的元器件，可以用电烙铁直接拆焊。

4) 当需要拆下有多个焊点（如集成电路）且引脚较硬的元器件时，必须采用吸锡器或吸锡电烙铁。

5) 重新焊接时可以在用电烙铁熔化焊锡的情况下，使用锥子将没有去掉的焊锡的焊孔扎通，然后焊接。

2.3　焊接的要求及质量检验

2.3.1　焊接的要求

1) 可靠的电连接。一个焊点要能稳定、可靠地通过一定的电流，必须达到足够的连接面积和稳定的组织。如果焊锡仅仅是堆在焊件表面或只有少部分结合在一起，在长时间工作中，会出现脱焊现象，电路会产生接触不良等问题。

2) 足够的机械强度。焊接不仅起电连接作用，同时也是固定元器件、保证机械连接的手段，这就有一个机械强度的问题。作为铅锡材料的铅锡合金本身强度是很低的，则需增大连接面积来提高强度。

3) 光滑整洁的外观。良好的焊点要求焊料用量恰到好处，外表有金属光泽，没有桥接、拉尖等现象，并且导线焊接不伤及绝缘皮。良好的外表是焊接高质量的反映，表面有金属光泽，是焊接温度合适、生成合金层的标志。

图 2.3.1　良好的焊点

良好的焊点如图 2.3.1 所示。

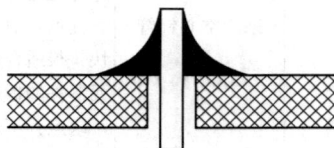

2.3.2　焊接的质量检验

1. 手工焊接常见的不良现象及原因分析对照

手工焊接常见的不良现象及原因分析对照见表 2.3.1。

表 2.3.1　手工焊接常见的不良现象及原因分析对照

焊点缺陷		外观特点	危害	原因分析
	过热	焊点发白，表面较粗糙，无金属光泽	焊盘强度降低，容易剥落	烙铁功率过大，加热时间过长
	冷焊	表面呈豆腐渣状颗粒，可能有裂纹	强度低，导电性能不好	焊料未凝固前焊件抖动
	拉尖	焊点出现尖端	外观不佳，容易造成桥连短路	① 助焊剂过少而加热时间过长 ② 烙铁撤离角度不当

（续）

焊点缺陷		外观特点	危害	原因分析
	 桥连	相邻导线连接	电气短路	① 焊锡过多 ② 烙铁撤离角度不当
	 铜箔翘起	铜箔从印制电路板上剥离	印制电路板已被损坏	焊接时间太长，温度过高
	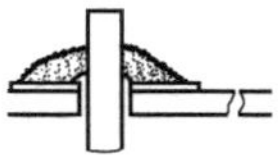 虚焊	焊锡与元器件引脚和铜箔之间有明显黑色界限，焊锡向界限凹陷	设备时好时坏，工作不稳定	① 元器件引脚未清洁好、未镀好锡或锡氧化 ② 印制电路板未清洁好，喷涂的助焊剂质量不好
	 焊料过多	焊点表面向外凸出	浪费焊料，可能包藏缺陷	焊丝撤离过迟
	 焊料过少	焊点面积小于焊盘的80%，焊料未形成平滑的过渡面	机械强度不足	① 焊锡流动性差或焊锡撤离过早 ② 助焊剂不足 ③ 焊接时间太短

2. 质量检查

1）目视检查：就是从外观上评价焊点有什么缺陷，检查焊接质量是否合格。目视检查的主要内容有：是否有漏焊，漏焊指应该焊接的焊点没有连接；焊点的光泽好不好；焊点的焊料足不足；焊点周围是否有残留焊剂；焊点与印制导线有没有桥接；焊点有没有脱落；焊点有没有裂纹；焊点是不是凹凸不平；焊点是否有拉尖的现象。

2）手触检查：手触检查是指用手触摸被焊元器件时，元器件是否有松动的感觉和焊接不牢的现象，或用镊子夹住元器件引线轻轻拉动时，有无松动现象。

3）通电检查：通电检查必须是在外观检查和连线检查无误后才可进行的工作，也是检验电路性能的关键步骤。通电检查可以发现很多微小的缺陷，例如，用目测观察不到的电路桥接，如果存在虚焊，隐患也不容易察觉。所以，保证质量的根本问题还是要提高焊接的操作水平。

第3章　印制电路板的设计与制作

印制电路板设计的工艺流程主要包括：原理图设计、PCB 设计、打印、热转印、制板、打孔、焊接及测试。在流程中，无论在哪道工序上发现了问题，都必须返回到上道工序，进行重新确认或修正。本章首先介绍基于 Altium Dsigner 6.9 软件的原理图和 PCB 设计，然后介绍印制电路板的制作。

Altium Dsigner 是一款功能强大的电子设计软件。它全面兼容 Protel 系列以前版本的设计文件，同时还具备下述功能：

1）提供 OrCAD 格式文件的转换功能。

2）通过设计文件包的方式，将原理图编辑、电路仿真、PCB 设计、FPGA 设计及打印这些功能有机地结合在一起，提供了一个集成开发环境。

3）提供了混合电路仿真功能，为设计实验原理图电路中某些功能模块的正确与否提供了方便。

4）提供了丰富的原理图组件库和 PCB 封装库，并且为设计新的器件提供了封装向导程序，简化了封装设计过程。

5）提供了层次原理图设计方法，支持"自上向下"的设计思想，使大型电路设计的工作组开发方式成为可能。

6）提供了强大的查错功能，原理图中的 ERC（电气法则检查）工具和 PCB 的 DRC（设计规则检查）工具能帮助设计者更快地查出和改正错误。

7）提供了全新的 FPGA 设计的功能。

3.1　元器件库的创建与绘制

3.1.1　原理图库的创建

下面以 AT89C51 单片机最小系统为例，讲解原理图库的创建方法。

1. 创建新的原理图库

打开 Altium Designer6.9 软件（见图 3.1.1），在菜单栏中选择 File→New→Library→Schematic Library 命令，创建一个新的原理图库。此时，系统会默认该原理图库的名称为 Schlib1.Schlib（见图 3.1.2）。本书以 51 单片机最小系统为例，故命名该原理图库为"51 最小系统"。

2. 设置图样参数

在菜单栏中选择 Tools→Document Options 命令对图样进行设计，也可以右键单击图样空白区，选择 Options→Document Options（见图 3.1.3）命令，弹出图 3.1.4 所示接口，对图样进行参数设置（如无特殊要求，一般选择默认的值）。

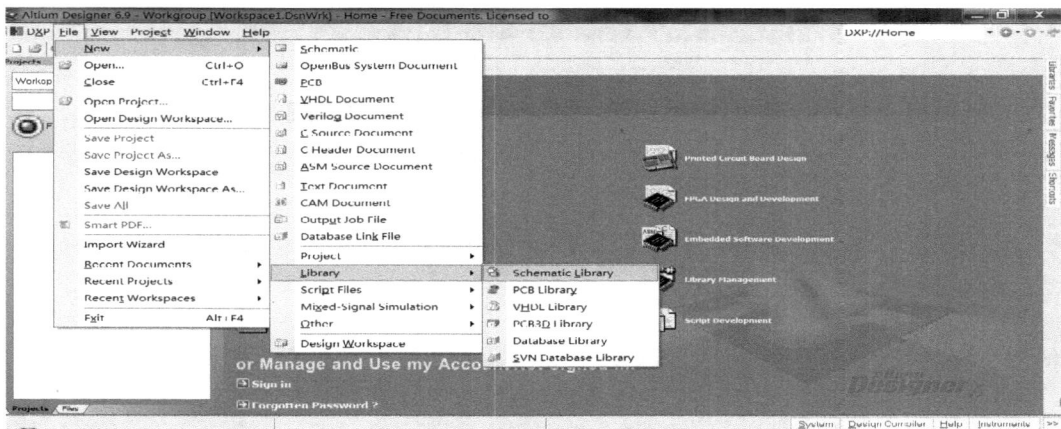

图 3.1.1　创建新的原理图库

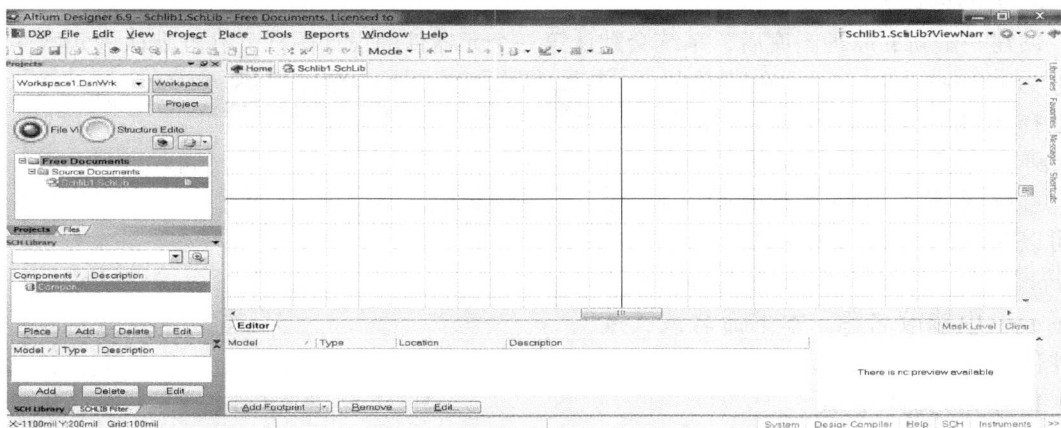

图 3.1.2　新原理图库 Schlib1. Schlib

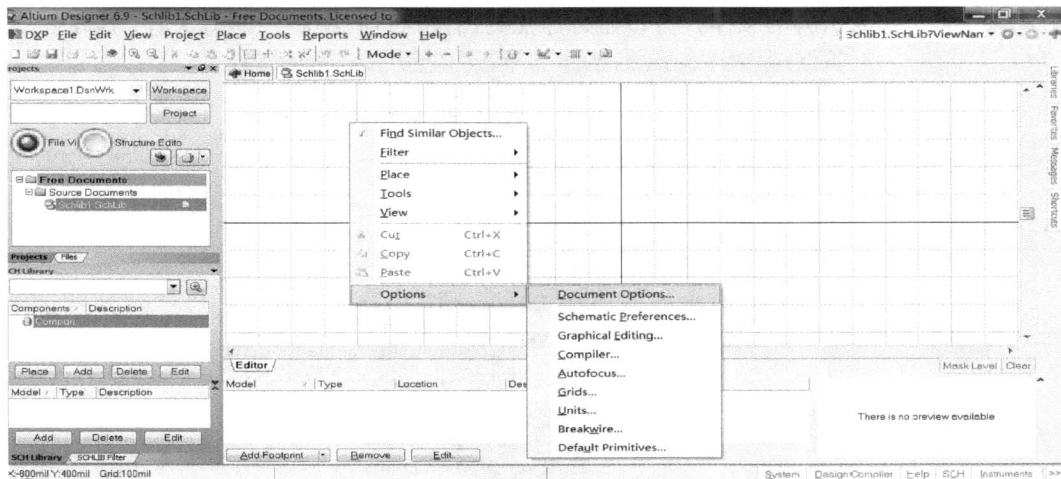

图 3.1.3　原理图库文件设置

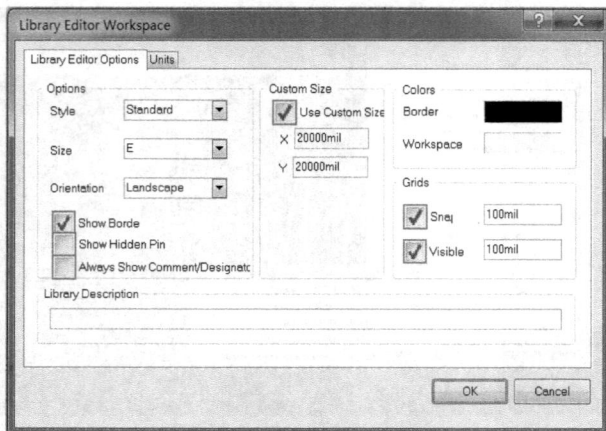

图 3.1.4　设置图样参数

3. 元器件命名

创建一个新的原理图库后，系统会默认第一个元器件的设计图样，并且默认该元器件的名称为 component _ 1。可在菜单栏中选择 Tools→Rename component 命令，弹出图 3.1.5 所示接口，在这里，可以对该元器件进行重命名。也可以双击 SCH Library 区域的 component 命令，在弹出接口的 Symbol Reference 中修改名称。本书命名该元器件为"51 单片机"。

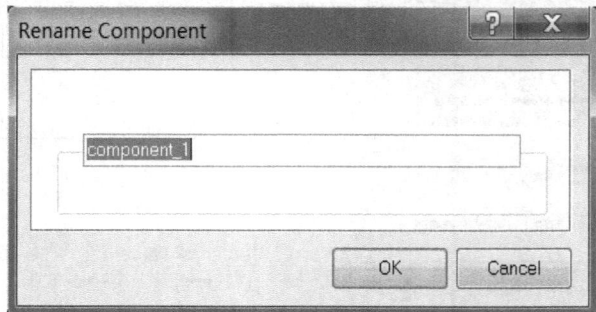

图 3.1.5　修改组件名

4. 绘制元器件框架

菜单栏中选择 Place→Rectangle（Rectangle 代表正方形，也可选择其他图形），如图 3.1.6 所示。对于 51 单片机，需要先绘制一个矩形框（作为引脚的载体）并以坐标原点为出发点进行绘制，如图 3.1.7 所示。

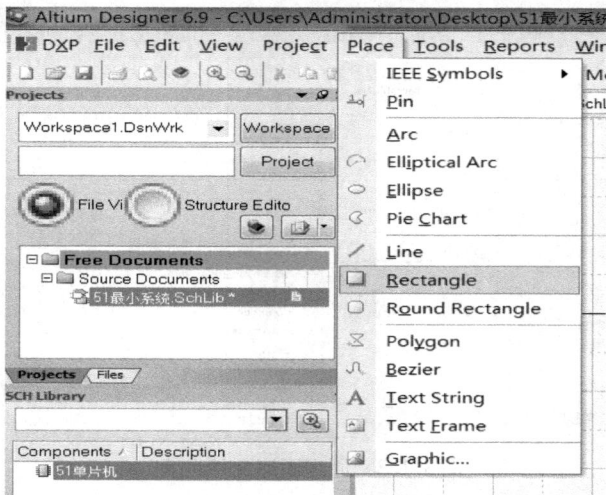

图 3.1.6　通过菜单选择组件形状

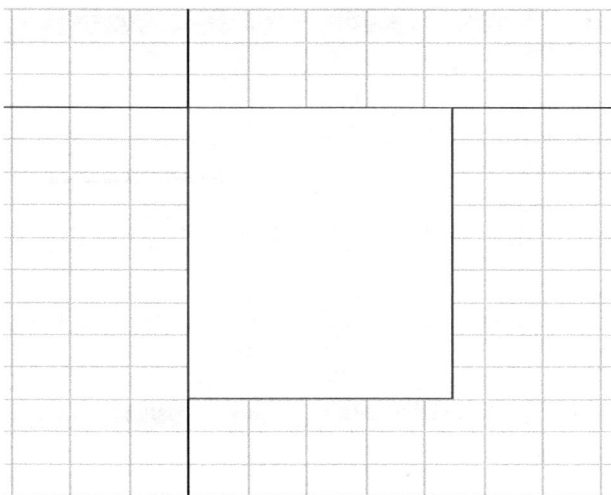

图 3.1.7　坐标原点绘制矩形框

5. 元器件引脚的排放与设计

在菜单栏中选择 Place→Pin 命令绘制元器件的引脚（快捷键 P + P），也可以使用快捷栏（见图 3.1.8）的快捷操作进行。在放置引脚之前按下计算机键盘的 Tab 键，可以修改引脚的属性，如图 3.1.9 所示。

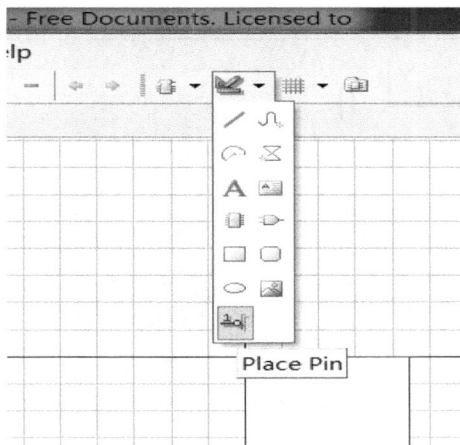

图 3.1.8　绘制组件的引脚

引脚的红色十字叉为元器件的电气连接点，必须放置在元器件的外侧，如图 3.1.10 所示。其余引脚摆放与上述方法一致，图 3.1.11 为初步摆放完毕的 AT89C51 单片机引脚及基本框架。

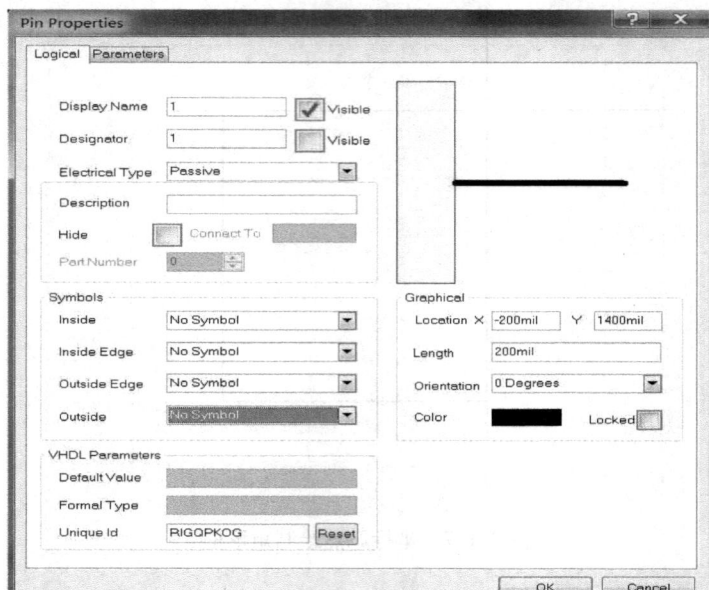

图 3.1.9 定义引脚的属性

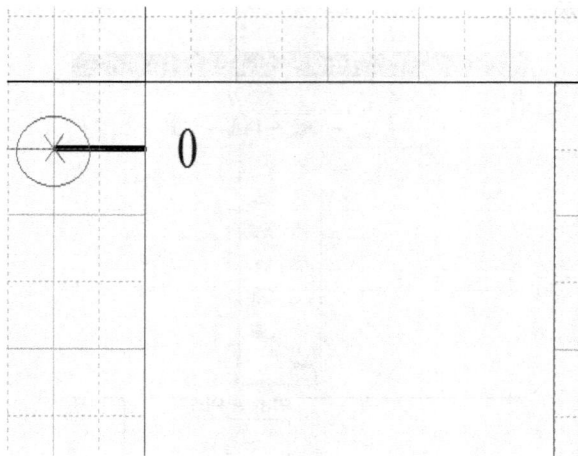

图 3.1.10 引脚的电气连接点

为美化设计，可选择菜单栏中 Place→IEEE Symbols 命令进行通道标号的绘制，也可以使用快捷工具栏，用如图 3.1.12 所示的快捷操作进行绘制。下面通道标号摆放与上述一致，直至通道标号摆放完毕，如图 3.1.13 所示。如果标号不能很好地放置，在 Tool→Document Options→Snaps 中可以更改鼠标移动一次的距离。

方框中的字显示的是引脚的名称，双击已经绘制的引脚，打开 Display Name，如图 3.1.14 所示进行设置。

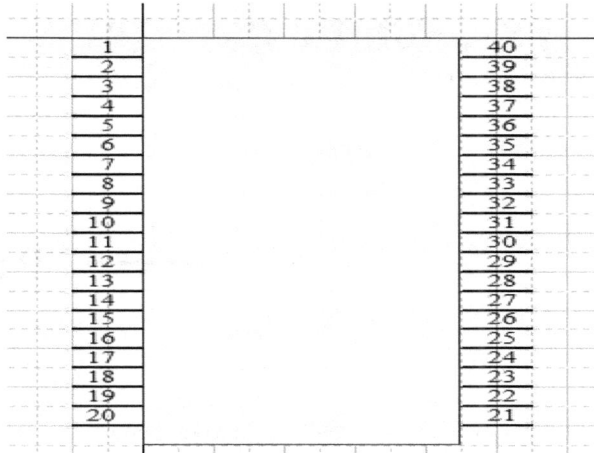

图 3.1.11　AT89C51 单片机引脚及基本框架

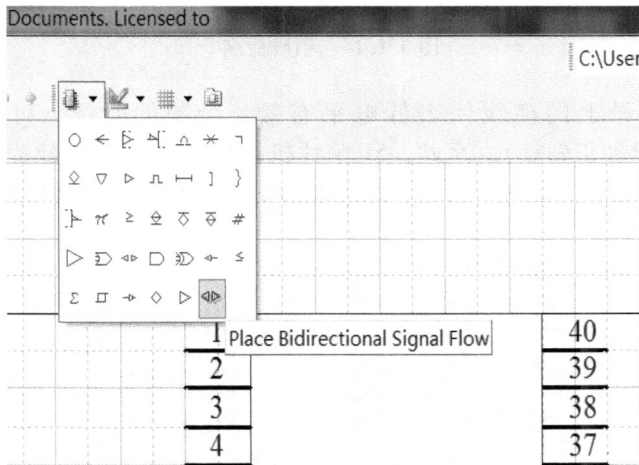

图 3.1.12　绘制通道标号

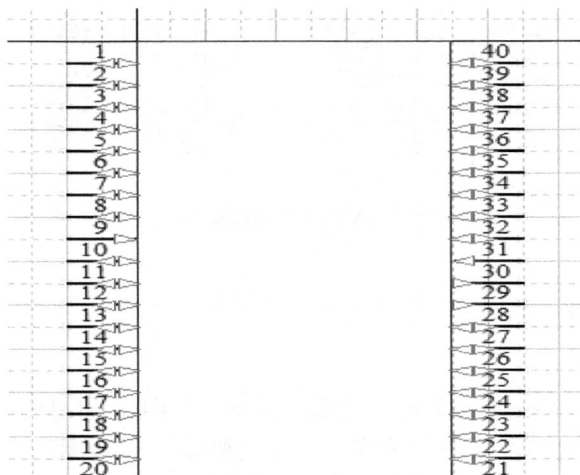

图 3.1.13　通道标号定义

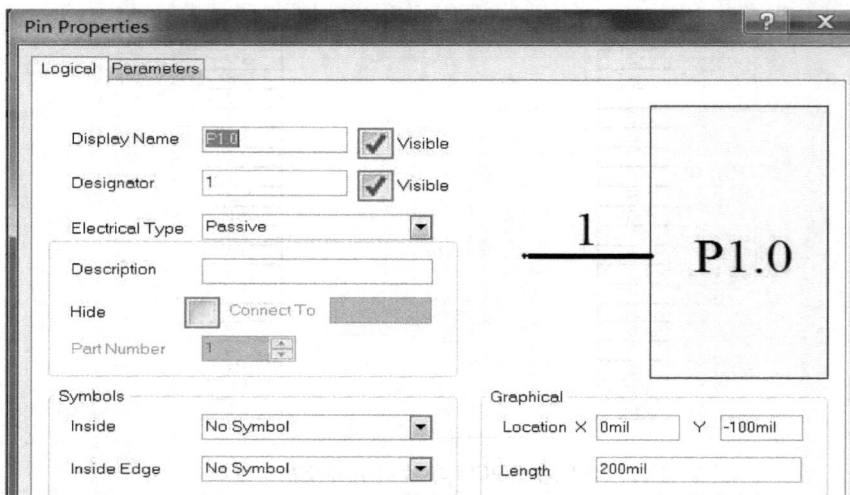

图 3.1.14　引脚命名

图 3.1.15 中字母上的横线代表低电平有效，绘制的时候，可以采用这种方式：I \ N \ T \ O \ （字母加正斜杠）。至此，51 单片机组件的原理图创建完毕。其他种类元器件的原理图可以参照上述方法进行绘制。因绘制方法大致相同，在这里便不一一介绍了。

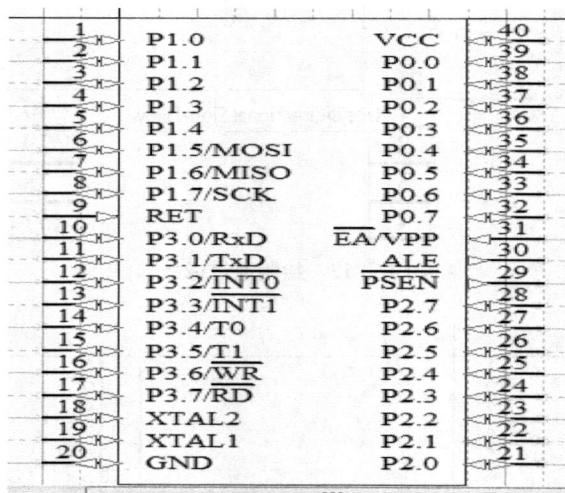

图 3.1.15　51 单片机原理图

3.1.2　封装库的创建

1. 创建新的封装库

在菜单栏中选择 File→New→Library→PCB Library（见图 3.1.16）命令，弹出图 3.1.17 所示界面，此时，便创建一个新的封装库，系统会默认该封装库的名称为 Schlib1. PcbLib。这里本书将其命名为"51 最小系统 . PcbLib"。

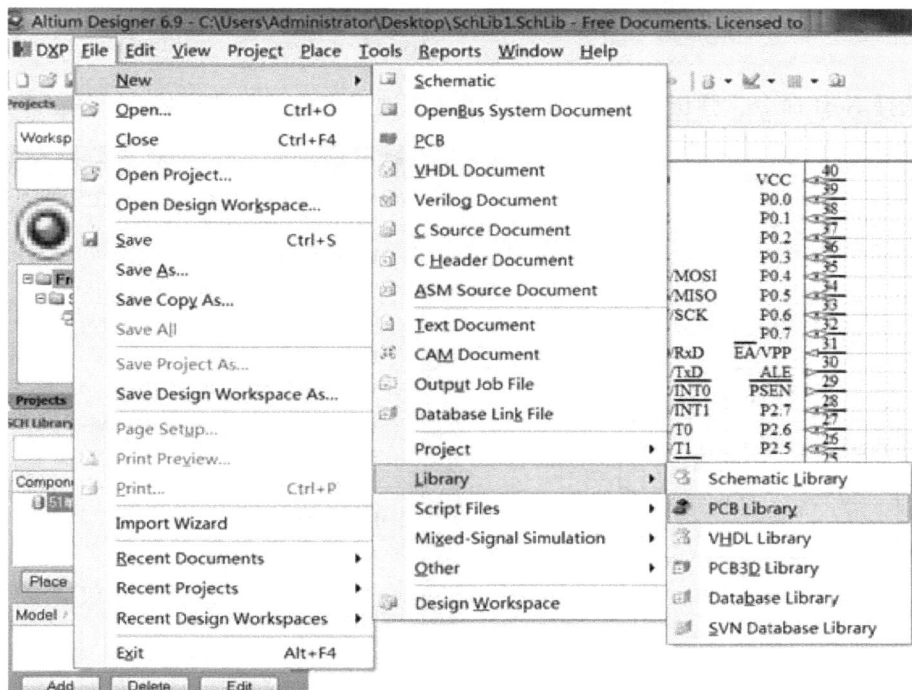

图 3.1.16　创建新的封装库操作

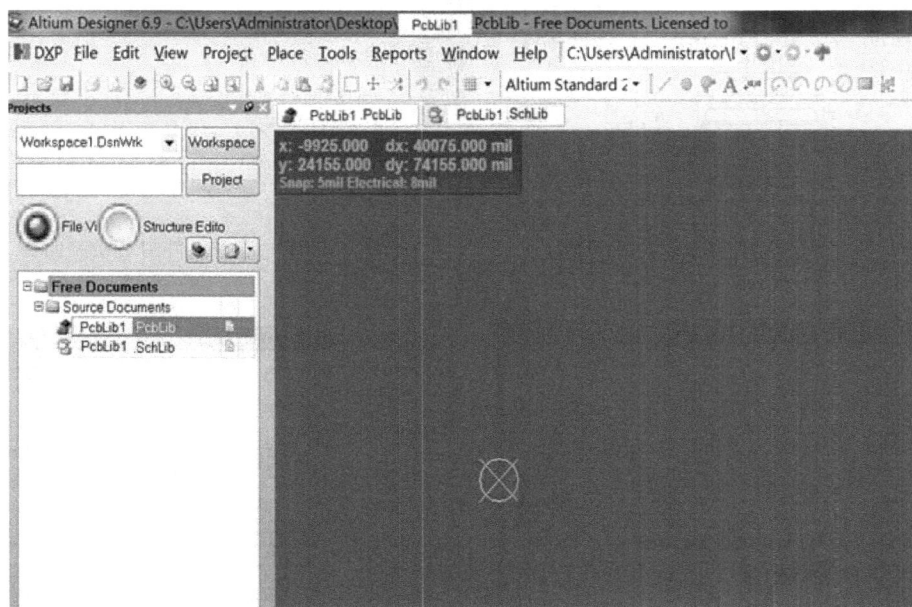

图 3.1.17　创建新的封装库

2. 绘制封装

在绘制封装库之前，必须知道所画元器件的实物尺寸。根据 AT89C51 单片机 Datasheet 数据手册提供的资料进行绘制（AT89C51 单片机的封装是 DIP＿40，即双排直插 40 个引脚，其他参数见图 3.1.18）。为了方便快速设计，本书推荐使用**向导绘制封装**。

1）在菜单栏中选择 Tools→Component Wizard（见图 3.1.19）命令，弹出图 3.1.20 所示界面。

2）选择 Next 命令，弹出图 3.1.21 所示界面，选择组件的封装形式。

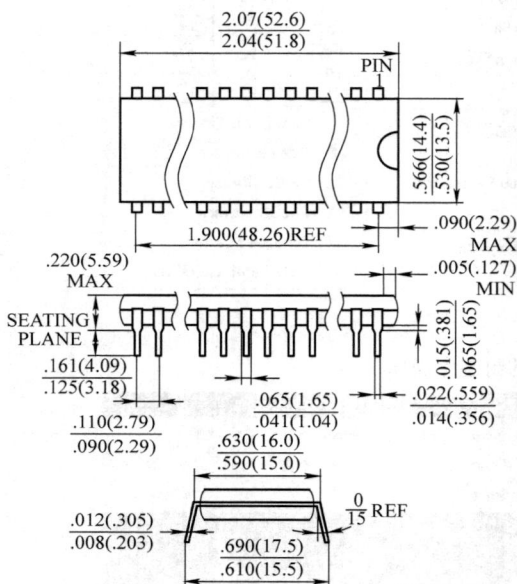

图 3.1.18　AT89C51 单片机封装参数

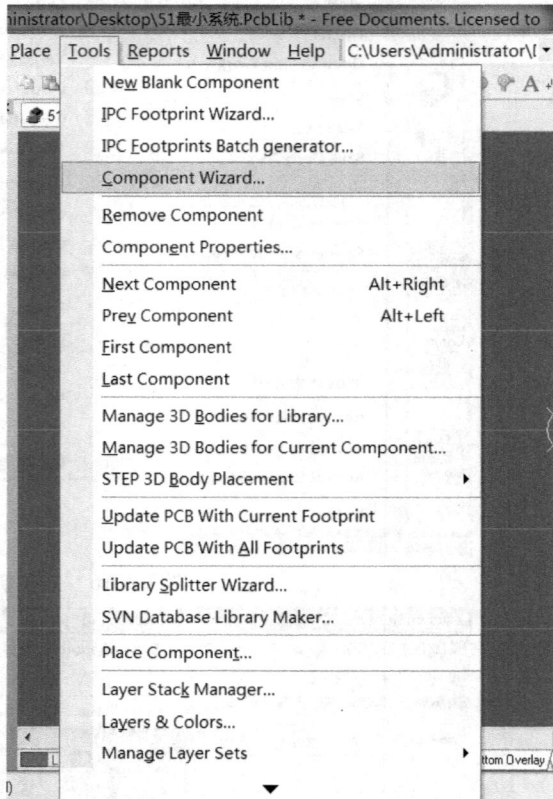

图 3.1.19　选择组件封装绘制向导

图 3.1.20　向导菜单界面

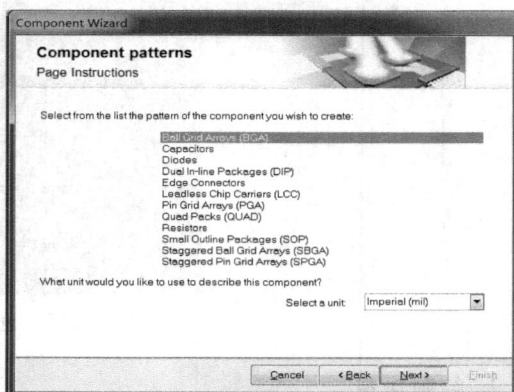

图 3.1.21　选择组件封装形式

3）AT89C51 单片机为双列直插型，选择 DIP，单位为 mil（非法定计量单位，1mil =

25.4×10^{-6}m）。选择 Next 命令，弹出图 3.1.22 所示界面，焊盘的大小设置为：长、宽均为 65mil，孔的直径为 35mil。

4）选择 Next 命令，弹出图 3.1.23 所示界面。AT89C51 单片机引脚间距设置为：相邻 100mil，600mil。

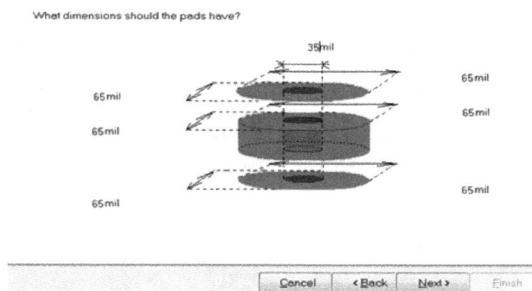

图 3.1.22　进入焊盘尺寸定义界面

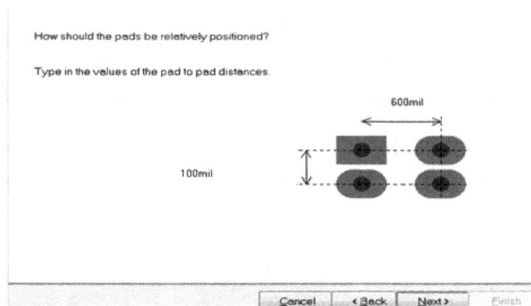

图 3.1.23　设置引脚间距和焊盘

5）选择 Next 命令，弹出图 3.1.24 所示界面。设置边框间距，一般为 10mil。

6）选择 Next 命令，弹出图 3.1.25 所示界面。设置引脚个数，51 单片机引脚为双排 40 个。

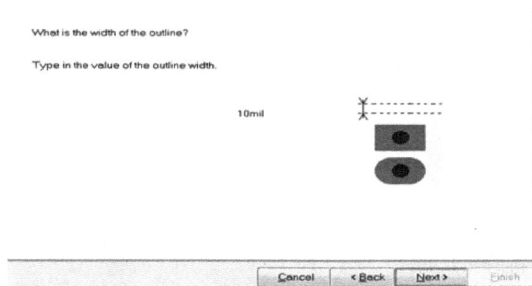

图 3.1.24　设置边框间距

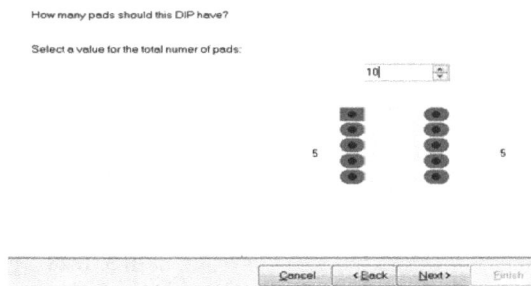

图 3.1.25　设置引脚个数

7）选择 Next 命令，弹出图 3.1.26 所示界面。设置封装的名称，本书中命名为"51 单片机"。

8）选择 Next 命令，弹出图 3.1.27 所示界面。选择 Finish 完成封装绘制。

图 3.1.26　设置封装的名称

图 3.1.27　封装绘制完成

3.1.3 集成库的创建

创建完原理图库与封装库之后，需要对原理图库和封装库进行连接（元器件的原理图和该元器件的封装一一对应）。下面讲解创建集成库的方法。

1. 创建新的集成库

在菜单栏中选择 File→New→Project→Integrated Library（见图 3.1.28）命令，进入创建一个新的集成库工程界面。此时，该工程是空的，如图 3.1.29 所示，并不存在文档，需要添加文档。由于已经画好了原理图库与封装库，只需要将这两个文件移动到该工程下，再进行保存即可。单击选中一个文件，按住鼠标左键，开始移动到工程目录位置下，如图 3.1.30 所示。

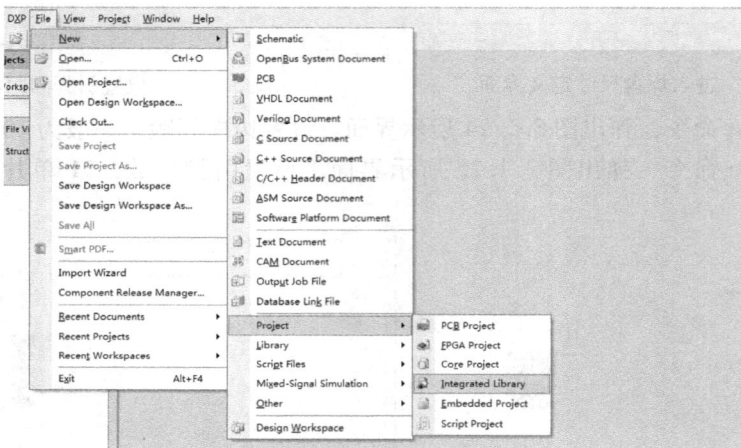

图 3.1.28　创建新的集成库

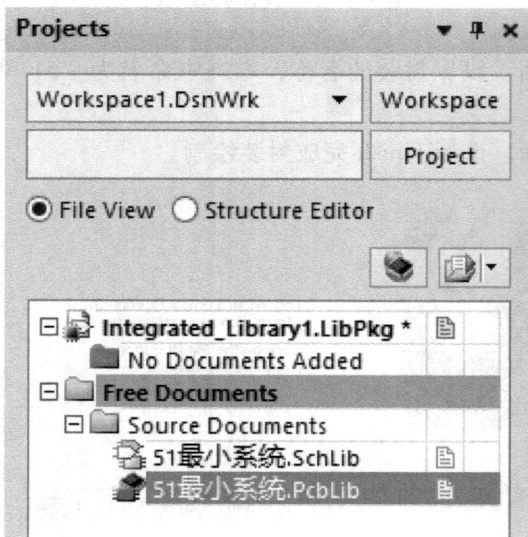

图 3.1.29　空集成库工程界面

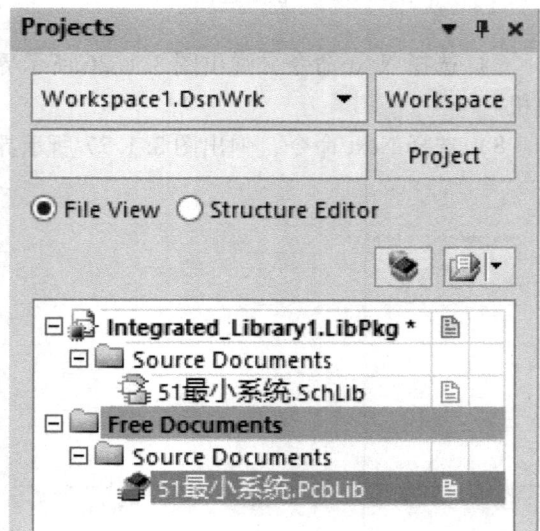

图 3.1.30　创建新的集成库过程

右击工程名称，选择 Save Project 命令，在弹出的窗口中，键入工程的名字即可保存，由于本书以 51 单片机最小系统为例，便命名为"51 最小系统"。

2. 为原理图库添加封装

打开原理图库，如图 3.1.31 所示，单击 Add 命令，弹出界面，如图 3.1.32 所示。选择 Any，单击 Browse 命令，弹出图 3.1.33 所示界面。选中"51 单片机"，单击"OK"按钮，弹出图 3.1.34 所示界面。单击"OK"按钮即可。

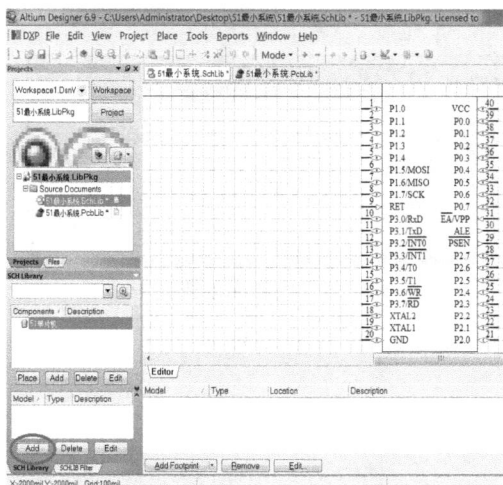

图 3.1.31　打开原理图库并点击 Add

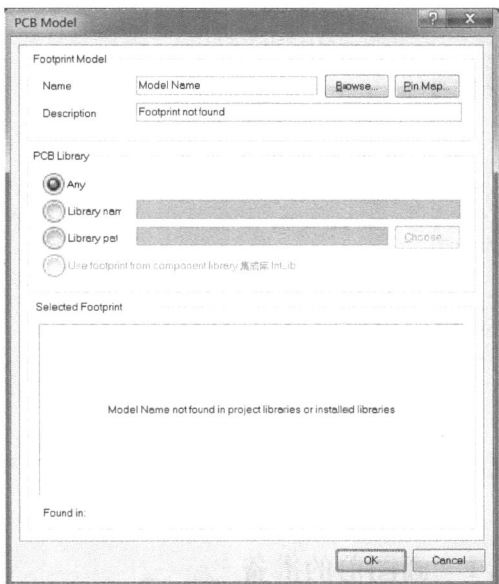

图 3.1.32　Add 命令弹出界面

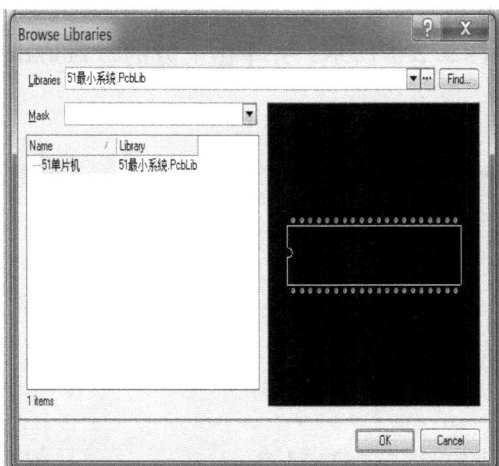

图 3.1.33　选择"51 单片机"封装库

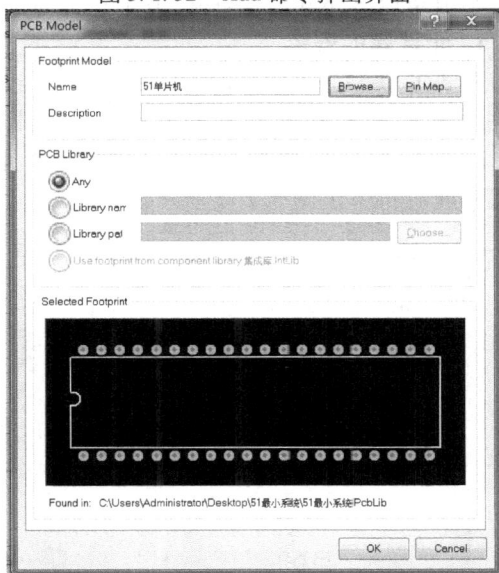

图 3.1.34　选中"51 单片机"

3. 编译工程

右击工程，单击 Compile Integrated Library 51 最小系统 . Libpkg（见图 3.1.35）进行编

译。弹出图 3.1.36 所示窗口，单击 "OK" 按钮，此时原理图与封装便建立了联系，完成的集成库建立。

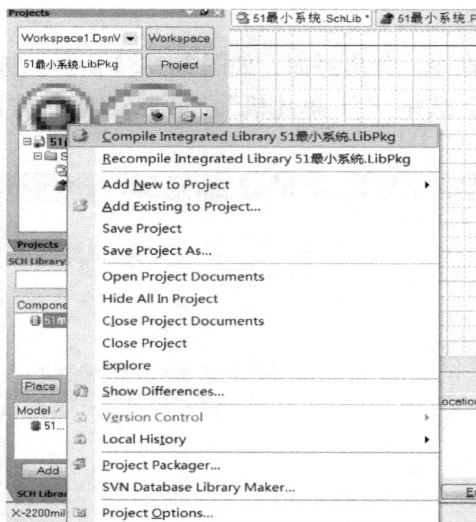

图 3.1.35　编译集成库工程命令

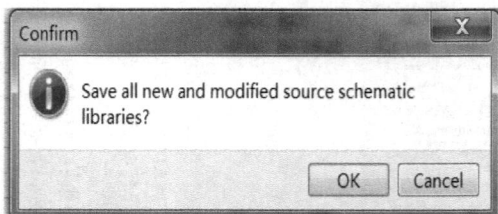

图 3.1.36　集成库创建完毕

3.2　原理图的创建与绘制

3.2.1　画图前的准备

本节将以 AT89C51 单片机最小系统为例，在前面章节的基础上讲解如何绘制原理图。

1. 元件库的安装

在 3.1 节中已经对元器件库的创建与绘制进行了介绍。在绘制原理图之前，需要先将元器件库安装进程序中，才可对其中的元器件进行调用。

1）单击界面右侧的 Libraries 选项条，界面如图 3.2.1 所示，并单击上方的 "Libraries" 按钮，此时将弹出图 3.2.2 所示窗口。

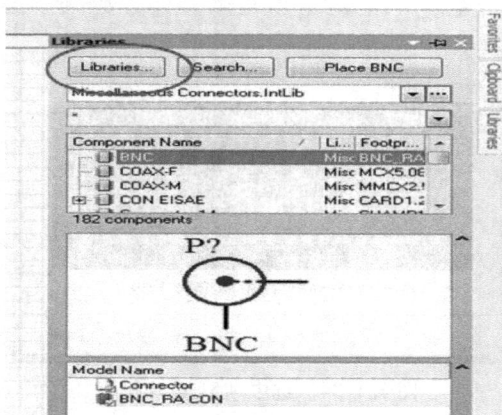

图 3.2.1　单击界面右侧的 Libraries 选项后进入

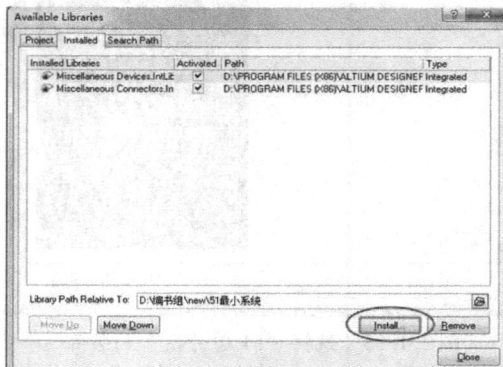

图 3.2.2　单击 "Libraries" 按钮后进入

2）单击右下角的"Install"按钮，在弹出的搜索文件窗口中找出之前完成的元器件库，选中库之后单击打开，即将该元件库安装进了程序中，如图 3.2.3 所示。最后单击"Close"按钮关闭窗口。

3）完成元器件库的安装后，便可在 Libraries 中找到该库，如图 3.2.4 所示，调用其中元器件的原理图。

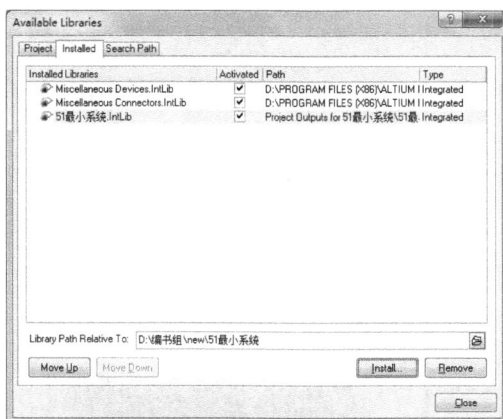

图 3.2.3　元器件库安装完成

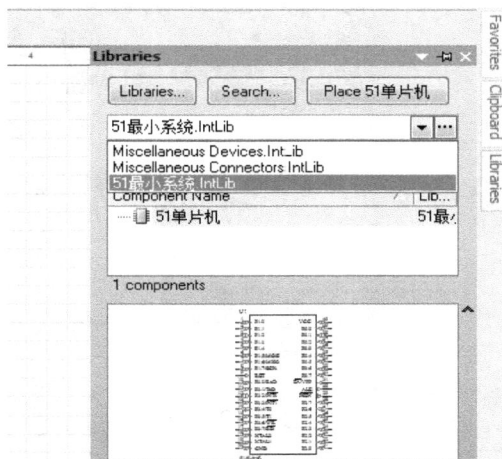

图 3.2.4　在 Libraries 中查找安装的元件库

2. 查找元器件

接下来将根据 AT89C51 单片机最小系统目标电路图（见图 3.2.5）在相应的库中找出所需要的元器件。

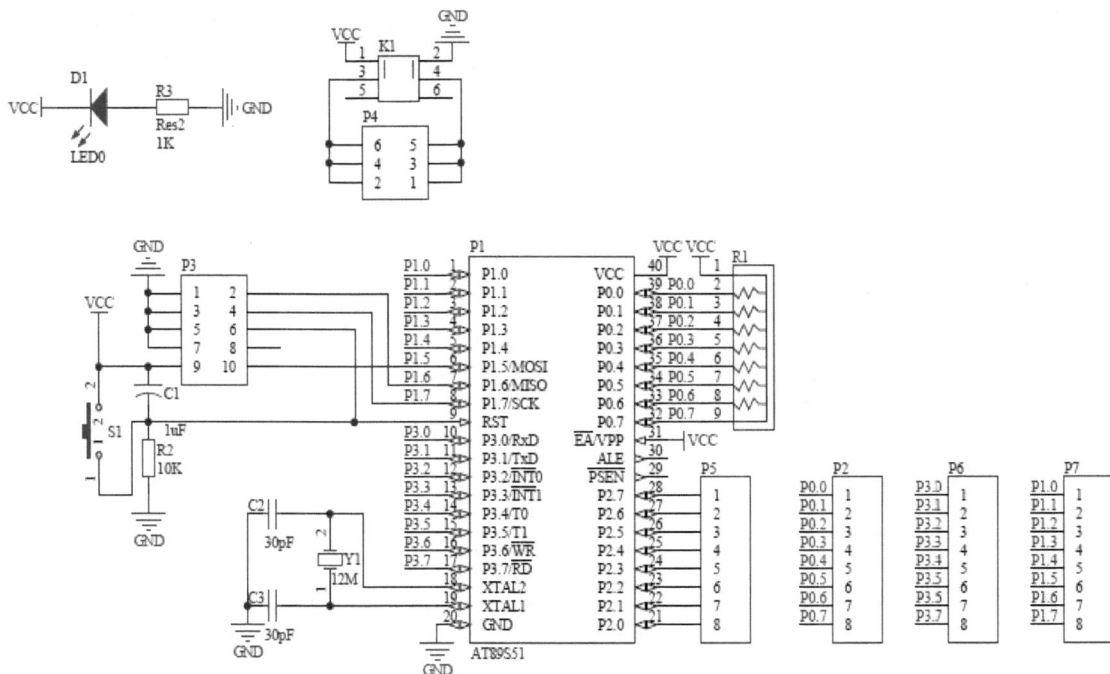

图 3.2.5　AT89C51 单片机最小系统目标电路图

1）首先单击界面右侧 Libraries 选项，系统自动弹出窗口，单击上方下三角拉出可选库，选中先前以安装进程序命名为"51 最小系统"的库，如图 3.2.6 所示。

2）单击中下方浏览窗口中的"51 单片机"后，单击弹出框上方的"Place51 单片机"按钮，如图 3.2.7 所示。

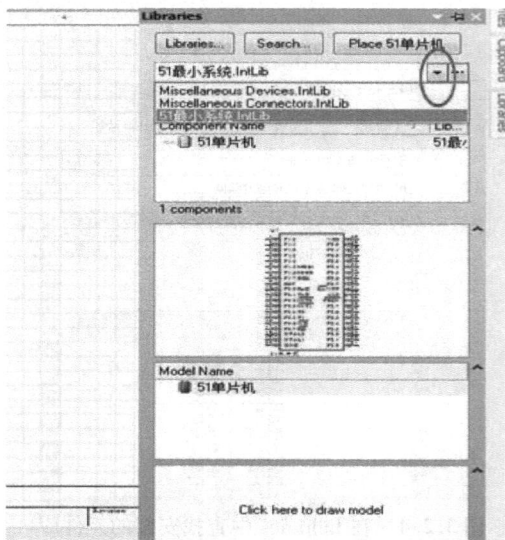

图 3.2.6 选中"51 最小系统"库　　　　图 3.2.7 选中"51 单片机"

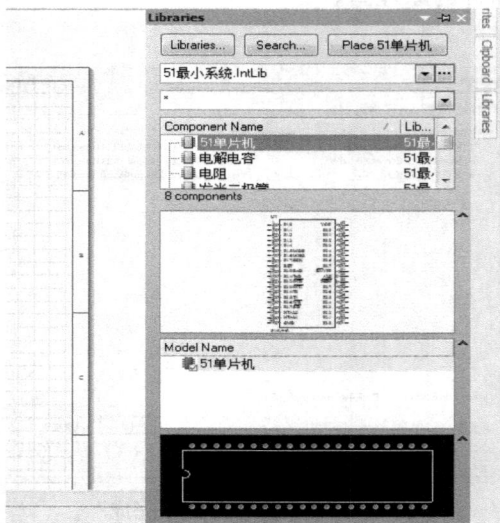

3）移动鼠标，被选中的元器件将跟着鼠标移动（鼠标右击可取消选择），此时元器件的左上方位置处会出现十字形光标，代表此时元件处在可操作状态，如图 3.2.8 所示。

4）此时按下键盘上的 Tab 键，可对元器件的属性进行修改，如图 3.2.9 所示，修改完毕后单击"OK"按钮即可。

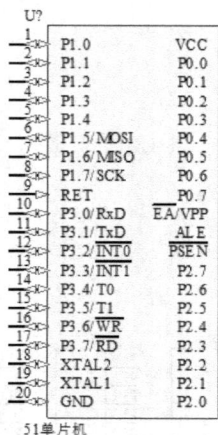

图 3.2.8 放置 51 单片机　　　　图 3.2.9 修改元器件的属性

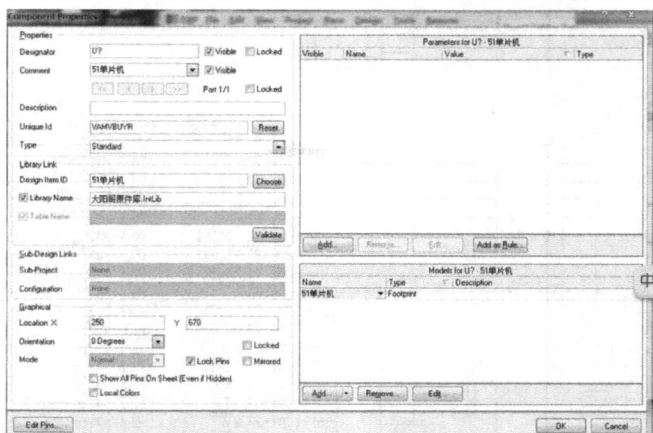

按照上述方法将图 3.2.5 中所需要的元器件在库中一一找出，放置在工作区。下面将给出部分元器件的所在库查找，以便读者能更快完成该步骤。可在 Miscellaneous Connec-

tors. IntLib 库（该库为系统自带库）中依次找到 8×1 的单排（Header 8）∠个，3×2 单排（Header 3×2）1 个，5×2 单排（Header 5×2）1 个，晶振（XTAL）1 个，电解电容 1 个，贴片电阻 2 个，8×1 的排阻 1 个，无极性电容 2 个，自锁开关 1 个，复位开关 1 个，发光二极管 1 个，放置于图中，如图 3.2.10 所示。而在程序自带库中搜索不到的元器件，需要读者根据其封装参照 51 单片机最小系统的原理图和封装图的绘制自行绘制，本文已将自带库中所没有的元器件绘制完成后集成进"51 最小系统"库里。

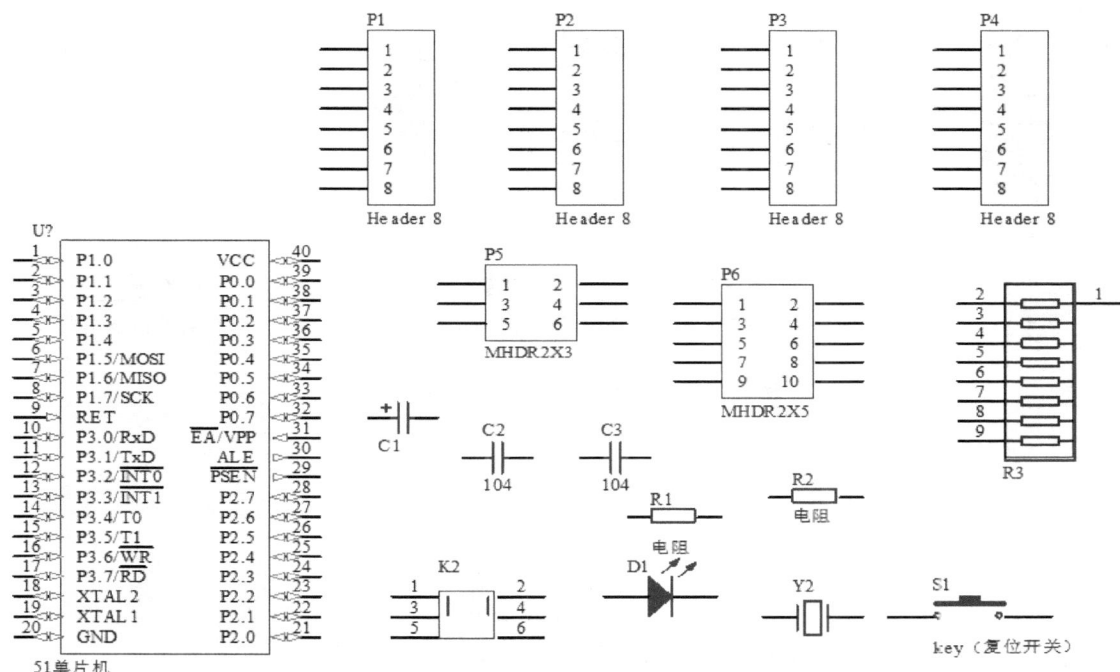

图 3.2.10　查找并放置目标电路元器件

3.2.2　元器件布局

查找出所需要的元器件后，接下来就要对这些元器件进行布局。合理布局能使整个电路图条理清楚，是绘制 PCB 的基础。布局一般要遵循的规则有以下几点：①遵循相关芯片数据手册的基本原理；②避免线条过于繁杂影响查看；③布局的顺序：以中心元器件为主，自上而下，自左而右。

接下来依据图 3.2.5 所给的目标电路图，分成五步对 AT89C51 单片机最小系统进行布局。

1）核心元器件 AT89C51 芯片置于中心，如图 3.2.11 所示。

2）放置电源模块，如图 3.2.12 所示。

3）放置烧写及复位模块，如图 3.2.13 所示。

4）放置时钟模块，如图 3.2.14 所示。

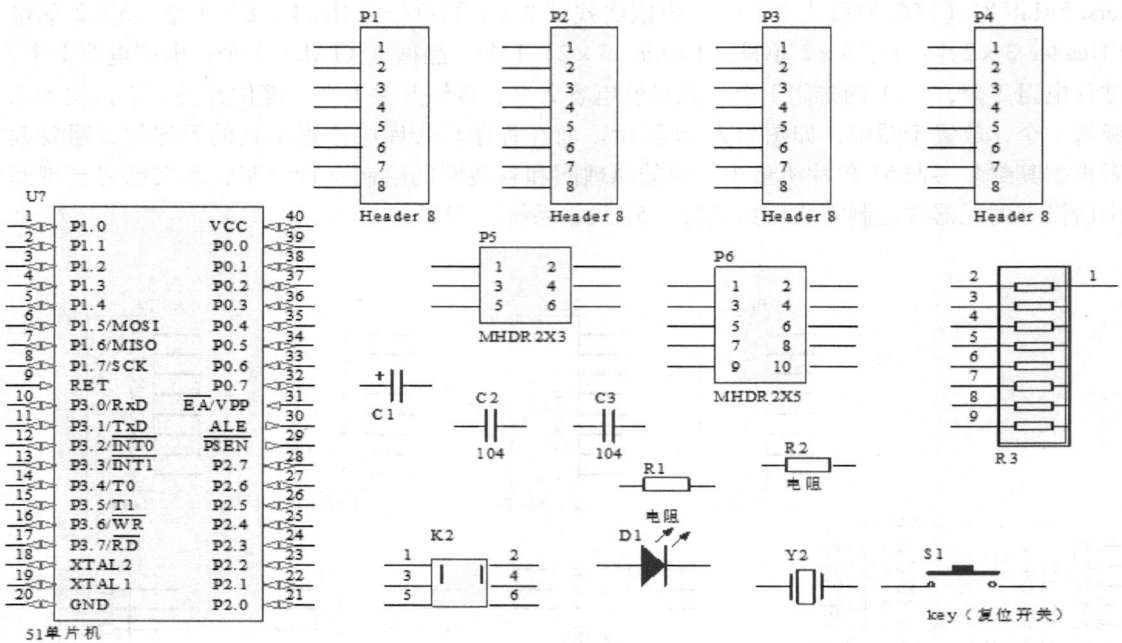

图 3.2.11 AT89C51 放置在图样的中心

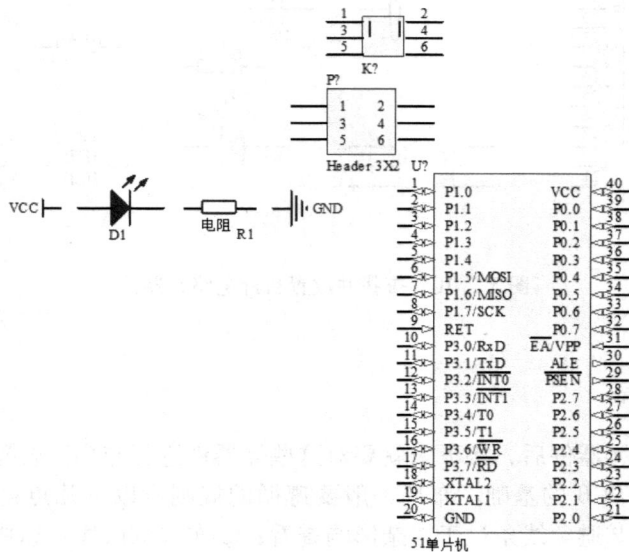

图 3.2.12 放置电源模块

5）放置 I/O 接口及上拉电阻模块，如图 3.2.15 所示。

至此，元器件布局结束。但该布局只是初步布局，各元器件并非不可移动，在布线的时候可根据实际需要进行微调。

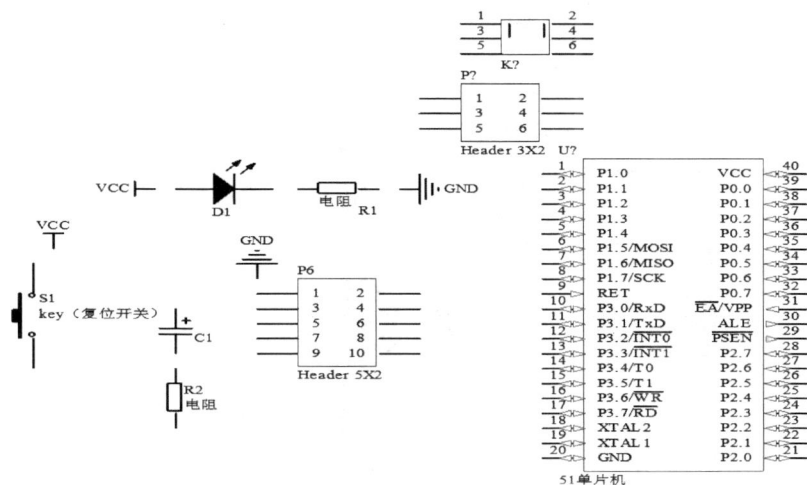

图 3.2.13　放置烧写及复位模块

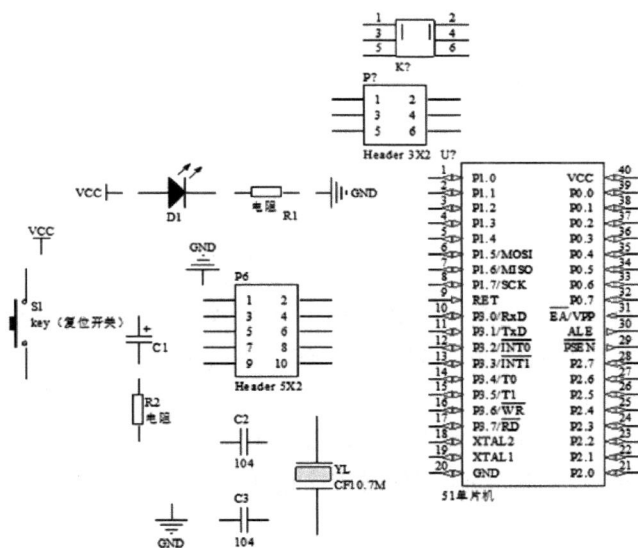

图 3.2.14　放置时钟模块

3.2.3　布线

将各元器件都摆放整齐之后，接下来的工作便是将其连接起来，即布线。布线相当于在实际操作中将各元器件的引脚用导线连接起来。在布线之前，首先介绍将要用到的工具按钮，如图 3.2.16 所示。

Wire：相当于导线，用于连接各元器件的引脚；

Net：又称网络标识符。标有相同 Net 的电气连接点在物理上是相接的，为了避免原理图上布线过于繁杂，通过 Net 使原理图的整个效果更为整洁美观。

单击 Wire，跟随鼠标将会出现米字形图样，将鼠标移至某一元器件引脚的电气连接点

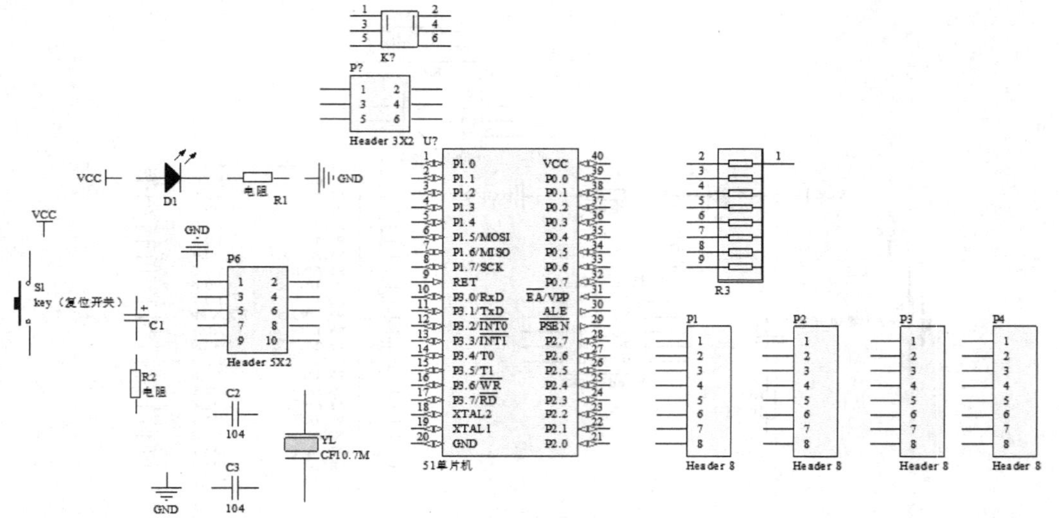

图 3.2.15　放置 I/O 接口及上拉电阻模块

图 3.2.16　布线工具按钮

处，则会自动出现红色准心，如图 3.2.17 所示。此时单击鼠标左键确定该连线的起点，再在另一电气连接点处单击鼠标左键，便完成了两个电气连接点的连接，如图 3.2.18 所示。鼠标右击可撤销放置 Wire。

需要说明的是，不是所有的电气连接点都需要用导线相连才可，两个元器件自身的电气连接点是可以直接相连的，其效果与用导线相连相同。

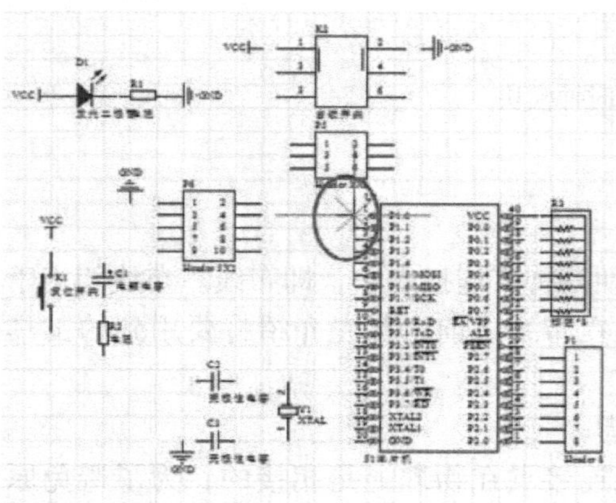

图 3.2.17　单击 Wire 后的米字形鼠标箭头

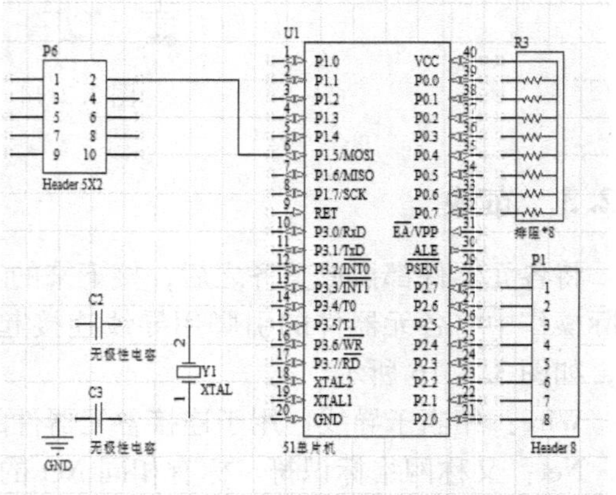

图 3.2.18　完成两个电气连接点的连接

仿照上述方法，则根据图 3.2.5 所示的 AT89C51 单片机最小系统的设计图将所有模块引脚的连线连上。两连线的交点称为结点，表示有物理连接如图 3.2.19 所示。单击 Net，会出现标识文字，如图 3.2.20 所示；按下键盘的 Tab 键，修改名称。若名称如 P1 _ 0 或者 P1.0 的形式，则再次放置标识符的时候，系统将自动按数字顺序排列。

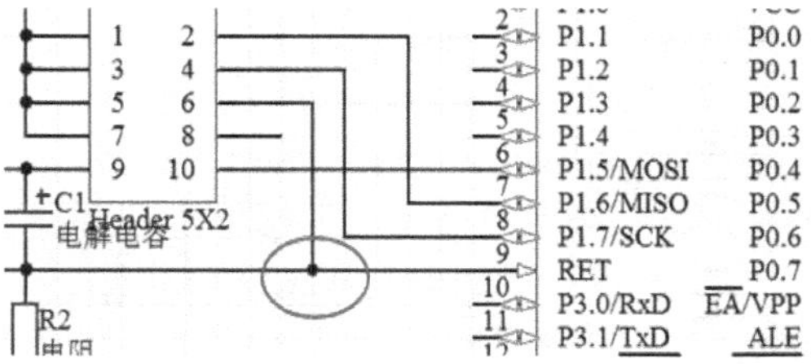

图 3.2.19　结点 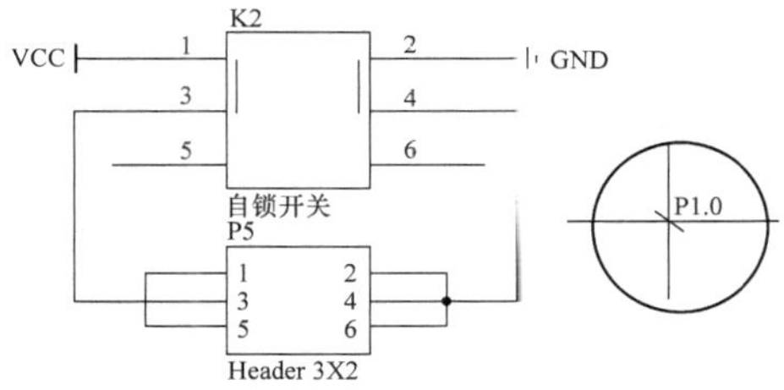　　　　　　　　　　图 3.2.20　结点标识

按放置 Wire 的方法将 Net 放置于所需处，如图 3.2.21 所示，单击"保存"按钮。至此，原理图的绘制基本完成。

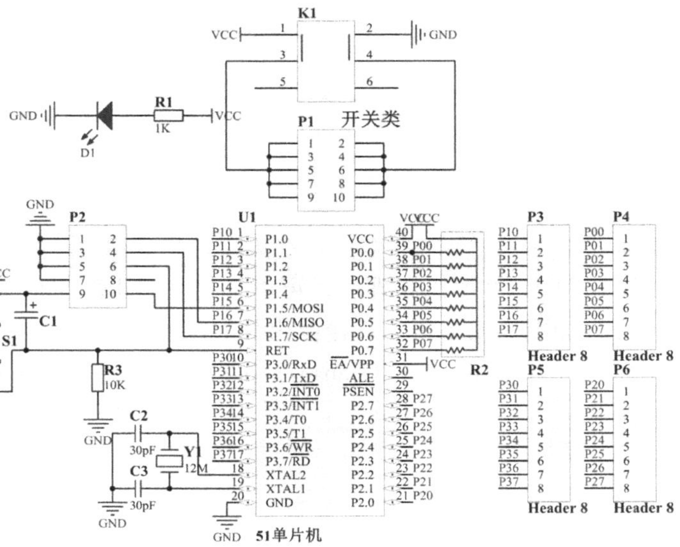

图 3.2.21　原理图绘制完成

3.2.4　检查与完成

原理图基本绘制完成后，还需要对其进行检查，以避免在后续 PCB 操作中因为原理图的错误产生问题。

原理图的检查主要分为两步：首先，绘制者根据所参照的芯片数据手册一一检查各元器件的电气连接点连接是否正确，防止连错线或者漏连；其次，利用系统自带的检查功能，单击 Project→Compile...，如果所绘原理图有错误，系统会自动弹出 message，提示出错，如果没有任何弹出窗口则说明所绘原理图无误。检查原理图如图 3.2.22 所示。

经检查无误后，单击"保存"按钮，原理图的绘制全部完成，为 3.3 节 PCB 的绘制奠

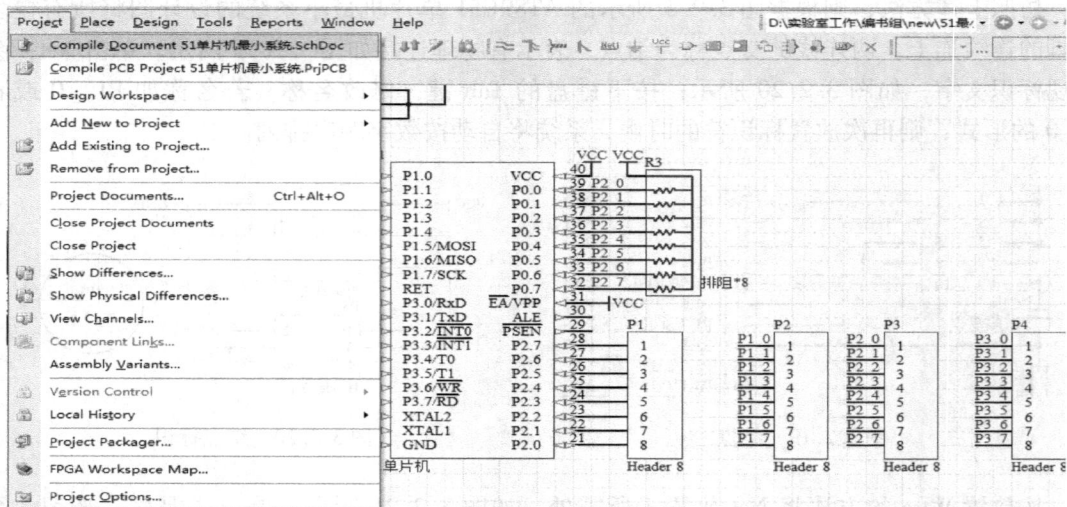

图 3.2.22　检查原理图

定好基础。

3.3　PCB 图的创建与绘制

3.3.1　PCB 图的生成

利用上一节已经完成的 51 单片机原理图，可以直接生成 PCB 图。在原理图界面打开 Design→Update PCB...，如图 3.3.1 所示。在弹出的对话框（见图 3.3.2）中，单击 Validate Changes，确认无误后，单击 Execute Changes，执行结果如图 3.3.3 所示。

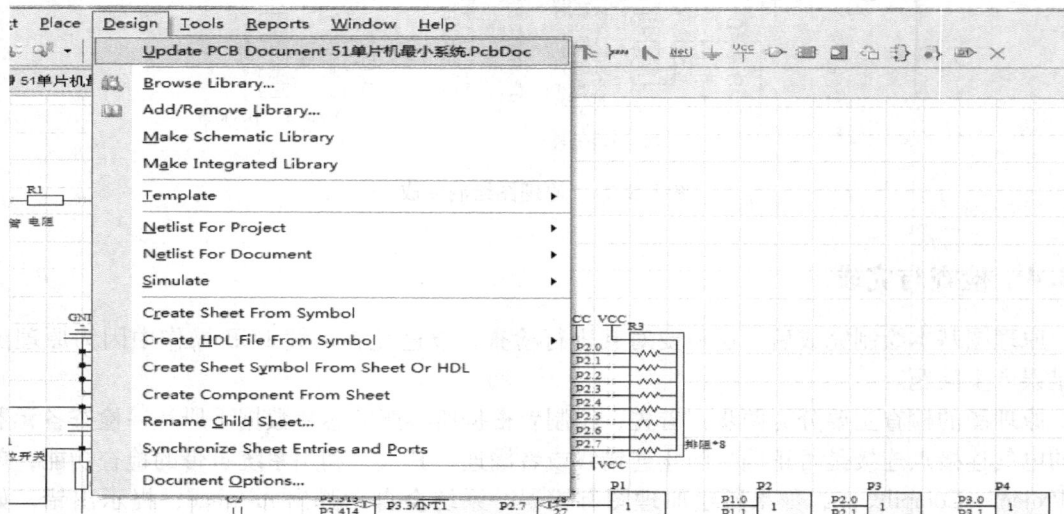

图 3.3.1　更新 PCB 文件

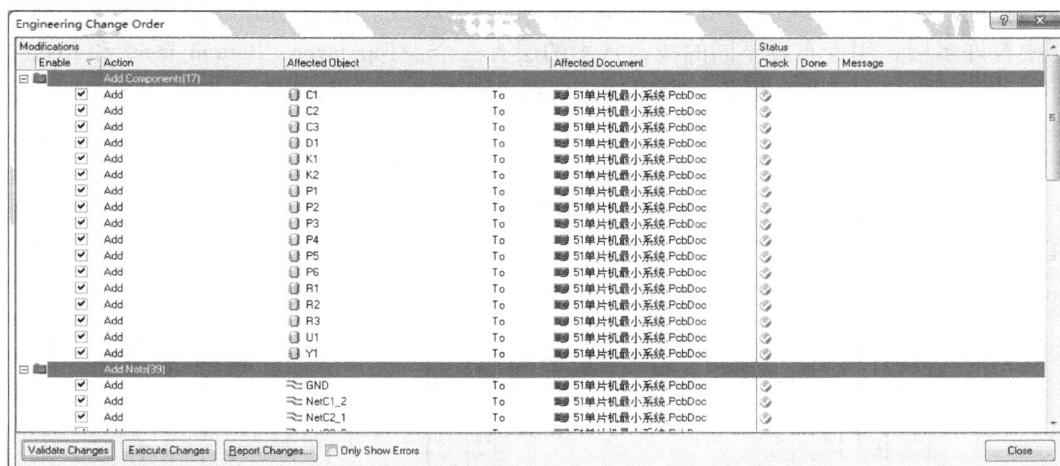

图 3.3.2　验证更改

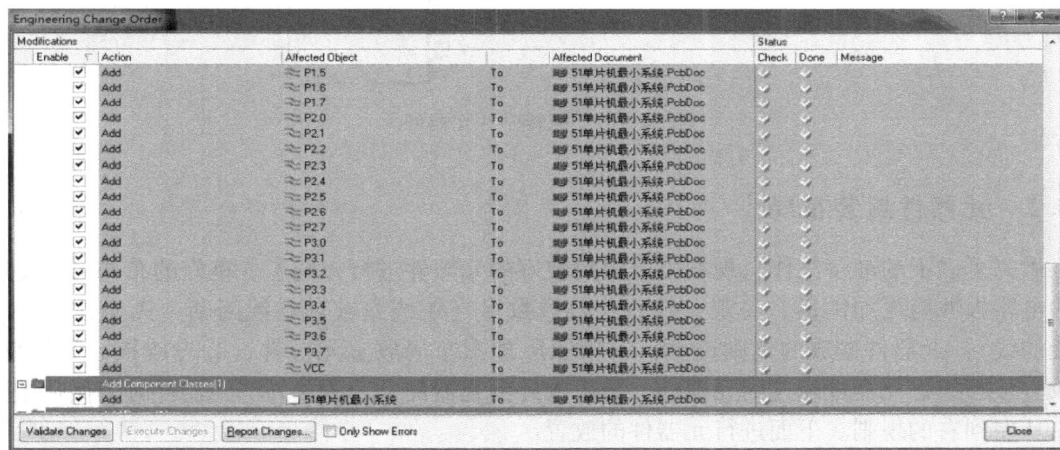

图 3.3.3　执行修改操作

关闭 Engineering Change Order 对话框，可以看到生成的元器件封装，如图 3.3.4 所示。

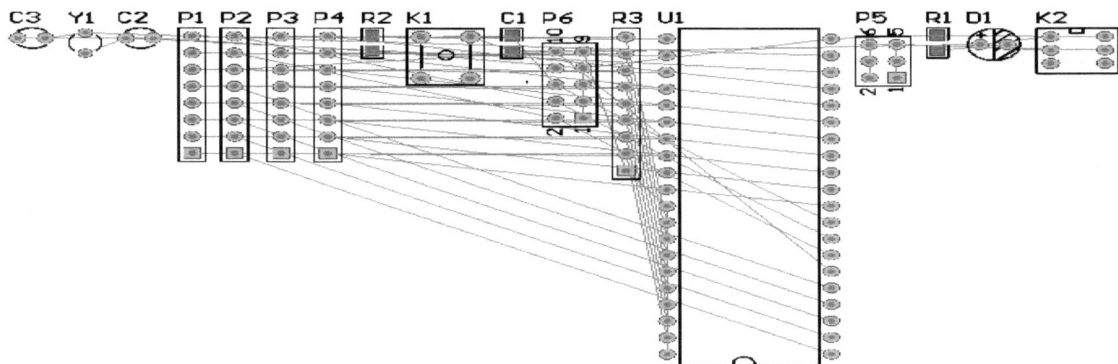

图 3.3.4　生成结果

实验室手工制板布线时，习惯在 Bottom layer 层布线。这里简介一下"层"的概念。PCB 中有许多层，用于布置不同的线，常用的层有三个：Top layer、Bottom layer 和 Keep out layer。手工制板制作的是单层板，所以连接线都要画在 Bottom layer 层，其代表颜色为蓝色。若是要画双层板，还要用到 Top layer 层，颜色为红色。Keep out layer 层用于画边界线或标注，颜色为粉红。

因为是 Bottom layer 层布线，所以需要翻转贴片元器件。以 R2 为例，使用鼠标左键点中 R2 且不松开，光标变成十字（见图 3.3.5），再按键盘上的字母 L 键，元件封装就翻到了Bottom layer 层，并变成了蓝色。依次将其他贴片元件封装修改到 Bottom layer 层。

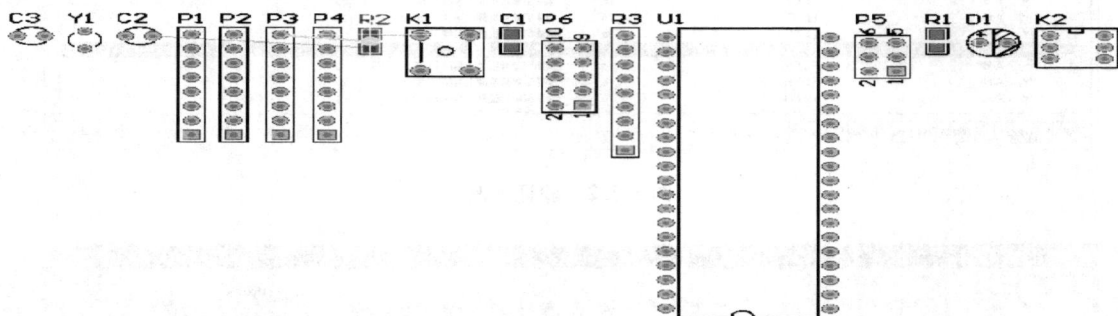

图 3.3.5　翻转贴片元器件

3.3.2　元器件封装布局

做完了以上的准备工作，现在可以对封装好的元器件进行布局了。良好的布局可以使制作的电路板性能更加优良、美观，并减少跳线数目（跳线是被其他线阻断，无法在同一层连接的线）。元器件摆放的规则遵循：①依照原理图布局放置元器件；②先放核心元器件，再放直接与核心元器件相连的元器件，最后放外围元器件；③放置外围元器件时遵循从上到下，从左到右的规则。下面进行元器件的放置。

1）放置核心元器件 AT89C51 芯片置于中心。

2）放置与 AT89C51 芯片最接近的元器件——排针。为避免飞线交叉，可以按键盘的空格键翻转元器件。依次放其他排针和排阻，如图 3.3.7 所示。

3）放置外围元器件，遵循从上到下，从左到右的规则，依次为：①放置电源模块；②放置指示灯模块；③放置下载口模块；④放置复位开关模块；⑤放置晶振模块。元器件PCB 布局结构图如图 3.3.6 所示。

3.3.3　PCB 的布线

前面已简单介绍过"层"的概念。手工制板布线时所有线都布置在 Bottom layer 层，但有时有的线无法连接通，这种线叫"跳线"，解决办法是将它布置在 Top layer 层，用于提醒自己还有这样一条线，板子制作出来后再用导线连上。

1. 更改线宽

PCB 中有两种计量长度单位：mil 和 mm。如果使用习惯上大家所熟悉的单位毫米（mm），更改单位时单击 View→Toggle units，即可在两种单位间转换，将单位更改为 mm。

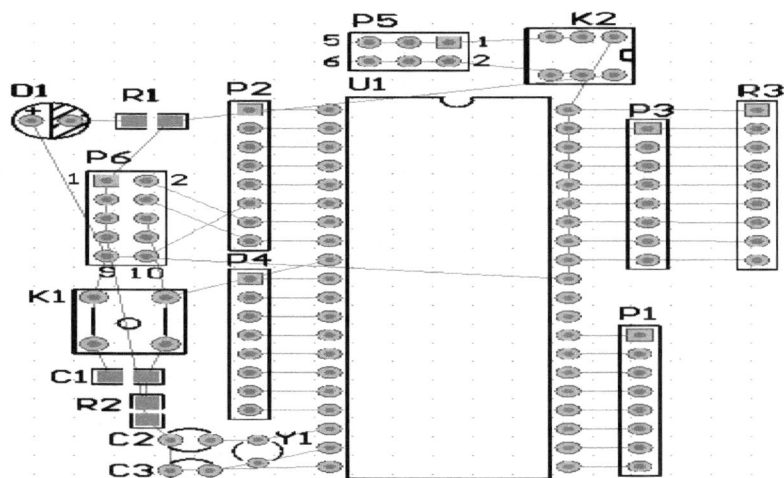

图 3.3.6　元器件 PCB 布局结构图

　　布线前可根据自己的需要更改线宽，线宽设定操作是：单击 Design→Rules，在弹出的对话框中，选中 Width，将 Max Width 更改为合适值，这里取 2mm，如图 3.3.7 所示。单击"OK"按钮完成设置。

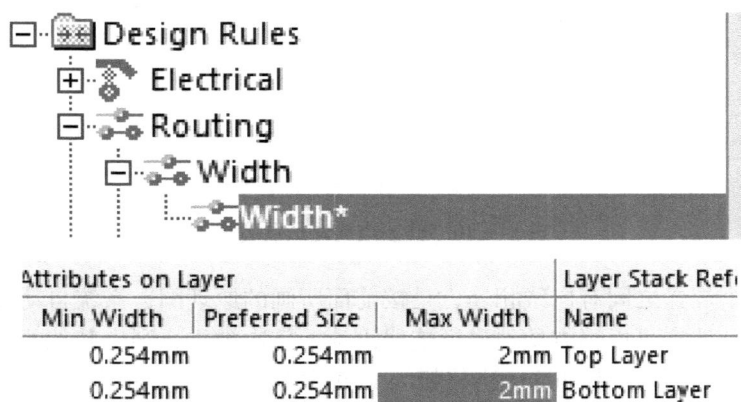

图 3.3.7　设置线宽最大值

　　布线开始前，单击 Bottom layer，将布线层切换到 Bottom layer 层，如图 3.3.8 所示。

图 3.3.8　将布线层切换到 Bottom layer 层

2. 布线

1）画排针和排阻连线。单击工具按钮 Interactively Route Connections（交互式布线），如图3.3.9所示，光标变成十字形，选中排针的第一个焊盘后按键盘的 Tab 键，更改当前所画出导线的宽度。可在布线规则范围内更改线宽至合适值，这里定为1mm，如图3.3.10所示。单击"OK"按钮完成更改。

图3.3.9 选择交互式布线

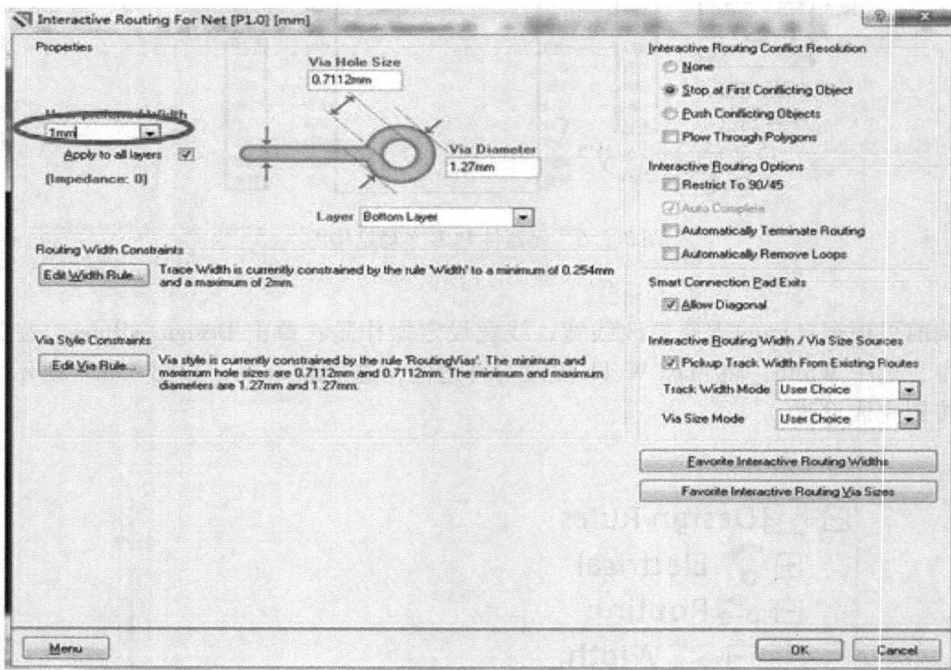

图3.3.10 修改当前连线的宽度

可以看到两个焊盘之间有白线相连，是按前面所画的原理图，系统自动将应该连接的焊盘表示出来的线。这样可以很方便地进行连线设计。依次类推，画出其他的排针和排阻。

2）画其他模块连线。按 shift + 空格键可以更改转角规则，有任意角、135°角、圆角、90°角等几种。下面采用135°角进行绘制。注意：布线转角尽量选择135°，少画直角，切忌画成锐角。依次绘制电源模块、指示灯模块、下载口模块、复位开关模块、晶振模块，连接图如图3.3.11所示。

3）连接跳线。按此方法，连接好当前模块后会发现有一根飞线连不上，可在 Top layer 层用红线把它连起来，提醒自己制板时连接该跳线，如图3.3.12所示。

到此为止，PCB图主体绘制完成，为了使电路美观、方便使用，还需要进一步完善。

3. 画边框

单击切换到 Keep – out Layer 层，如图3.3.13所示，选择工具栏的 Place Line，如图3.3.14所示，围绕所画 AT89C51 最小系统的 PCB 画一圈边框，这样不仅美观，也方便测量制作板子的大小，如图3.3.15所示。

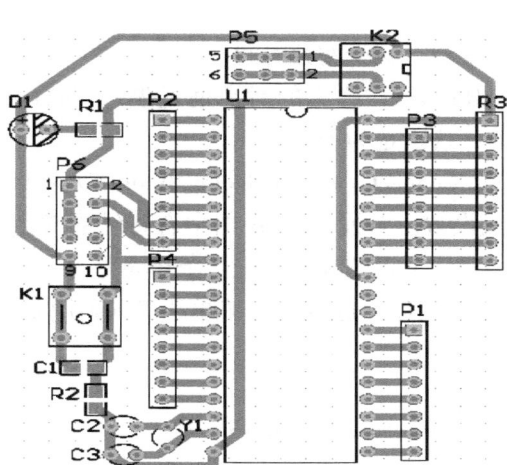

图 3.3.11　各模块连接图

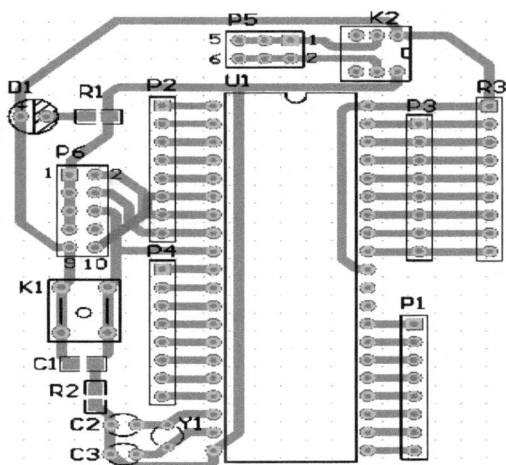

图 3.3.12　连接跳线

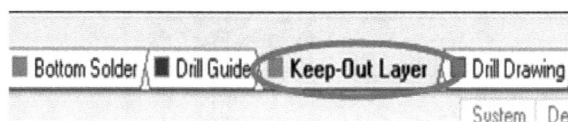

图 3.3.13　切换到 Keep – out Layer 层

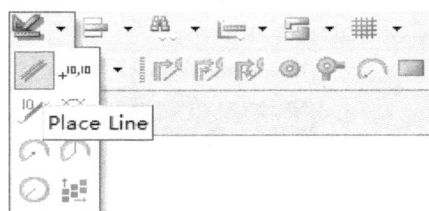

图 3.3.14　选择画线工具

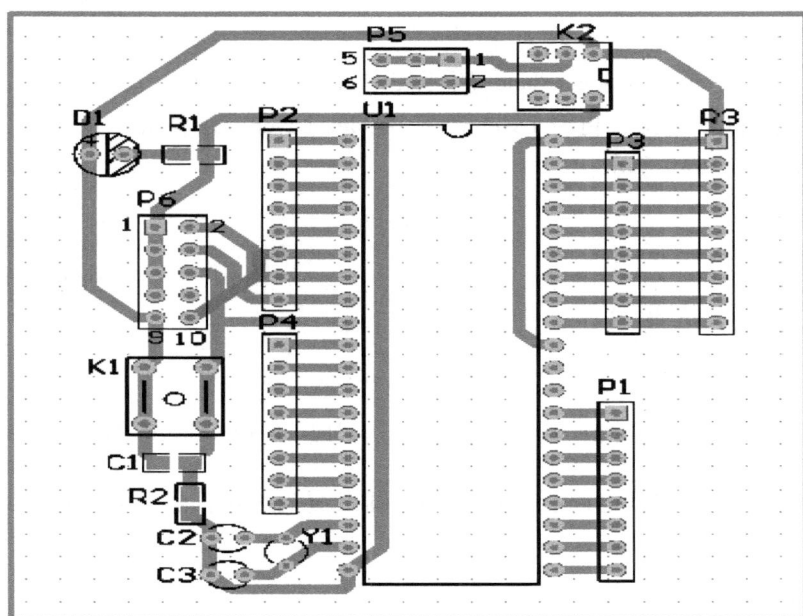

图 3.3.15　画边框

4. 覆铜

覆铜可以使电路板的信号更加稳定，充分利用铜板，减少腐蚀时间。

1）设置覆铜与铜线间的距离。单击 Design→Rules，在弹出的对话框里先选 Clearance（见图 3.3.16），将 Minimum Clearance 改为合适值，这里定为 1mm。

2）设置覆铜与焊盘连接的宽度。单击 Polygon Connect，将 Conductor Width 改为 1mm（见图 3.3.17），修改完成后单击"OK"按钮完成设置。若发现 PCB 图中有些线的颜色变为绿色，则是因为更改了线之间最小距离的规则，对于太近的线，系统给予错误警告。如果知道这个"错误"是正确的，可以手动将错误标识消除掉，这时单击菜单栏 Tools 中的 Reset Error Markers 即可。

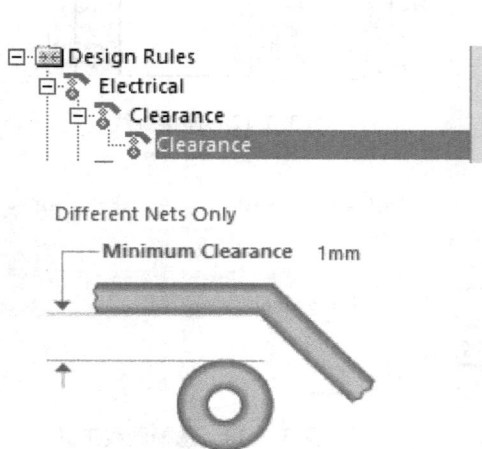

图 3.3.16 设置覆铜与铜线间的距离

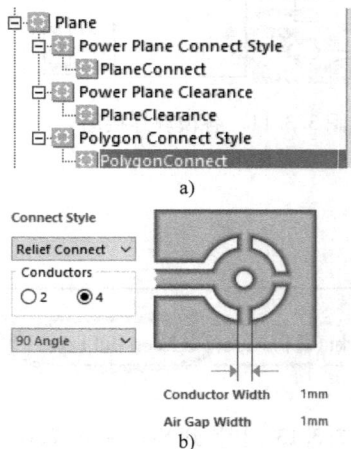

图 3.3.17 设置覆铜与焊盘连接的宽度

3）覆铜。单击 Place Polygon Plane（见图 3.3.18），弹出对话框，将 Connect to Net 选到 GND，即覆铜与地线连接，再将 Layer 选到 Bottom Layer，即覆铜在 Bottom Layer 层。更改选项后的图如图 3.3.19 所示。

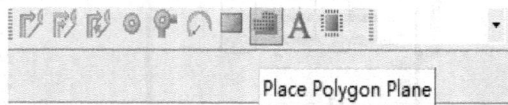

图 3.3.18 单击 Place Polygon Plane

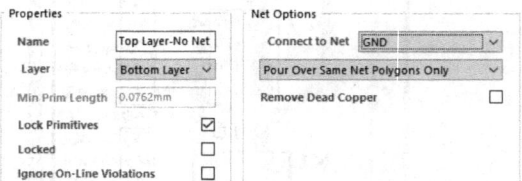

图 3.3.19 覆铜在 Bottom Layer 层

4）画出覆铜区域。和画电路板外框一样，画出覆铜区域，然后鼠标右击即完成覆铜。结果如图 3.3.20 所示。

3.3.4 检查与完成

首先检查各个电气焊盘连接点是否都已连上，检查时对照原理图。然后检查是否所有飞

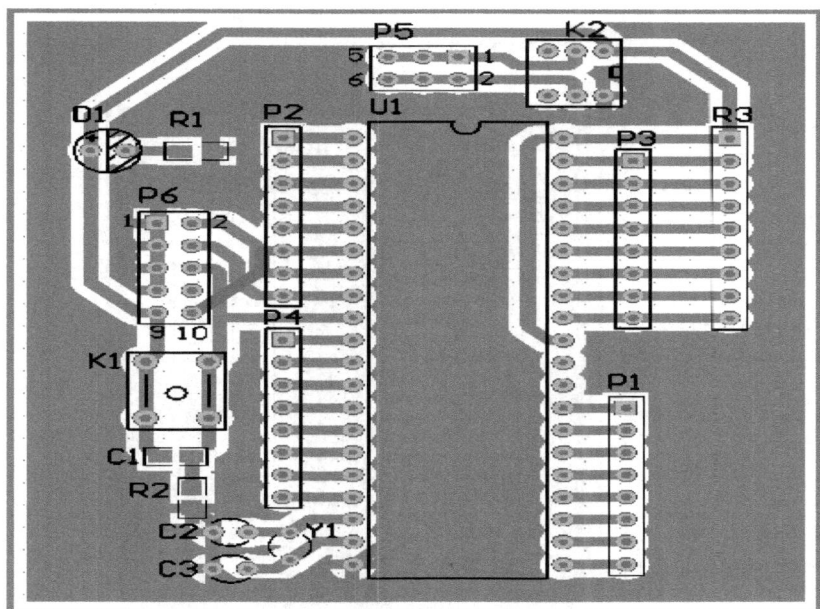

图 3.3.20　完成覆铜后的 PCB 板

线已经连接上，可以将鼠标放到导线上，查看高亮度线是否连接完整。最后不要忘了保存 PCB 图。

到这里 AT89C51 最小系统 PCB 图的创建与绘制所有的要点都已经讲完了，读者可以用画成的 PCB 图制作属于自己的最小系统板了。下一节讲述如何制板。

3.4　电路板制作介绍

本节将向读者介绍如何利用已绘制好的 PCB 图制作出实物电路板。下面利用上一节绘制完成的 51 单片机最小系统的 PCB 图，在实验室手工制作印制电路板。

3.4.1　打印 PCB 图

制板前需要将 PCB 图打印在热敏纸（一种用于实验室制板转印的特殊纸张，一面光滑，另一面为普通纸质）的光滑面上。打印前，先在 Altium Dsigner 6.9 软件中进行相关参数设置。

1. 打印设置

在 PCB 界面打开 File→Page Setup...（见图 3.4.1），将弹出对话框，如图 3.4.2 所示。在对话框的 Scale Mode 选项卡中选择 Scaled Print 选项，规范打印尺寸。在 Color Set 选项中选择 Mono 选项，设置打印颜色为纯黑白。单击"Advanced..."按钮，出现图 3.4.3 所示对话框。

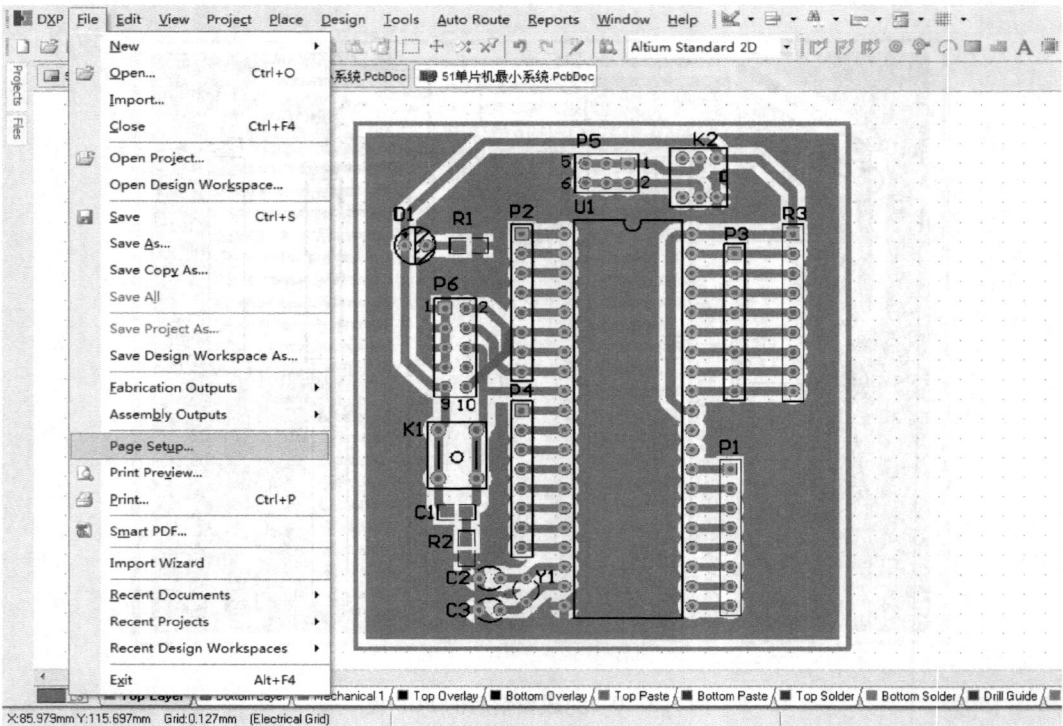

图 3.4.1　进入打印页面设置

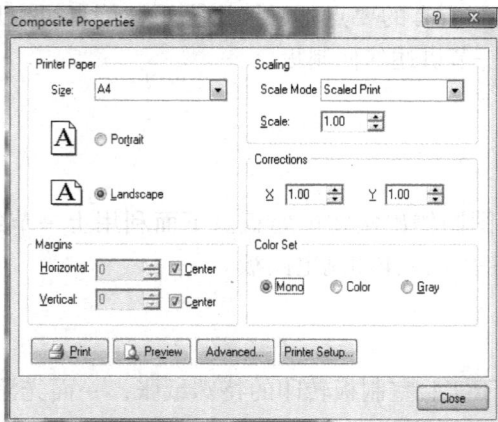

图 3.4.2　打印尺寸、颜色设置

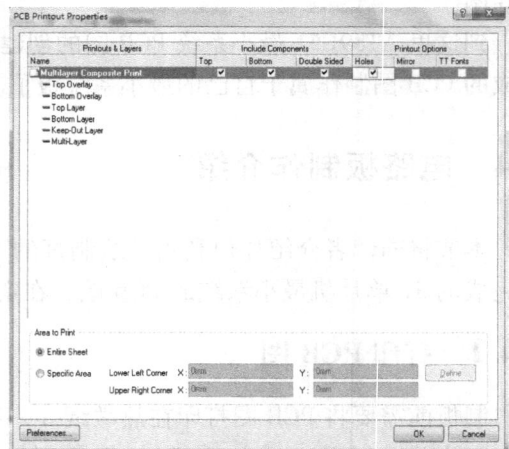

图 3.4.3　打印内容设置

2. 打印内容设置

在图 3.4.3 对话框中勾选 Holes 选项，使 PCB 焊盘中的孔洞能被打印出来。图 3.4.3 所显示的层均为可打印层。手工制作单面电路板，只需要打印 Bottom Layer 和 Keep - Out Layer，其他层都可以删除。

如图 3.4.4 所示，将鼠标移至 Top Overlay 字符上，鼠标右击，出现选项卡，单击 Delete 选项，删除该层线路使之不能被打印出来。依次类推，再删除 Bottom Overlay、Top Layer、Multi – Layer 层，最终只保留 Bottom Layer 及 Keep – Out Layer，如图 3.4.5 所示。

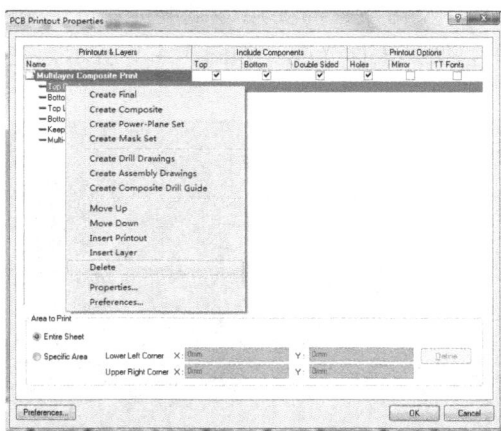

图 3.4.4　删除不许打印的层

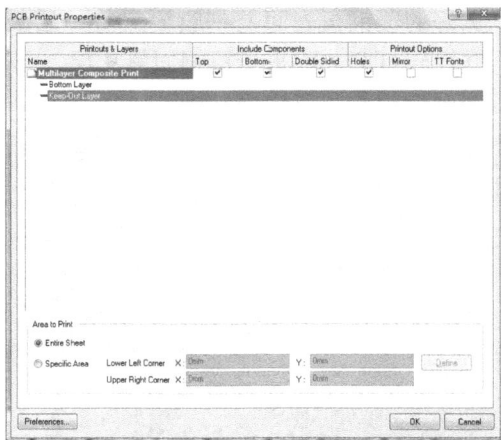

图 3.4.5　打印内容设置完毕

单击图 3.4.5 所示对话框中的"OK"按钮，打印参数设置完成。

3. 打印预览

在菜单栏的工具条中单击"打印预览"按钮，查看即将打印到热转印纸上的 PCB 线路分布是否与刚才设置的一致，即只打印出 Bottom Layer 及 Keep – Out Layer 层的线路。图 3.4.6 所示为打印结果预览，黑色部分即为将打印到热敏纸上的线路。

4. 打印

确认无误后，单击"Print"按钮即可开始打印。图 3.4.7 所示即为打印好的 PCB 线路图，可以用于实验室印制电路板的转印。接下来即可进行手工印制电路板的制作。

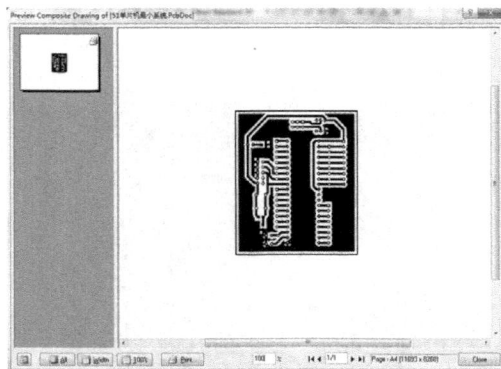

图 3.4.6　打印结果预览

图 3.4.7　打印完毕

3.4.2　覆铜板的预处理

1. 裁剪覆铜板

测量热转印纸上 PCB 线路的尺寸大小，依据该尺寸，用钢锯在覆铜板上锯下相应大小的覆铜板，如图3.4.8所示。锯覆铜板时可用台虎钳固定覆铜板，这样锯出板子会比较平整。

2. 打磨覆铜板

锯好的覆铜板表面上一般覆盖着一层氧化铜薄层及污渍，需要用砂纸磨光板子周边毛刺，并轻轻打磨去除板子覆铜面氧化层，露出新铜，使其表面光亮。如图3.4.9所示，左边为打磨好的板子，右边为砂纸。

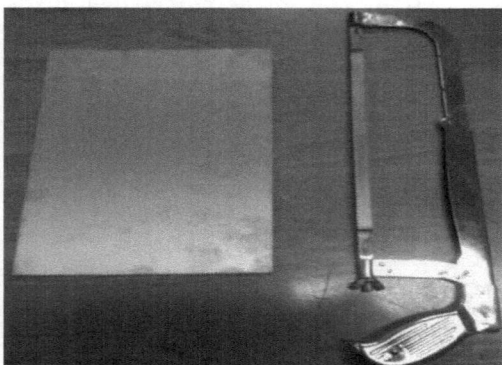

图3.4.8　裁剪覆铜板

图3.4.9　打磨覆铜板

3.4.3　转印电路图

1. 粘贴热转印纸

将板子覆铜面正对热敏纸上的PCB图部分，由于二者尺寸相同，正好覆盖住。将剩余空白转印纸边缘折起，叠到板子反面上，将板子包住，用胶带粘贴固定。

2. 热转印

如图3.4.10所示，将包覆好的板子放于热转印机的加热台，注意被包的覆铜面朝上，在300℃温度下加热压印120s即可拿出。拆开热转印纸，可以看到，单片机最小系统的PCB线路图，已经完全转印到电路板覆铜面上，如图3.4.11所示。

图3.4.10　热转印

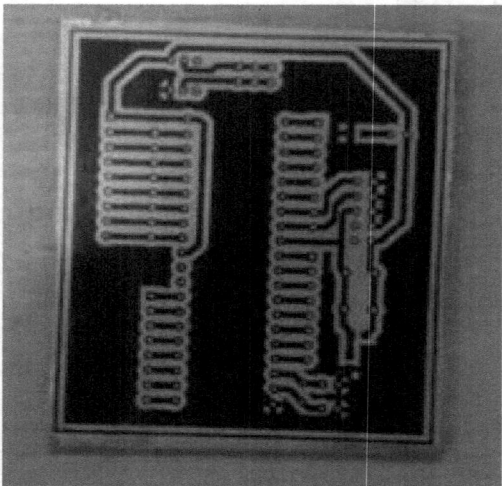

图3.4.11　转印完成

3.4.4 蚀刻电路板

1. 配置蚀刻液

因为 $FeCl_3$ 溶液腐蚀后的废液对环境污染较大，在实验室中手工制板时，通常采用蓝色环保蚀刻剂来配置蚀刻液，配置水溶液一般按 1∶3 比例即可。蚀刻液呈酸性，具有腐蚀作用。

2. 蚀刻 PCB

将电路板放在装有蚀刻溶液的塑料盆里，过 2～3min（腐蚀液开始升温），用竹筷子上下挑动电路板或来回摇动塑料盆，哪一边腐蚀的速度慢就挑动哪一边，直至目测腐蚀完毕。腐蚀的速度与腐蚀液温度有关，环境温度较低时，可以采用热水配置溶液，以提高反应速度。蚀刻后的电路板需要用清水冲净，也可以用肥皂水清洗达到酸碱中和。蚀刻过程如图 3.4.12 所示，左边为蚀刻酸粉末，右边为蚀刻工具。蚀刻完毕后，电路板被黑色油墨覆盖住的铜箔部分保留，其余部分被腐蚀溶解掉，如图 3.4.13 所示。

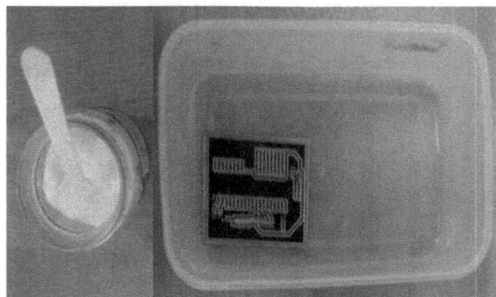

图 3.4.12 蚀刻过程

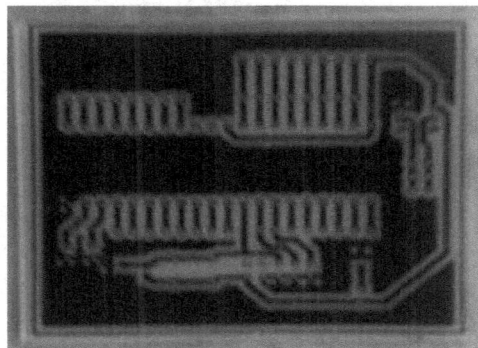

图 3.4.13 蚀刻完毕

3. 钻孔

按照电路板上设计的孔洞进行打孔操作。将电路板置于打孔机平台上，用 0.9mm 直径的打孔针钻出孔洞，如图 3.4.14 所示。钻完孔后的电路板如图 3.4.15 所示。

4. 去除油墨

用纯酒精清洗或在水中用细砂纸打磨掉铜箔上的墨粉层，然后用水冲洗电路板表面，便露出了完整的铜箔焊盘及连线，如图 3.4.16 所示，方便进一步焊接元器件。

图 3.4.14 钻孔

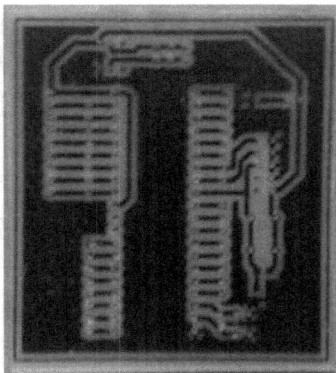

图 3.4.15 钻孔完毕

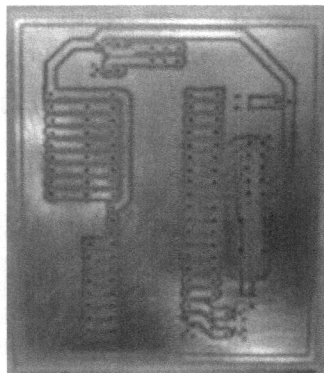

图 3.4.16 PCB

3.4.5　焊接元器件

手工 PCB 加工完成后，需要结合电路原理图，借助万用表、放大镜等辅助工具检查电路连接是否正确，确认无误后，按照原理图中元器件的型号和参数，配齐所有元器件备用。对元器件进行必要的剪脚、插接等处理后，实施焊接。元器件的具体焊接规范和要求请查阅本书第 2 章，在此不作详细介绍。最终焊接完成的电路板反面和正面分别如图 3.4.17 和图 3.4.18 所示。

图 3.4.17　AT89C51 最小系统板正面　　　　图 3.4.18　AT89C51 最小系统板反面

至此，已经完成了一块实验室电路板的制作。以这一电路板为核心，可以进行单片机的相关设计了。

3.5　电路板设计的常见问题及解决方法

印制电路板设计过程中需要考虑的主要因素有：抗干扰设计，热设计，抗振设计，可测试性设计。

热设计在电源设计中需要考虑。在设计中需要考虑温度不能超过组件的正常工作范围。可以采取的措施有：控制 PCB 的功耗，对集成芯片组件、开关充分散热；在选材时尽可能选择更厚一点的覆铜箔和低功耗的元器件；充分利用元器件排布、布线铜皮、开窗及散热孔、导热材料等技术。

抗振设计在汽车电子、航空航天飞行器中需要考虑。可以采取的措施有：进行隔振、减振，降低振源影响；选用表面贴装组件，控制元器件安装高度不超过 7～9mm；接插件牢固安装在较小区域；离散组件缩短引线长度，并对电路胶封；改善印制电路板尺寸大小和组件安装布局等。

可测试性设计需要考虑的因素有：测试点选择表层焊点，形状规范；贴片组件的焊盘不能做测试点；地线测试点充足等。

抗干扰设计是电子设计中无法回避的问题，下面作重点介绍。

1. 电源线的抗干扰措施

1）选择与工作电路相适合的电源。

2）根据电流大小，尽量调宽电源线宽度。

3）使电源线、地线的走向与信号的传递方向一致。

4）在印制电路板的电源输入端接入 $10\sim100\mu F$ 的去耦电容，使用电源滤波器等抗干扰器件。

2. 地线的抗干扰措施

1）模拟地和数字地分开，尽量单点接地。

2）尽量加宽地线，地线过细时可能将元器件输出端电位提高。

3）将敏感电路连接到稳定的接地参考源。

4）对印制电路板进行分区设计，将带宽大的噪声电路与低频电路分开。

5）尽量减少接地环路的面积，减少感应噪声。

3. 元器件配置的抗干扰措施

1）在相邻板间、同一板相邻层间、同一层面相邻布线间，不能有过长的平行信号线。

2）使晶振、时钟信号发生器与 CPU 的时钟输入端尽量靠近，同时远离其他低频器件。

3）围绕核心器件配置元器件，尽量减小引线长度。

4）对噪声组件和非噪声组件进行分区布局，使两类组件保持距离。

5）缩短高频元器件之间的引线，减小分布参数引入的电磁干扰。

4. 配置去耦电容器抗干扰

去耦电容器能起到储能和旁路高频噪声的作用。使用去耦电容器应遵循的规则如下：

1）每十个集成芯片加一片充放电电容器。

2）低频电路中采用引线式电容器，高频电路中采用贴片式电容器。

3）每个集成芯片的 VCC 和 GND 之间跨接一个 $0.01\sim0.1\mu F$ 的陶瓷电容器。如果空间不允许，则可为每 $4\sim10$ 个芯片配置一个 $1\sim10\mu F$ 的钽电容器。

4）对抗噪能力弱、关断电流变化大的器件，以及 ROM、RAM，应在 VCC 和 GND 间接高频去耦电容器。

5）在单片机复位端"RESET"上配以 $0.01\mu F$ 的去耦电容器。

6）去耦电容器的引线不能太长，尤其是高频旁路电容器不能带引线。

7）电容器间不要共享过孔。

5. 降低噪声和电磁干扰的方法

1）晶振外壳接地，晶振下面以及对噪声特别敏感的组件下面不要走线。

2）尽量让时钟信号电路周围的电动势趋近于零，可以用地线将时钟区圈起来，走线要尽量短。

3）尽量用45°折线而不用90°折线布线，以减小高频信号对外的辐射与耦合。

4）闲置不用的门电路输出端不要悬空，闲置不用的运算放大器的正输入端要接地，负输入端要接输出端。

5）I/O 驱动电路尽量靠近印制电路板的边缘。

6）时钟线垂直于 I/O 线比平行于 I/O 线所受的干扰小。

7）组件的引脚要尽量短。

8）输出端串联电阻，可以降低控制电路信号边沿的跳变速率，并吸收输出端的反射信号。

9）弱信号电路、低频电路周围地线不要形成电流环路。

10）电路设计需要时，线路中需加铁氧体高频扼流圈，分离信号、噪声、电源、地。

11）印制电路板上的一个过孔大约能引起 0.6pF 的电容；一个集成电路本身的封装材料能引起 $2 \sim 10pF$ 的分布电容；一个电路板上的接插件，有 $520\mu H$ 的分布电感；一个双列直插的 24 引脚集成电路插座，能引入 $4 \sim 18\mu H$ 的分布电感。

6. 其他常见的抗干扰注意事项

1）CMOS 器件的输入阻抗较高，引脚悬空时容易引入干扰信号，使用时需要通过电阻接地或接电源。

2）布线时各条地址线尽量一样长短，且尽量短。

3）印制电路板两面的线尽量垂直布置，防相互干扰。

4）总线尽量短且保持一样长度，确保信号传递时间相同，同时到达；总线加 $10k\Omega$ 左右的上拉电阻器，有利于抗干扰。

5）不用的元器件引脚应通过上拉电阻器（$10k\Omega$ 左右）接电源，或与已使用的引脚并接。

6）对继电器等操作时有火花放电的组件可以用 RC 电路来吸收放电电流。

7）多层板的两层之间布线尽量垂直，使耦合达到最小。

8）发热元器件尽量避开敏感元器件，如电解电容器等。

9）信号线走线不是越宽越好。

第4章 仪器仪表与电子测量技术

进行电路的调试和测量，需要借助电子测量仪器。本章结合实验室手工制作电路的基本需求，对常用的电子测量仪器的类型、指标、使用方法和电子测量技术作简要介绍。

4.1 电子测量仪器

电子测量仪器是可以将被测量的物理量转换成能直接观测的指示值或等效信息的装置，其包括各种指针式仪器仪表，存储记录式仪器仪表，比较式仪器仪表，以及传感器等。

4.1.1 分类

电子测量仪器品种繁多，有多种分类方法。

按仪器工作原理，可以分为模拟式电子测量仪器和数字式电子测量仪器两大类。由于实际中被测量的对象常常是模拟信号，因此，即使是数字式电子测量仪器，在其组成电路中，有些仍然不可避免地要用到模拟电路、A/D 转换和 D/A 转换电路，而进行模拟量测量的电子测量仪器，也经常在内部装有微处理器或微控制器，来控制仪器的工作或实现某些测量功能。

按测量功能，可以分为通用仪器和专用仪器两大类。专用仪器是为特定的目的专门设计制作的，用于特定的对象。通用仪器的应用面广、灵活性好，适用于实验室等场合及电子爱好者使用。

通用仪器可以分为以下几种：

1）电压测量仪器。包括低频电压表、高频电压表、毫伏表、脉冲电压表以及数字电压表等。

2）频率测量仪器。包括指针式、谐振式、外差式、数字式频率计以及相位计等。

3）示波器。包括通用示波器、多踪示波器、多扫描示波器、取样示波器、记忆示波器、数字存储示波器以及模拟、数字混合示波器等。

4）电路参数测量仪器。包括电桥、Q 表，晶体管或集成电路参数测试仪，图示仪，RLC 数字式测试仪，高阻抗导纳测试仪等。

5）模拟电路特性测试仪。包括扫频仪、噪声系数测试仪等。

6）信号分析仪器。包括失真仪、谐波分析仪及频谱分析仪等。

7）数字电路特性测试仪。包括简易逻辑笔、特征分析仪和逻辑（时间、状态）分析仪等。

8）测量用信号源。包括高、低频信号发生器，脉冲、函数、扫频、噪声信号发生器，频率合成式信号发生器。

9）无线电测量仪器。场强测量仪、网络分析测量仪、电视测量仪、多路通信测量仪和微波测量仪等。

10）电子测量用辅助仪器。稳压电源等。

4.1.2 主要性能指标

仪器的性能特征，又称为技术指标，在确定具体的测量方案时，需要选择合适的测量仪器，即考虑它们的技术指标。电子测量仪器的性能指标，决定了仪器能实现的测量功能，以及能够达到的精度和适应性。性能指标中，最重要的是工作条件、测量范围和误差大小三个方面。

由电子测量仪器的基本功能可以确定它能完成的测量任务。例如，万用表可用来测量电压、电流、电阻等，但是用它来测量信号发生器的输出电平，显然不合适。实际上，在研制和选用电子测量仪器时，还必须考虑下述因素：

1. 频率范围

频率范围是指仪器能保证其他指标正常工作的有效频率范围。对于正弦波测量或测试信号，只要其工作频率在所选择仪器的有效频率范围之内，即可满足要求。但是，当被测量或测试信号含有多种谐波分量时，仪器的有效频率范围则应同时满足其中低次谐波分量和高次谐波分量的要求，而对于显示类仪器，有时还要考虑其幅频特性、相频特性及过渡特性等。

2. 量程与分辨率

量程的选择应充分利用仪器所提供的精度。各种仪器，同一被测量用不同的量程去测量时，其测量精度可能会有很大的差别。分辨率也称为灵敏度，反映了仪器区分被测量细微变化的能力。分辨率通常是指仪器最小量程上的值。量程与分辨率的选择，必须结合被测量的大小和仪器的特点来进行。

3. 精度

仪器的精度通常是以容许误差或不确定度的形式给出的。仪器误差往往是测量误差的主要部分，它与各种影响因素（仪器内部及外部）都有密切的关系。因此，在确定仪器的精度时，必须考虑以下几点：

1）仪器是否具有有效检验的合格证书。

2）根据仪器说明书的要求，分析测量过程中的环境条件以及测量人员的操作使用、工作频率、量程、输入特性等因素可能对仪器的精度产生的影响，作出合适的估计，并给出修正和削弱误差的方法。

3）当采用间接测量方法时，应按照误差的分配原则，根据总误差的要求，使每台仪器、设备的误差指标都满足要求。

4. 固有误差或基本误差

仪器在基准工作条件下的容许误差（又称为极限误差）称为固有误差。基本误差的测试条件稍宽。它们大致反映了仪器所具有的最高使用精度。通常用于仪器误差的检定、比对和检验。

5. 工作误差

工作误差是指在仪器的额定工作条件内，在任一点上求得的仪器某项特性的误差。额定工作条件包括仪器本身的全部使用范围和全部外部工作条件，因此在最不利的组合情况下，会产生最大误差。仪器的工作误差常以极限的形式给出，在确定的置信概率（通常为95%）下，工作误差处于该误差极限之内。

6. 响应特性

由于被测对象的特征信息往往是多方面的，因此仪器的特性在电信号的测量中显得特别重要。非正弦信号及噪声电压的测量就是一个典型的例子。电压表的响应特性是峰值、均值或有效值，最后显示的结果代表何种意义，完全取决于电压表的响应特性，包括交直流转换器的响应特性和表头的刻度特性。除此之外，有时还要考虑响应时间、带宽或频率补偿探头的使用等的影响。

7. 输入特性和输出特性

由于电子测量绝大多数属于接触式测量，当测量仪器接入被测电路或系统时，其输入特性常会在不同的程度上改变其原有的工作状态，并在测量回路上会产生反射、驻波等。这样，就会产生测量误差。为了消除或削弱测量仪器接入电路产生的影响，通常从三个方面采取措施：一是改进测量方法；二是选择合适的仪器；三是在一定的条件下对仪器的输入特性的影响加以计算或修正。

仪器的输出特性主要是指按什么方式读数或显示。在有些测试系统中，还要考虑是否要求仪器输出某种形式的电平或编码，去控制其他设备或被测对象。

8. 稳定性与可靠性

仪器的稳定性是指在一定的工作条件下，在规定时间内，仪器保持其指示值或供给值不变的能力。电子测量仪器的稳定性是以稳定误差的形式来表示的。影响仪器稳定性的因素有很多，主要有温度漂移、电源的波动、元器件的稳定性以及其他环境条件的改变。

仪器的可靠性是指其在规定的条件下，完成规定功能的可能性，它是反映仪器是否耐用的一种综合性和统计性的质量指标。仪器不可靠的原因是多方面的，从使用的角度看，要保证仪器可靠地工作，除了正确进行操作外，必要时需配备有关的保护、检测、报警等装置及应急电源、备用部件或附件等。

9. 电磁兼容性

电磁兼容性是指电子系统在规定的电磁环境中能完成其功能，且干扰在可容忍范围的能力，即在不损失有用信号所含信息的条件下，信号和干扰共存的能力。电磁兼容性是评价电子系统对环境造成电磁污染的危害程度和抵御电磁污染的能力。提高测量系统电磁兼容性的主要工作是对各种干扰设法加以有效地抑制。

10. 环境条件

电子测量仪器是由各种电子元器件及部件为核心组成的，它们往往不同程度地受到如温度、湿度、大气压强、振动、电源电压、磁场干扰等外界环境的影响。因此，即使是同一型号甚至同一台电子测量仪器，当所处的环境条件不同时，它们也可能具有不同的实际精度。

对环境条件的适应性也是电子测量仪器的重要性能。选用仪器时，要注意其使用的环境条件是否满足，必要时需对环境条件不理想带来的误差加以估计和修正。一般要着重注意环境温度、湿度和电源电压的影响，必要时采取恒温、干燥和稳压等措施。

4.1.3　抗干扰措施

通常将来自设备或系统内部的无用信号称为噪声，而把来自电子设备或系统外部的无用信号称为干扰。干扰主要指电和磁的干扰，包括自然干扰（大气、天体等）和人为干扰（电网、电气设备等）。

在电子测量过程中，干扰会使得测量数据显示不稳，读数不准，严重时会使得测试无法正常进行，为此需要采用抗干扰技术来抑制干扰。常用的方法有接地技术和屏蔽技术，以及滤波、平衡和隔离等措施。

1. 接地技术

若仪器设备的地线系统与大地无欧姆连接，则称为浮地，如飞行器、舰船上的电子仪器设备，这种接地也叫技术接地，在电路中的符号是┴。若仪器设备的输入输出的公共电位点都与大地有欧姆连接，则该点电位即为大地电位，称为接地，电路中用⏚表示。接地可以消除各个电路电流流经公共地线阻抗时产生的干扰电压，避免形成地环路。电子设备的接地系统如图 4.1.1 所示。

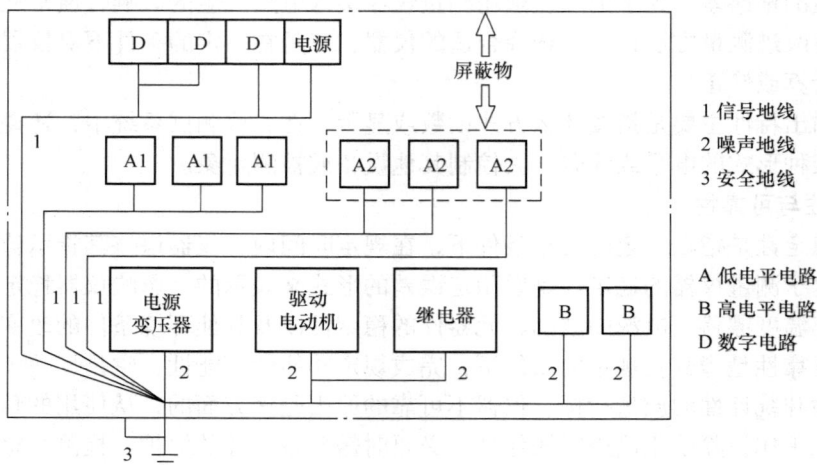

图 4.1.1　电子仪器的接地系统

模拟信号、数字信号、信号源、负载及噪声的地线各有不同，应分别一点接地，再连接在公共的技术接地上。模拟信号有时较弱，容易受到干扰，所以对模拟信号地线的面积、走向、连接等有较高要求。为防止数字信号干扰模拟信号，两者的地线最好分别设置，仅有一个公共点。信号源地线与测量装置的地线应适当连接，以提高整个测试系统的抗干扰能力。负载地线应与其他地线分开，有时两者甚至应是绝缘的。继电器、驱动电动机、高电平电路的地线称为噪声地线，应与其他地线分开。

仪器的接地方式通常有以下几种：

1）单地原则。由于所有的导线都有一定的阻抗，因此无论采用何种接地方式，两个分开的接地点都可获得同一电位，特别对于前置放大电路，其导线电阻所引起的对地电位差将耦合至放大器形成误差。解决的办法就是单地原则，即信号源或电路与地隔离。

2）一点接地。一点接地是低频信号地线采用的接地方式，有串联式一点接地、并联式一点接地及二者混合使用方式。

图 4.1.2 所示是串联式一点接地，是数字电路中常采用的接地方式。图中 C1 ~ C3 代表电路板或内部的单元电路，各单元一点接地于公共地线，但 a 点和 b 点的电位不为零，且不相等。C1 因为接地电阻小，受到的干扰也小。这种方式简单经济，具有一定的抗干扰能力，

广泛应用在抗干扰能力及电平相近的各单元电路中。

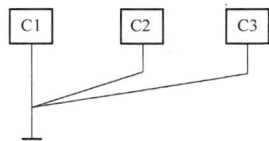

图 4.1.3 所示是并联式一点接地。各个电路单元都有单独的地线，且互不影响。这种接地方式对于低频电路具有很高的抗干扰能力，但地线太多会使结构庞大复杂，不够合理。

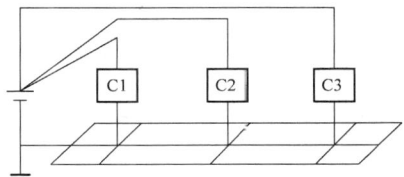

可以将串联式和并联式结合使用，采用分组接地，即相近电平的单元串联接地后再将它们并联接地。

3）多点接地。多点接地是高频信号地线采用的接地方式。多点就近接地如图 4.1.4 所示。这种方式采用就近、多点、大面积接地方式，减小了分布电容的影响。为减少接地阻抗的干扰，各个单元电路的地线应尽可能地短，对于频率范围在 30M～300MHz 的电路，其地线长度应小于 2.5cm。地线网格的交叉点不能采用搭接或螺栓压接，焊接应可靠，确保接触电阻最小，避免地线的抗干扰能力不稳定或下降。

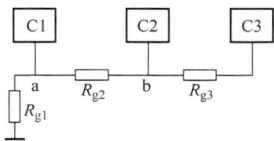

图 4.1.2　串联式一点接地　　图 4.1.3　并联式一点接地　　图 4.1.4　多点就近接地

2. 屏蔽技术

在一个测量装置中，常希望把干扰源产生的电场和磁场的影响限制在某个较小的范围内；或者希望对某些单元电路采取专门的防护措施，以尽可能消除各种电磁场的影响。

那些对于干扰场的限制和防护的措施，通常称为屏蔽。屏蔽可分为静电屏蔽、磁屏蔽和电磁屏蔽三种。屏蔽，也可以认为是一种用于防止电磁场干扰的隔离方法。

1）静电屏蔽。又称为电屏蔽，主要用于防止静电或电厂耦合干扰。其屏蔽体常用金属导体做成屏蔽盒或金属网板等形式。

静电屏蔽最简单的方法，就是在干扰源与受感器之间加一块接地良好的金属片，这样就可以把两者之间的寄生电容短接到地（如机壳等），从而达到屏蔽的目的。但是，如果金属板不接地，不仅没有屏蔽作用，反而有害。

如果金属板使用导线接地，随着频率的升高，连接导线的感抗将增大，使静电屏蔽的作用变坏，导线越细、越长，屏蔽的效果就越差。在干扰源和感受器上面加一接地的金属盖板，也可以起到与金属隔板相同的屏蔽效果。在较高要求的情况下，可用金属罩将干扰源或受感器完全封闭起来，并且必须接地良好。

2）磁屏蔽。磁屏蔽用于抑制恒定磁场和低频磁场，防止磁感应，抑制寄生电感耦合。通常采用高磁导率的铁磁体材料制作屏蔽罩，例如坡莫合金等，获得好的屏蔽效果。

由于铁磁材料的磁阻小，磁力线主要沿屏蔽罩通过，从而保护了受感器不受外界磁场的影响；同理，也可使外界不受置于屏蔽罩内的干扰源的影响，这种效应称为屏蔽体对磁场的分路。例如，电源的磁场屏蔽就属这种方式，屏蔽体的磁导率越高，屏蔽体壁越厚，磁屏蔽的效果就越好。但是，在垂直于磁力线的方向上，不应出现缝隙，否则磁阻增大，导致屏蔽的效果变差。

3）电磁屏蔽。通常所指的屏蔽主要就是指电磁屏蔽，是针对高频电磁感应而言，用于防止和抑制高频电磁场干扰，隔离电磁耦合和辐射电磁场的干扰。

交变的电场总是和交变的磁场同时存在的。随着频率的增高，电场和磁场的辐射能力增强，产生辐射电磁场，其电场分量 E 和磁场分量 H，总是同时出现并相互垂直的。电磁屏蔽就是用金属材料对高频电场和磁场同时予以屏蔽，即对辐射电磁场进行屏蔽。

从电磁场传播的角度看，电磁场从金属板的一面传向另一面时，由于金属板的两个界面的反射作用及金属板内部的吸收作用，电磁场受到衰减，这种作用并不是进行一次就完结的。在工程上，如果金属板的一次吸收可衰减 10dB 以上，就可以认为板厚是足够的了，其吸收损耗用 A（dB）表示为

$$A = 1.31t \sqrt{f\mu_r\sigma_r}$$

式中，t 为金属板厚度（cm）；f 为工作频率（Hz）；μ_r、σ_r 分别为金属材料的相对磁导率和相对电导率。

表 4.1.1 中列出了常用金属材料的 μ_r 和 σ_r。

表 4.1.1　常用金属材料的相对电导率 μ_r 和相对磁导率 σ_r

材料	银	铜	金	铝	锌	黄铜	镍	青铜	铅	钢	不锈钢	铁镍合金
σ_r	1.05	1	0.7	0.61	0.29	0.26	0.2	0.18	0.08	0.10	0.02	0.03
μ_r	1	1	1	1	1	1	1	1	1	50～1000	500	2000～12000

对干扰源的屏蔽，主要考虑金属板的吸收效果，即利用涡流效应，板的厚度越厚，导电性能越好，那么屏蔽的效果就越好。

对受感器的屏蔽，屏蔽的效果决定于金属板的吸收损耗和反射损耗。

金属板的屏蔽作用，也可以从电磁感应的角度来看。对于电场分量接地金属板的屏蔽与静电屏蔽的原理几乎相同，只是在高电位时对接地的要求更严格。对于磁场分量，干扰场穿过金属板会在板内产生金属电流，这个感应电流所产生的电磁场与干扰磁场方向相反，这样，就削弱了干扰磁场，从而达到屏蔽的目的。干扰场的频率越高，所采用材料的导电性能越好，屏蔽效果越好。

综上所述，电磁屏蔽，应采用导电性能好的材料做屏蔽体，并要求接地良好。屏蔽体的电导率越高，接地阻抗越小，电磁屏蔽的效果越好。

3. 其他抗干扰技术

在某些场合采用平衡、隔离、去耦和滤波等技术，对抑制干扰也非常有效。

1）平衡技术。平衡技术是指具有双线的电路中，使两根导线及接在这两根导线上的所有电路，其对地或对其他某一根导线都具有相同阻抗的技术措施。这种电路通常也称为平衡电路。这样，它对共模形态的干扰可以产生最大的抑制。

一个电路或系统的平衡程度，取决于信号源的平衡、信号引线的平衡、负载的平衡以及杂散电容、电感和漏电阻的平衡。例如，电桥、差分电路、电视射频信号扁平馈线等，都是采用平衡技术抑制干扰的典型应用。

2）隔离技术。一个电路系统的相邻的两个单元电路或部分，可能两点接地而成地环路，也就可能耦合磁干扰。要避免磁耦合，可以采用切断地环路的办法。

① 隔离变压器：如图 4.1.5 所示。利用隔离变压器来切断地环路，适合于 50Hz 以上信号的传输。

② 纵向扼流圈：如图 4.1.6 所示。在信号的传输线上，可采用纵向扼流圈，提高对高频信号的抑制作用，适合于 50Hz 以下的信号传输或电源的馈线。

③ 光耦合器：如图 4.1.7 所示。利用光耦合器，将两个电路的地环路断开，两个电路就有各自独立的地电位基准，即使两者的基准电位不一致，也不会造成干扰。目前，线性光耦合器随着发展，在数字电路、模拟电路中的应用越来越广泛。

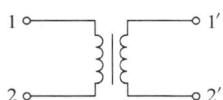

图 4.1.5 隔离变压器   图 4.1.6 纵向扼流圈   图 4.1.7 光耦合器

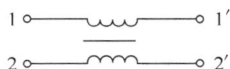

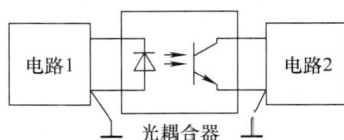

此外，利用同轴电缆传输高频信号时，由于趋肤效应以及两电路都接地，因此既防止了传输信号的泄漏，又屏蔽了外界磁场的干扰，而且还可以避免地环路引入的干扰对信号的影响。

3）去耦与滤波技术。滤波是让某些频率的信号通过而不让另一些频率通过电路的技术，采用无源四端网络来实现。根据通频带的不同，它可以分为低通、高通、带通和带阻滤波四种。去耦是利用阻容网络或 LC 网络把电路和电源隔开，消除电路之间的耦合，抑制电路系统的串模干扰。去耦电路也常用于低频电路中，去耦也是一种滤波。

RC 网络适用于小电流电路系统，其通过电阻降压抑制干扰。

LC 网络适用于大电流电路系统，不产生压降，L 发热极少，但有电磁辐射，需要屏蔽，而且还存在谐振峰，需要考虑让其谐振频率点远离电路工作的通频带。

若需要在直流馈线中滤除一切交流成分，则可以将几种不同的的电容器并联起来使用。这时常使用三个电容器，例如 $8\mu F$、$0.1\mu F$、$100pF$ 并联使用，分别是电解质的、纸质的和云母的，依次滤除电源频率、音频和射频。它们之间不可彼此替代。

在要求不高，仅使用电容器就可以满足要求时，滤波器的结构宜简单，可以使用穿心电容器，使用非常方便。

图 4.1.8 ~ 图 4.1.13 给出了几种典型的滤波器。其中 C1 为电解电容器，抑制低频干扰，C2 为介质损耗较小的非极化电容器（如纸质、涤纶电容等），用于抑制高频干扰。

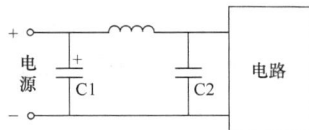

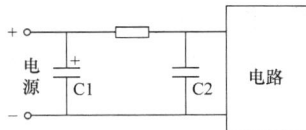

图 4.1.8 电源去耦滤波器 1   图 4.1.9 电源去耦滤波器 2   图 4.1.10 低频干扰滤波器

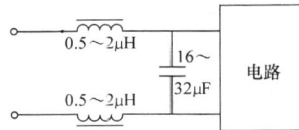

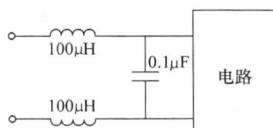

图 4.1.11 高频干扰
滤波器 1

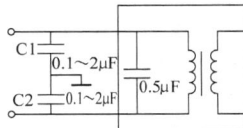

图 4.1.12 高频干扰
滤波器 2

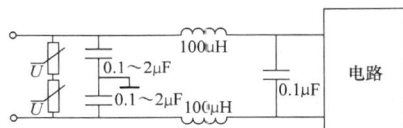

图 4.1.13 高频干扰滤波器 3
（可吸收冒击浪涌）

4.2 常用仪器介绍

4.2.1 直流稳压电源

直流稳压电源可以将交流电转化为直流电，主要用于输出直流电压。它有线性串联负反馈型稳压电源和开关型稳压电源两种。前者的纹波小，电压调整率好，内阻小，适合实验室使用。后者的效率高，体积小，电压波动适应范围宽。

为了保证低电压、大电流时线性负反馈电源的效率，一般都在面板上设置一个电压范围选择波段开关，使得在低电压输出时，将变压器的一次侧切换到低电压的抽头上。稳压电源内部一般都设置有保护电路（常用限流型），当出现过载或输出端短路时，启动保护电路，使调整管不会因为功耗过大而烧毁。但是，若长时间超载，调整管也会因为发热和散热不良而烧毁。直流稳压电源的面板如图 4.2.1 所示。

图 4.2.1　直流稳压源的面板

实验室常用的直流稳压电源，一般会有保护电路，短时间内的短路一般不会损坏仪器，但是，即使没有损坏，由于短路时稳压电源内部一直处于一种高功耗的状态，若时间久或散热不均匀时，也容易损坏，因此在使用的过程中，不仅不能将其输出端短路，还不能过载使用（即被测电路的阻抗过低）。

4.2.2 示波器

示波器的用途十分广泛，可以测量电压、周期（频率）、信号电平、脉冲参数、相位差等。普通示波器有五个基本组成部分：显示电路、垂直（Y 轴）放大电路、水平（X 轴）放大电路、扫描与同步电路、电源供给电路。

1. 示波器的带宽

带宽是示波器的重要指标之一，其定义与放大器带宽定义相同。示波器输入端输入正弦波信号、输入信号幅度保持不变，输出信号幅度衰减至原信号幅度的 0.707 倍的频率点（即

−3dB 点），称为示波器带宽。

2. 示波器的分类

1）模拟示波器。模拟示波器，采用的是模拟电路（示波管，其基础是电子枪），电子枪向屏幕发射电子，发射的电子经聚焦形成电子束，并打到屏幕上，屏幕的内表面涂有荧光物质，这样电子束打中的点就会发出可见光。

如果在示波器的垂直偏转板（简称 Y 轴）上加一交变电压，则电子束的亮线将随着电压的变化在竖直方向来回运动，如果电压的频率较高，看到的将是一条竖直的亮线；如果在 X 轴上加锯齿波电压，且频率足够高，则在荧光屏上显示一条水平亮线；如果同时在 Y 轴上加上正弦电压、X 轴上加锯齿电压，电子受竖直和水平两个方向力的作用，则电子的运动是两相互垂直的运动的合成。示波器显示波形的原理如图 4.2.2 所示。

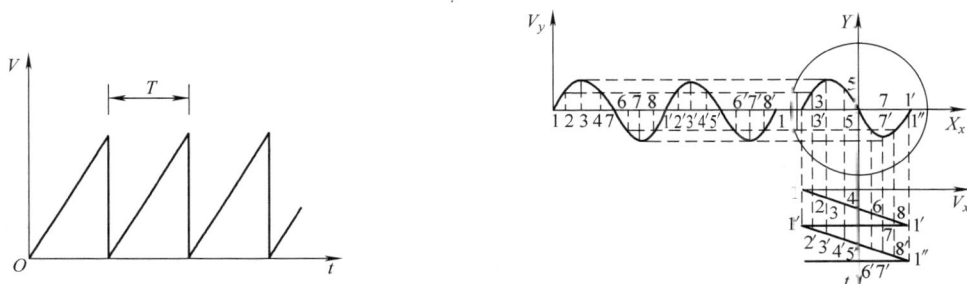

图 4.2.2　示波器显示波形的原理

为了在荧光屏上观察到稳定的波形，必须使锯齿波的周期 T_x 和被观察信号的周期 T_y 相等或成整数倍关系。否则，稍有相差，所显示的波形就会不稳定，会向左或向右移动。为使波形稳定而强制扫描电压周期与信号周期成整数倍关系的过程称为同步。

2）数字示波器。数字示波器的工作方式是通过模/数转换器（ADC）把被测电压转换为数字信息。数字示波器捕获的是波形的一系列的样值，并对样值进行存储，存储到累计的样值能描绘出波形为止，随后，数字示波器重构波形。

① 数字储存示波器（DSO）：便于捕获和显示那些可能只发生一次的事件，通常称为瞬态现象。与模拟示波器不同的是，数字存储示波器能够持久地保留信号，因此可以扩展波形处理方式。

② 数字荧光示波器（DPO）：其体系结构使之能提供独特的捕获和显示能力，加速重构信号。它增加了证明数字系统中的瞬态事件的可能性。

3）采样示波器。当测量高频信号时，示波器也许不能在一次扫描中采集足够的样值。如果需要正确采集频率远远高于示波器采样频率的信号，则一般选择数字采样示波器。这种示波器采集测量信号的能力要比其他类型的示波器高一个数量级。在测量重复信号时，它能达到的带宽以及高速定时都 10 倍于其他示波器。连续等效时间采样示波器能达到 50GHz 的带宽。

3. 示波器探头

示波器是用于测量电压信号的，其探头的主要作用是把被测的电压信号从测量点引到示波器进行测量，是示波器功能的延伸。探头影响测量的准确性，在不同物理量的测量中，应搭配不同的探头。

1）探头的种类。通常按测量对象对探头进行分类，如图4.2.3所示。

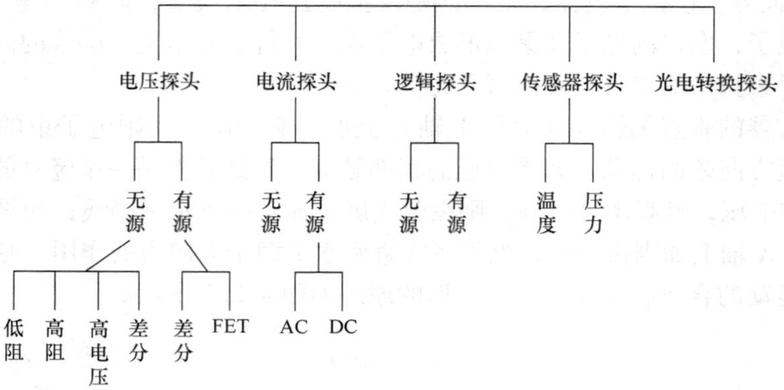

图 4.2.3　示波器探头的种类

典型电压探头规格见表4.2.1。

表 4.2.1　典型电压探头规格

型式	带宽	上升时间	输入电容	输入电阻
1X 无源探头	15MHz	23ns	100pF	1MΩ
10X 无源探头	100 ~ 500MHz	3.5ns ~ 700ps	13 ~ 8pF	10MΩ
低阻无源探头	3 ~ 9GHz	120 ~ 40ps	1 ~ 0.15pF	500Ω
有源探头	500MHz ~ 4GHz	700 ~ 100ps	2 ~ 0.4pF	10MΩ ~ 100kΩ

2）高阻无源电压探头介绍。TEKtronix10X型高阻无源电压探头是实验室中较多使用的示波器探头，其外形如图4.2.4所示，结构如图4.2.5所示。探头中没有有源器件（晶体管或放大器），因此不需为探头供电。它的优点是输入电阻高，动态范围宽，价格合理，机械结构坚固；缺点是输入电容比较大，跟50Ω系统不兼容，必须进行补偿。

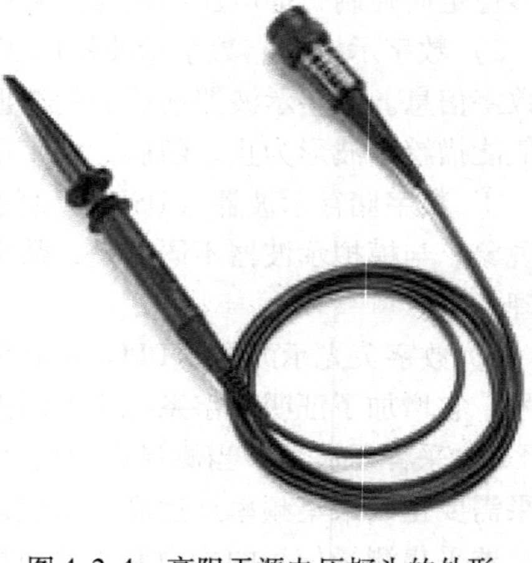

无源电压探头为不同电压范围提供了各种衰减系数，如 1×、10×和100×。在这些无源探头中，10×无源电压探头是最常用的探头。

3）示波器探头使用方法。

① 将示波器的输入选择置于GND上，调节 Y 轴位移旋钮使扫描线出现在示波器的中间。如果是模拟示波器，需要调节水平平衡旋钮，数字示波器不用调节。

图 4.2.4　高阻无源电压探头的外形

② 将示波器的输入选择置于直流耦合上，并将示波器探头接在示波器的测试信号输出端上（一般示波器都带有此输出端子，通常是1kHz的方波信号），然后调节扫描时间旋钮，使波形能够显示两个周期左右。调节 Y 轴增益旋钮，使波形的峰－峰值在1/2屏幕宽度左

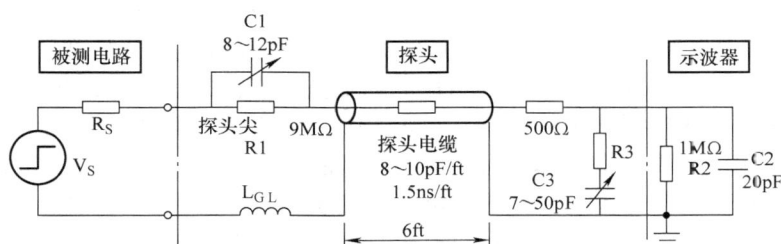

图 4.2.5 高阻无源电压探头的结构

右。然后观察方波的上、下两边，看是否水平。如果出现过冲、倾斜等现象，则说明需要调节探头上的匹配电容。如果示波器探头质量有问题，可能调不到完全无失真，这时就只能尽量调到尽量好的效果了。

③ 探头上一般有一个选择量程的小开关：×10 和 ×1。当选择 ×1 档时，信号未经衰减直接进入示波器，选择 ×10 档时，信号经过衰减到原来的 1/10 再进入示波器。因此，当使用示波器的 ×10 档时，应该将示波器上的读数扩大 10 倍（有些示波器，在示波器端可选择 ×10 档，以配合探头使用，这样在示波器端也设置为 ×10 档后，直接读数即可），当要测量较高电压时，就可以利用探头的 ×10 档功能，将较高电压衰减后进入示波器。

×10 档的输入阻抗比 ×1 档要高得多，所以在测试驱动能力较弱的信号波形时，把探头置于 ×10 档可以更好地测量。但要注意，在不确定信号电压高低时，应该先用 ×10 档测一下，确认电压不是过高后，再选用正确的量程测量。养成这样的好习惯，可避免损坏示波器。

④ 在测量时，应先将探头的接地端与待测电路的地端相接，然后将探头的信号输入端接入待测点。

4）探头使用注意事项。

① 阻抗匹配：探头的输入阻抗既要与所用示波器的输入阻抗匹配，另外，还要对被测电路的负载作用最小。对于低输入阻抗的示波器，应选择有源探头或 50Ω 输入阻抗的探头；对于高输入阻抗的示波器，应选择 ×10 的探头。例如，示波器的输入阻抗是 1MΩ/10pF，探头输入阻抗最好是 10MΩ/1pF，这样的探头既有 10 倍的信号衰减，对被测信号的负载很轻，又能与示波器输入阻抗匹配。

② 负载作用：减轻探头对被测电路的负载作用，除选择输入阻抗高的探头外，还要注意其输入阻抗会随频率成反比下降的问题。

③ 良好的接地：探头的额定频率特性是在同轴系统内测得的结果，而在实际电路应用时，往往探头是处于非同轴匹配的系统内。因此，探头的接地引线要尽量减短，把串联电感减到最小。如发现高阻探头接地不良，就要考虑使用低阻同轴探头或者与探头匹配的适配器、连接器和夹具。

4. 实践操作——示波器在测量中的应用

1）电压的测量。示波器可以测量各种波形的电压幅度，既可以测量直流电压和正弦电压，也可以测量脉冲或非正弦电压的幅度。更有用的是，它可以测量一个脉冲电压波形各部分的电压幅值，如上冲量或顶部下降量等。

常用的测量方法有以下两种：

① 直接测量法：直接测量法就是直接从屏幕上量出被测电压波形的高度，然后换算成电压值。定量测试电压时，一般把 Y 轴灵敏度开关的微调旋钮转至"校准"位置上，这样，就可以从"V/div"的指示值和被测信号占取的纵轴坐标值直接计算被测电压值。

② 比较测量法：比较测量法就是用一已知的标准电压波形与被测电压波形进行比较，求得被测电压值。将被测电压 V_x 输入示波器的 Y 轴通道，调节 Y 轴灵敏度选择开关"V/div"及其微调旋钮，使荧光屏显示出便于测量的高度 H_x 并做好记录，且"V/div"开关及微调旋钮位置保持不变。去掉被测电压，把一个已知的可调标准电压 V_s 输入 Y 轴，调节标准电压的输出幅度，使它显示与被测电压相同的幅度。此时，标准电压的输出幅度等于被测电压的幅度。

2）时间的测量。示波器时基能产生与时间呈线性关系的扫描线，因而可以用荧光屏的水平刻度来测量波形的时间参数，如周期信号的重复周期、脉冲信号的宽度、时间间隔、上升时间（前沿）和下降时间（后沿）、两个信号的时间差等。

将示波器的扫速开关"t/div"的"微调"装置置于校准位置时，显示的波形在水平方向刻度所代表的时间可按"t/div"开关的指示值直读计算，从而较准确地求出被测信号的时间参数。

3）相位的测量。用示波器测量相位一般采用双踪法。

双踪法就是用双踪示波器在荧光屏上直接比较两个被测电压的波形来测量其相位关系，如图 4.2.6 所示。测量时，将相位超前的信号接入"Yb"通道，另一个信号接入"Ya"通道。选用"Yb"触发。调节"t/div"开关，使被测波形的一个周期在水平标尺上准确地占满 8div，这样，一个周期的相角 360° 被 8 等分，每 1div 相当于 45°。读出超前波与滞后波在水平轴的差距 X，按下式计算相位差 φ（div）：

$$\varphi = 45°/\text{div} \times X$$

如图 4.2.6 所示。

4）频率的测量。

① 周期法：对于任何周期信号，可用前述的时间间隔测量方法，先测定其每个周期的时间 T，再用下式求出频率 f：$f = 1/T$

② 李萨如图形法：当两个相互垂直、频率不同的简谐信号合成时，合振动的轨迹与分振动的频率、初相位有关。当两个分振动的频率成简单整数比时，将合成稳定的封闭轨道，称为李萨如图形，如图 4.2.7 所示。横轴上的切点数 N_x 与纵轴上的切点数 N_y 之比恰好等于 Y 轴和 X 轴输入的两正弦信号的频率之比，即 $f_x:f_y = N_y:N_x$。通过李萨如图形和已知频率的信号，可以精确地测定未知信号的频率。

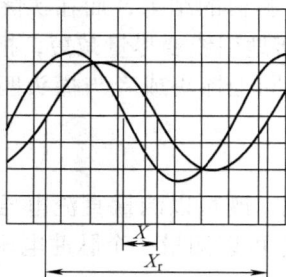

图 4.2.6 相位测量示意图

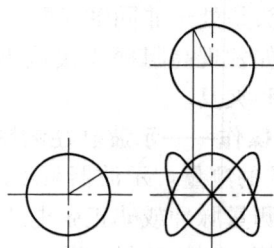

图 4.2.7 李萨如图形

5. 模拟示波器使用过程中常见问题

1）现象：没有光点或波形。

原因分析：①电源未接通；②辉度旋钮未调节好；③X，Y 轴移位旋钮位置调偏。

2）现象：水平方向展不开。

原因分析：①触发源选择开关置于外档，且无外触发信号输入，则无锯齿波产生；②电平旋钮调节不当；③X 轴选择误置于 X 外接位置，且外接插座上又无信号输入；④双两踪示波器如果只使用 A 通道（B 通道无输入信号），而内触发开关置于 "Yb" 位置，则无锯齿波产生。

3）现象：垂直方向无展开。

原因分析：①输入耦合方式 "DC – 接地 – AC" 开关误置于接地位置；②输入端的高、低电位端与被测电路的高、低电位端接反；③输入信号较小，而 "V/div" 误置于低灵敏度档。

4）现象：波形不稳定。

原因分析：①触发耦合方式 "AC" "AC（H）" "DC" 开关未能按照不同触发信号频率正确选择相应档级；②高频触发源选择开关设置错误或触发电平需要调节。

5）现象：垂直线条密集或呈一矩形。

原因分析："t/div" 开关选择不当，致使 f 扫描远小于 f 信号。

6）现象：水平线密集或呈一倾斜直线。

原因分析："t/div" 关选择不当，致使 f 扫描远大于 f 信号。

7）现象：垂直电压方向的读数不准。

原因分析：①使用 10∶1 衰减探头，计算电压时未乘以 10 倍；②被测信号频率超过示波器的最高使用频率，示波器读数比实际值偏小；③测得的是峰 – 峰值，正弦有效值需换算求得。

8）现象：交直流叠加信号的直流电压值分辨不清。

原因分析：①Y 轴输入耦合选择 "DC – 接地 – AC" 开关误置于 AC 档（应置于 DC 档）；②测试前未将 "DC – 接地 – AC" 开关置于接地档进行直流电平参考点校正 。

对于从被测电路上取得信号进行测量的仪器，如电压表或示波器。一般输入阻抗都较高，典型值为 1MΩ，使得它们对被测电路的影响较小。但是，当被测电路的输出阻抗达到与它们的输入阻抗相比拟时，则仪器的输入阻抗对被测电路的影响就十分显著了，此时测量结果就往往是不正确的。

4.2.3　数字万用表

数字万用表以十进制数字直接显示，它的特点是读数直接、简单、准确，功能较多（可测量交直流电压、电流、电阻、电容、二极管、晶体管、温度等），分辨率高，测量速度快，输入电阻高，功耗低，保护功能齐全等。由于数字万用表的这些优点，它被广泛应用到社会生活的各个领域。

数字万用表的核心部分为数字电压表，它只能测量直流电压。因此，各种被测量的参数都要首先经过相应的转换器，转换成数字电压表可处理的直流电压，送给数字电压表，再经过模/数（A/D）转换成数字量，然后利用电子计数器计数并以十进制数显示。数字万用表的极性为红表笔 " + "，黑表笔 " – "。所有档的表笔间电压均小于 2.8V。

下面介绍 UT39C 型数字万用表。

1. 被测电量和量程选择

当数字万用表仅在最高位显示"1"或"–1"时,说明已超过量程,需要调整量程。

用数字万用表测量电压时,应注意它能够测量的最高电压(交流有效值),以免损坏万用表的内部电路。

测量未知电压、电流时,应将功能转换开关先置于高量程档,然后再逐步调低,直到合适的档位。

测量交流信号时,被测信号波形应是正弦波,频率不能超过仪表的规定值,否则将引起较大的测量误差。

测量 10Ω 以下的小电阻时,必须先短接两表笔测出表笔及连线的电阻,然后在测量中减去这一数值,否则误差较大。

2. 直流电压测量

直流电压测量如图 4.2.8 所示。

1)将黑表笔插入"COM"插孔,红表笔插入"V/Ω"插孔。

2)将功能开关置于直流电压档"V—"量程范围,并将测试表笔(并联)连接到待测电源(测开路电压)或负载上(测负载电压降),红表笔所接端的极性将同时显示在显示器上。

注意:

1)如果不知被测电压范围,应先将功能开关置于最大量程,然后根据读数逐步调低量程。

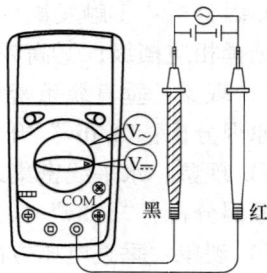

图 4.2.8　直流电压测量

2)如果显示器只显示"1",表示过量程,功能开关应置于更高量程。

3)不要测量高于 1000V 或 750V(rms)的电压,显示更高的电压值是可能的,但有损坏内部线路的危险。

4)当测量高电压时,要格外注意,避免触电。

5)在完成所有测量操作之后,要断开表笔与测量电路的连接,并从仪表输入端拿掉表笔。

6)每一个量程档,仪表的输入阻抗均为 $10M\Omega$,这种负载效应在测量高阻电路时会引起测量误差,如果被测电路阻抗不大于 $10k\Omega$,误差可以忽略。

3. 直流电流测量

直流电流测量如图 4.2.9 所示。

1)将黑表笔插入"COM"插孔,当测量 200mA 以下电流时,红表笔插入"mA"孔;当测量 200mA 以上电流时,红表笔插入"10A 或 20A"孔。

2)将功能开关置于直流电流档"A—"量程,并将测试表笔串联接入待测负载回路里,电流值显示的同时,将显示红表笔的极性。

注意:

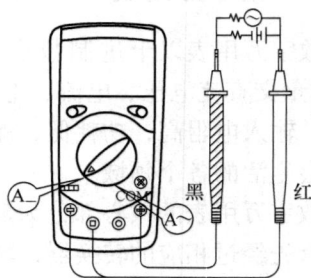

图 4.2.9　直流电流测量

1）当开路电压与地之间的电压超过安全电压 60V（DC）或 30V（rms）时，请勿尝试进行电流的测量，以避免仪器或被测设备的损坏，因为这类电压有电击的危险。

2）在测量前一定要切断被测电源，认真检查输入端子及量程开关位置是否正确，确认无误后才可通电测量。

3）如果使用前不知道被测电流范围，应将功能开关置于最大量程并逐步调低量程。

4）如果显示器只显示"1"，表示过量程，功能开关应置于更高量程。

5）万用表最大输入电流为 200mA，过量的电流将烧坏熔断器，应再更换。"20A"量程无熔断器保护，测量时间不能超过 10s。

6）大电流测量时，为了安全使用仪表，每次测量时间应小于 10s，测量的间隔时间应大于 15min。

4. 交流电压测量

将功能开关置于交流电压档"V～"量程，类似于直流电压测量。

5. 交流电流测量

将功能开关置于交流电流档"A～"量程，类似于直流电流测量。

6. 频率测量

频率测量如图 4.2.10 所示。

1）将红表笔插入"VΩ"插孔，黑表笔插入"COM"插孔。

2）将功能开关置于"kHz"量程，将测试笔接到待测电路上。

3）从显示器上读取测量结果。

注意：

1）不要输入高于 60V（DC）或 30V（rms）的电压，以避免损坏仪表，并保护人身安全。

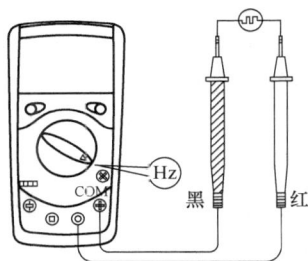

图 4.2.10　频率测量

2）被测频率信号的电压值不小于 30V（rms）时，仪表不能保证测量精度。

7. 温度测量

温度测量如图 4.2.11 所示。

1）将热电偶传感器冷端的"＋"、"－"极分别插入"VΩ"插孔及"COM"插孔。

2）将功能开关置于"TEMP（℃）"量程，热电偶的工作端（测温端）置于待测物上面或内部。

3）从显示器上读取读数，其单位为℃。

注意：

1）随机所附温度探头为 K 型热电偶，此类热电偶的极限温度为 250℃。如果要测量更高的温度，需另选购其他型号的温度探头。

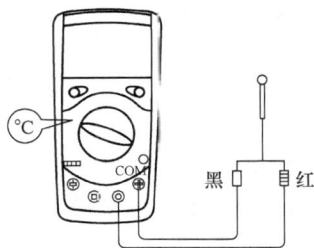

图 4.2.11　温度测量

2）无温度探头插入仪表时，LCD 显示"1"。

3）不要输入高于 60V（DC）或 30V（rms）的电压，以避免损坏仪表，并保护人身安全。

8. 电阻测量

电阻测量如图 4.2.12 所示。

1）将黑表笔插入"COM"插孔，红表笔插入"V/Ω"插孔。

2）将功能开关置于"Ω"量程，将测试表笔连接到待测电阻上。

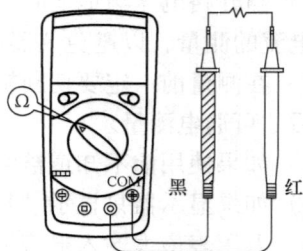

图 4.2.12　电阻测量

注意：

1）如果被测电阻值超出所选择量程的最大值，将显示过量程"1"，应选择更高的量程，对于大于1MΩ或更高的电阻，要几秒钟后读数才能稳定，这是正常的。

2）当没有连接好时，例如开路情况，仪表显示为"1"。

3）当检查被测线路的阻抗时，要保证移开被测线路中的所有电源，所有电容放电。被测线路中，如有电源和储能元件，会影响线路阻抗测试正确性。

9. 数字万用表使用注意事项

1）数字万用表一般有四个表笔插孔，测量时黑表笔插入"COM"插孔，红表笔则根据测量需要，插入相应的插孔。测量电压和电阻时，应插入"V、Ω"插孔；测量电流时注意有两个电流插孔，一个是测量小电流的，一个是测量大电流的，应根据被测电流的大小选择合适的插孔。

2）与模拟万用表不同，数字万用表红表笔接内电池的正极，黑表笔接内部电池的负极。因此，测量晶体管、电解电容器等有极性的元器件时，必须注意表笔的极性。测量二极管时，将功能开关置于""档，这时的显示值为二极管的正向压降，单位为V。若二极管接反，则显示为"1"。

3）测量晶体管的 β（h_{FE}）时，由于工作电压仅为2.8V，因此测量的只是一个近似值。测试条件：万用表提供的基极电流 I_b 为10μA，集电极到发射极电压 V_{ce} 为2.8V。

4）测量完毕，应将量程开关拨到最高电压档，并关闭电源；若长期不用，则应取出电池，以免漏电。

4.2.4　信号发生器

信号发生器是一种能提供各种频率、波形和输出电平电信号，常用作测试的信号源或激励源的设备。信号源输出信号的参数，如频率、波形、输出电压或功率等，能在一定范围内进行精确调整，有很好的稳定性，并有输出指示。

1. 信号发生器的分类

信号发生器按所发信号分为正弦信号发生器、函数发生器、随机信号发生器、脉冲信号发生器等四种；按频率覆盖范围分为低频信号发生器、高频信号发生器、微波信号发生器三种；按输出电平可调节范围分为简易信号发生器、标准信号发生器和功率信号发生器；按频率的改变方式分为程控式信号发生器和频率合成式信号发生器。随机发生器分为噪声发生器和伪随机发生器。

其中，函数发生器又称波形发生器，它能产生某些特定的周期性时间函数波形（主要是正弦波、方波、三角波、锯齿波和脉冲波）信号，频率范围可从几毫赫甚至几微赫的超低频直到几十兆赫。函数发生器除供通信、仪表和自动控制系统测试用外，还广泛用于其他非电测量领域。

实验室中使用的 GFG—8219 型低频函数发生器面板如图 4.2.13 所示。

2. 信号发生器使用方法

函数发生器能够提供多种高效率、操作方便的信号波形，详读操作手册可以熟悉其所有功能及操作步骤，在此不作详述。

以示波器观测波形是最好的方法之一，执行下列步骤时，可从示波器仔细观察函数发生器产生的不同波形。

1）检测。

① 从机器后面的 AC 电源座连接 AC 电源时，注意其电压应与所标示值相同。

② 用电源线将仪器连接到主电源供应器上。

③ 将 AMPL（Output Amplitude Attenuation）旋钮朝逆时针方向旋转到底。

④ 将 Frequency Adjustment 旋钮朝逆时针方向旋转到底。

2）三角波，方波及正弦波。

① 首先选择 Function Selection 功能键的其中之一，并选择 Frequency Range 键，转动 Frequency Adjustment 旋钮，设定所需频率（可由频率显示窗读取）。

② 此时，连接 Main Output Terminal 至示波器或其他实验电路以观察其输出信号。

3）再次转动 AMPL 旋钮，可控制波形振幅的大小。

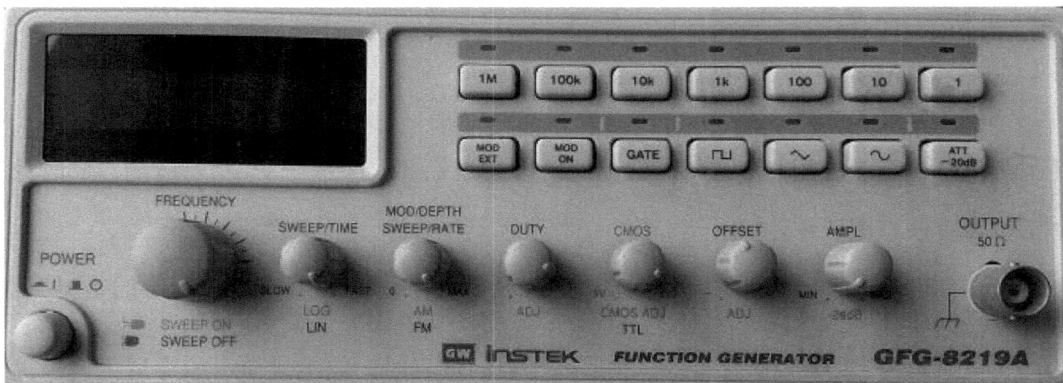

图 4.2.13　GFG—8219 型低频函数发生器面板

4.3　测量误差和数据处理

4.3.1　测量误差的来源、分类

在测量中，受测量方法、测量环境、人为因素等影响，使测量结果与真实值不同，这种差异就是测量误差。测量误差是不可避免的。

误差的主要来源有仪器误差、环境误差、理论误差，以及方法误差、人为误差。

在测量中，对于误差的来源必须认真分析，有针对性地采取措施，减少误差对测量结果的影响。

4.3.2 测量误差的表示方法

1. 绝对误差

绝对误差定义为测量值 X 与真实值 A 的差值。即 $\Delta X = X - A$。式中，ΔX 为绝对误差；测量值 X 又称为示值，包括测量值、标称值、示值、计算的近似值等。

真实值实际是不知道的，A 只能是被测量的实际值。在实际测量中，常用高一级的标准仪器测得的量值作为实际值，或把经过修正的多次测量的算术平均值作为实际值，来代替真实值。

与绝对误差大小相等、符号相反的量值称为修正值，用 C 表示，即 $C = A - X$。

绝对误差的大小和符号分别表示了示值偏离实际值的程度和方向，却不能说明测量的准确程度。

2. 相对误差

相对误差被定义为绝对误差与约定值的比值，用百分数或分贝形式来表示。约定值可以是实际值、示值或仪器量程的满度值 X_m。相对误差反映了测量的准确程度。

由于约定值的不同，相对误差有不同的含义。实际相对误差为 γ_A（或用 γ 表示），$\gamma_A = \dfrac{\Delta X}{A} \times 100\%$；示值相对误差为 γ_X，$\gamma_X = \dfrac{\Delta X}{X} \times 100\%$；满度相对误差（或引用相对误差）为 γ_m：$\gamma_m = \dfrac{\Delta X}{X_m} \times 100\%$。

对于这三种表示方式，在使用时应注意：

1）当 γ_X 和 γ_A 不大时，在没有明确规定的情况下，一般采用 γ_X 为宜。有的仪器，其修正值是以某检定点的相对形式给出的，即给出的是 C/X。这是与 γ_X 相对应的，此时计算实际值也很方便，即 $A = X\left(1 + \dfrac{C}{X}\right)$。

2）满度相对误差具有相对误差形式，它对测量者来说，给出的却是仪器的绝对误差，即 $\Delta X = \gamma_m X_m$。

3）为了减少测量中的示值误差，在选择仪表的量程时，应尽量使示值靠近满度值。一般，建议示值最好选在表面刻度的 2/3 以上的区域。但是，对于普通型测量电阻的欧姆表（或万用表的欧姆档），这一点就不适用了，因为在设计和鉴定欧姆表时，均以中值电阻为基准，所以一般量程的选择应使电表指针指向中值的 0.2 ~ 5 倍的区域为宜。

4）按照规定，常用电工仪表分为 0.1、0.2、0.5、1.0、1.5、2.5、5.0 共七级，它们分别对应仪表的满度相对误差所不应超过的百分比。

3. 容许误差

容许误差又称为极限误差，是指某一类仪器不应该出现的误差最大范围或者极限。仪器的固有误差或基本误差，以及工作误差都是容许误差的表现方式。容许误差是考虑了各种影响后仪器的总误差，但并不是某已确定仪器的最大误差。

容许误差既可以采用绝对误差形式，也可以采用相对误差形式，或者两者的结合。一般仪器的技术说明书上所标明的误差就是指容许误差。

4.3.3　测量数据的处理——有效数字及其舍入原则

1. 0.5 误差原则

若测量结果未注明误差，则认为最后一位数字有 0.5 误差，称为 0.5 误差原则。例如 10Ω，表示误差的绝对值不大于 0.5Ω；又如 $10.1V$，则认为误差的绝对值不大于 $0.05V$。此外，认为其误差不大于其末位一个单位量，这在电子测量中也十分常见。例如 $10.1V$，表示误差不大于 $0.1V$，或者表示为 (10.1 ± 0.1) V。

2. 有效数字

含有 0.5 误差的数，自左边第一个不为零的数字起，直至右边最后一个数字止，都叫有效数字。例如，0.02090 中的后 4 位均为有效数字。

从模拟式电子测量仪器的读数机构上读取测量结果时，有效的数字位数必须与仪器的分辨率一致。例如，用 UT39C 型数字万用表 $2k\Omega$ 档测量电阻，如果读出 $1.013k\Omega$ 是恰当的，但若读成 $1.0135k\Omega$ 就夸大了测量精度；反之，若只读成 $1.01k\Omega$，则又降低了测量精度。

决定有效数字位数的依据是误差的大小。

3. 欠准数字及安全数字

有效数字的最低位中含有误差，称为欠准数字。欠准数字所在的位数称为欠准数字位或欠准位数。例如，有效数字 2.345，5 为欠准数字，2、3、4 为准确数字。

当单独给出一个测量结果时，欠准数字的误差应理解为欠准位数的半个单位。

欠准数字位数左边的数字称为安全数字。通常欠准数字可以取 1 或 2 位。

4. 有效数字的舍入原则

对数字的舍入，传统的"四舍五入"规则对于数字 5 采用只入不舍，显然是不合理的。在测量技术中，根据误差的大小，对有效数字后的数字应按以下的原则进行数字的舍入：小于 5 舍，大于 5 入，等于 5 时取偶数。下面举例说明它的运用。

例如，欲将下列数字保留 3 位有效数字：0.040849，4.2050，680.51，4.115，4.135。按上述原则舍入后依次得：4.08×10^{-2}，4.20，681，4.12，4.14。

安全数字的保留也按上述原则进行。

5. 有效数字的运算

有效数字在进行计算时确定有效数字的总原则是：有效数字的位数受其中精度最低一个的限制。

1）加减法运算。相同量纲的量进行加减运算时，各数需要保留的有效数字位数，由其中小数点后有效数字位数最少的一个决定。若各项均无小数点，则由有效数字位数最少的一个决定。减法运算（应尽量避免）时，相减的两个数应保留足够的位数。

2）乘除运算。各数需保留的有效数字的位数由其中有效数字位数最少的一个决定，而与小数点无关。

3）乘方和开方运算。运算结果应比原数据多保留一位有效数字。

4）对数运算。运算前后有效数字的位数相同。

5）中间数据。运算的中间数据及某些测量结果较为重要或精密时，该数据的有效位数可多取 1 或 2 位（安全数字）。

6）误差值。测量的误差值，包括绝对误差、相对误差、不确定度、标准差等，有效数字的位数只需保留 1 位或 2 位即可。过多的位数通常没有什么意义。

4.3.4 测量数据的表示方法

1. 用数据表示测量结果

用有效数字及安全数字表示测量结果，即用测量值加不确定度表示。随机误差变化的最大幅度成为随机不确定度，表示为

$$\overline{V} \pm t_a\sigma(\overline{X}) \quad \text{或} \quad \overline{V} \pm t_a\sigma(\overline{X})/\sqrt{n}$$

式中，t_a 为系数，可查表；$\sigma(X)$ 是算数二次方根的标准偏差。要求 $\overline{X}$ 与不确定度 $t_a\sigma(\overline{X})$ 的欠准位数必须相同。例如，8.48V ± 0.32V。

2. 用曲线表示测量结果

有许多测量结果可用图形或者曲线来表示，例如晶体管的输出特性曲线和放大器的幅频特性曲线等。

1) 作图要点。选好坐标，一般宜选取直角坐标。

2) 用分组平均法进行曲线修均。将各个数据点连成光滑曲线的过程叫做曲线的修均。为了提高作图的精度，可用分组平均法进行曲线修均。这种方法是将相邻的 2 ~ 4 个数据分为一组，然后估计出各组的几何重心，再用光滑的曲线将重心点连接到一起。由于这种方法改变了随机误差的影响，从而使得曲线较为符合实际的结果。

3) 经验公式的确定。经验公式又称回归方程，是实际测量出来的，需在一定的条件下使用。在确定经验公式时，首先要根据经过修均曲线的形状，估计出经验公式的基本形式。

① 最小二乘法：最小二乘法的原理指出，在具有同一精度的测量值中，最佳值就是能使各测量值误差的二次方和最小的那个值。在一组正态分布的等精度测量中，这个最佳值就是各次测量的平均值。由此可见，分组平均法修匀曲线即是最小二乘法的典型应用。

② 回归分析法：回归分析法是处理多个变量之间相互关系的一种常用的数理统计方法。回归分析法包括两个方面的任务：一是根据测量数据确定函数形式，即回归方程的类型；二是确定方程中的参数。确定回归方程的类型时通常要根据专业知识和实际情况来确定函数形式，当不确定时，可取与测量值结果相近曲线的函数形式。若有几种形式相近，可以根据最小二乘原则，选择各种形式中的残差二次方和最小值。

第2部分 电子设计实例

第5章 基础型电子设计实例

5.1 实例一 直流线性稳压电源的设计与制作

电子系统为降低运行成本一般都使用220V工频交流供电，而电子设备内部使用的一般都是稳恒直流电，因此，需要将交流电转变成直流电。将交流电变换成稳恒直流电的设备称为稳压电源。因为在电子产品制作与调试过程中，离不开供电系统，而且大多数芯片都需要直流供电，供电电压为3～36V，所以，直流线性稳压电源是较为常用的一种稳压电源。

5.1.1 原理

一般来说，电子电路中所需要的电能是5V、12V等低压直流电，而市电所提供的电能是220V的交流电，直流线性稳压电源的作用就是将220V的交流市电转化为所需要的低压直流电。为了完成这一功能，直流线性稳压电源一般包括四个部分：降压电路、整流电路、滤波电路和稳压电路，如图5.1.1所示。

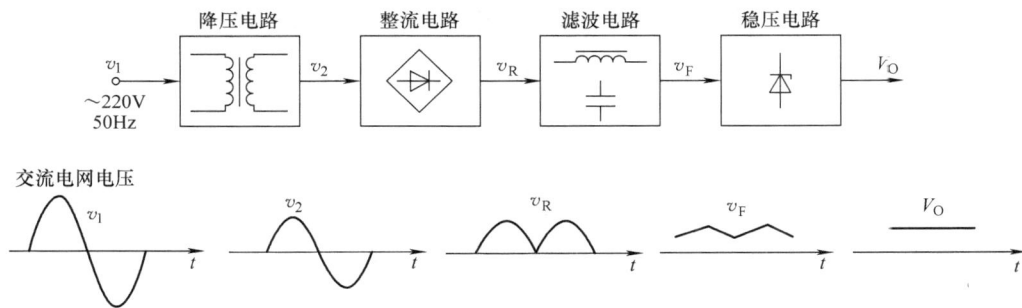

图5.1.1 直流线性稳压电源的四个部分

降压电路将220V的交流电降低到一个合适的低电压范围，一般通过变压器来完成这一功能。

随后整流电路将之转化为脉动的直流电压。整流电路有半波、全波、桥式和倍压整流电路几种，最常用的是桥式整流电路。桥式整流电路由四个二极管构成，如图5.1.2所示，其电流流通情况如图5.1.3所示。由于二极管的单向导电性，在负载上形成脉动的直流电。

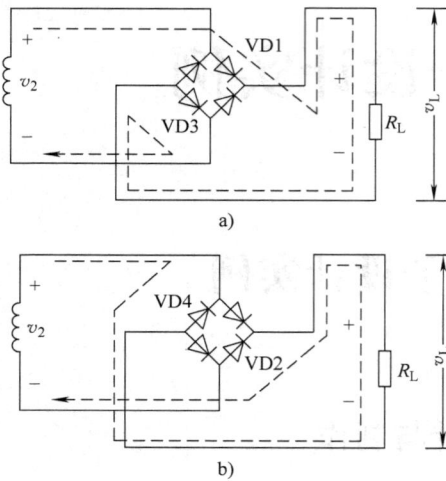

图 5.1.2 桥式整流电路

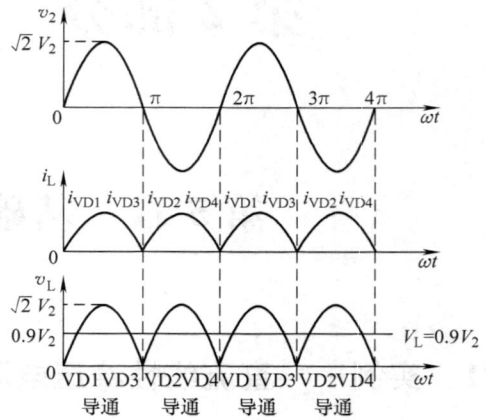

图 5.1.3 电流流通情况

该脉动的直流电压还含有大量的纹波，滤波电路将这些纹波滤除，得到较为平滑的直流电压。滤波电路可以由电容、电感或者两者的组合来实现。以电容滤波电路为例，将电容并联在电源两端，由于电容具有储能作用，当电源电压升高时，电容充电，将部分电能存储起来，当电源电压降低时，电容放电，释放电能补充电源电压，因此使电源输出电压较为平滑，如图 5.1.4 所示。

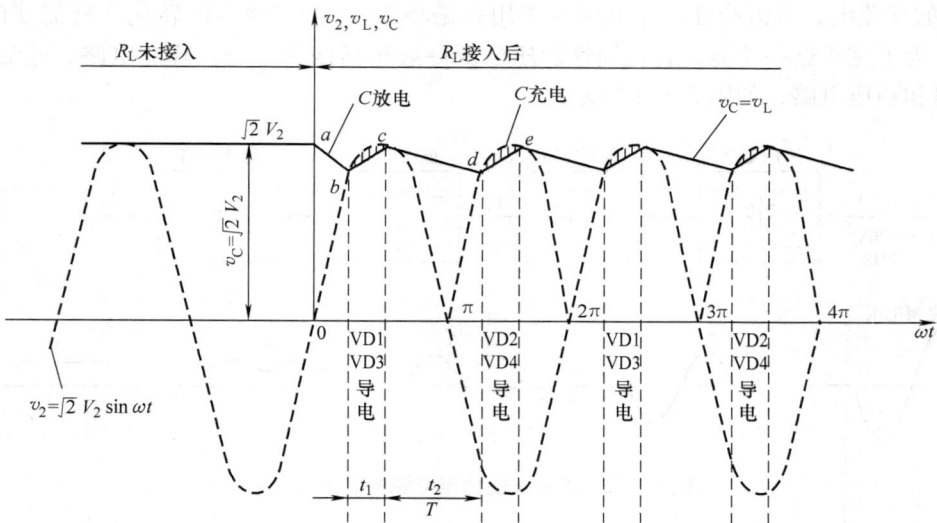

图 5.1.4 电容滤波情况

最后，由稳压电路得到稳定的直流电压输出。稳压电路可以用分立元器件搭建，也可以使用集成的三端稳压器件。集成的三端稳压器件较为常用，有 78 系列和 79 系列，其中 78××稳定到正电压，79××稳定到负电压，××是电压数值。例如，7805 是电源稳定到

+5V。还有一类三端稳压器件的输出电压可以调整，如 LM317，通过调节外接电阻的阻值，LM317 可以得到 1.25～37V 的稳定电压输出。

5.1.2　电路制作

1. 电路图设计

本例为制作一直流线性稳压电源，电路主要技术参数如下：

1）输入电压：220V、50Hz 交流电。

2）6 路输出电压：±5V，±12V，且可实现 ±（1.2～20）V 电压可调。

3）输出纹波：≤10mV。

4）电压稳定度：≤5×10^{-3}。

6 路线性稳压电源的电路原理图如图 5.1.5 所示。其中，T1 是变压器；D1～D4 四个二极管组成整流电路；电容 C1、C3、C8、C10 和 C13、C15、C19、C21 组成滤波电路；U1～U6 是六个三端稳压器件，分别得到 +12V、+5V、-12V、-5V 和正负可调电压六路直流电压输出。

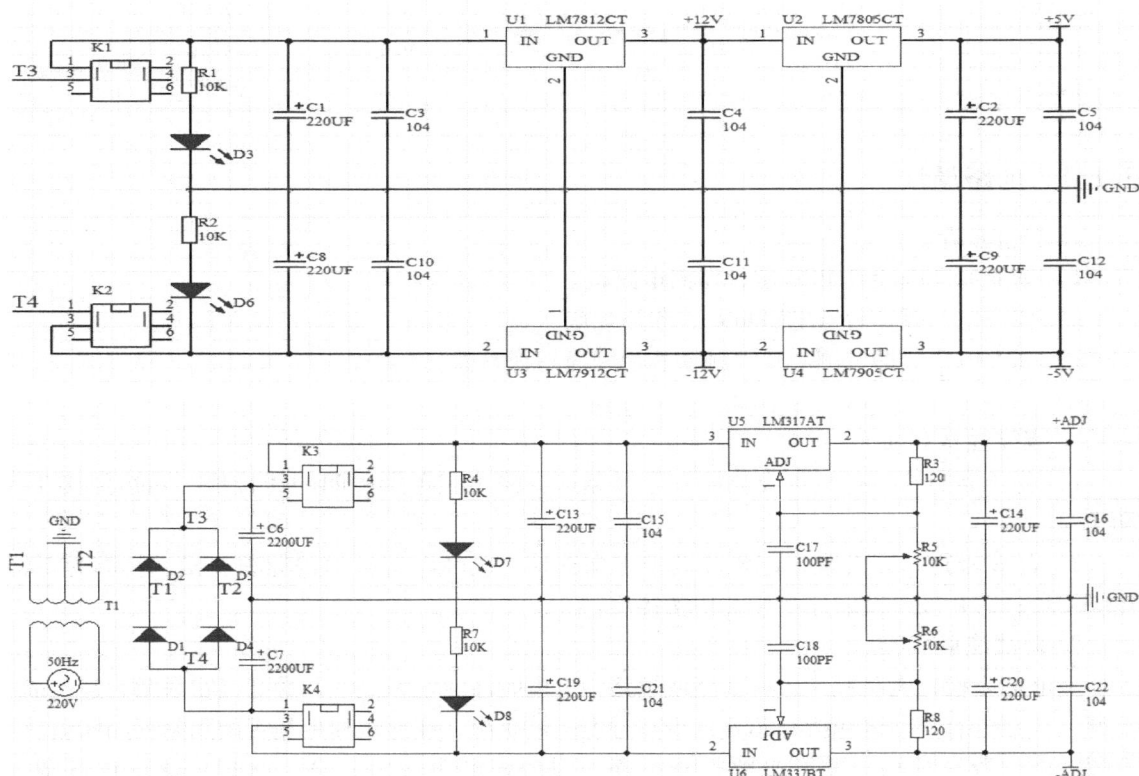

图 5.1.5　6 路线性稳压电源的电路原理图

2. 元器件

该电路中用到的元器件见表 5.1.1 所示。

表 5.1.1　所用元器件

元器件	标号	封装	元件库中元器件名称	数量
电容	C1，C2，C6，C7，C8，C9，C13，C14，C19，C20	插件	电解电容	8
电容	C3，C4，C5，C10，C11，C12，C15，C16，C17，C18，C21，C22	0805	无极性电容	12
二极管	D1，D2，D4，D5	插件	二极管	4
LED	D3，D6，D7，D8	插件	LED	4
开关	K1，K2，K3，K4	DIP—6	六脚开关	4
电阻	R1，R2，R3，R4，R7，R8	0805	电阻	6
电位器	R5，R6	插件	电位器	2
LM7812	U1	TO3B	LM7812CT	1
LM7805	U2	TO3B	LM7805CT	1
LM7912	U3	TO3B	LM7912CT	1
LM7905	U4	TO3B	LM7905CT	1
LM317	U5	TO3B	LM317T	1
LM337	U6	TO3B	LM337T	1

5.1.3　电路调试

1. 测试步骤

1）依照原理图绘制 PCB 图，做出电路板。

2）检查电路板是否有电路短路、断路现象。

3）插上电源立即试测芯片，触摸芯片表面是否发烫。

4）用电压表分别测试各个输出引脚参数。

2. 组装注意事项

1）稳压器的输入有两条线与插头导线相连，输出三条线中间的线接地，两边的接 T1 和 T2。

2）注意极性：二极管一定要按图中方向连接；极性电容必须按标识连接，长脚为正，短脚接负；芯片按封装顺序连接；切勿接反！

3. 调试注意事项

上电前应检查电路板是否有断路或短路，上电时注意电源接法，最好接在易断开连接的电源上，上电后立即试触所有芯片是否有过度发热状况，在此过程中是否闻到焦糊的味道或有噼啪声，若有则马上断开电源检查电路。因为该电源输出 ±5V、±12V 及正负可调，±5V 电路与 ±12V 电路类似，若有其中一条支路好用另一条不好用，则可对比调试，测量每个节点的电压值观察数据间差异从而找出问题，可调电路同理。

4. 常见问题

在电路制作过程中，一些常见问题分析见表 5.1.2。

表 5.1.2　常见问题分析

常见问题	可能的原因	解决办法
整流之后的波形在半个周期甚至整个周期上没有波形	整流电路中二极管接反，导致整流通路不导通	检查整流电路中二极管的焊接，改正接反的二极管
上电后滤波电容爆炸	电容耐压值不够	更换大耐压值的电容，注意使电容的耐压值大于电路中的实际承受电压，并留有一定的裕量
	电解电容极性接反	更换电容，按照正确的极性焊接
三端稳压器件发热	变压器降压后的电压仍远大于最终的输出电压，使得较大的电压降落在稳压器件上	更换变压器，使得变压器能够将市电电压降得更小
	器件本身散热不好	为三端器件固定散热片

5.2　实例二　信号合成器的设计与制作

随着集成电路、微电子技术和 EDA 技术的深入研究，现代信号合成技术具有很大的研究价值。根据实践要求，需要进行各种简单信号的合成。本实例主要讨论方波、三角波产生电路的设计与制作。

5.2.1　方波产生电路的设计与制作

1. 原理

生成方波的方式有许多种，有集成运算放大器构成的方波发生器、555 定时器构成的多谐振荡器、单片机定时器产生方波、直接数字频率合成（简称 DDS）等。在这几种方法中，555 定时器是一种数模结合的时基电路，外围电路简单、灵活、实用，可以构成多谐振荡器，生成高品质的数字方波，且占空比可调。另外，555 定时器能够在 4.5～18V 的电压下正常工作，输出电平与 TTL、CMOS 等电平兼容。因而，在本设计以 555 定时器为例来进行方波产生电路的设计与制作。电路原理图如 5.2.1 所示。

电路开始工作时，先对 C_2 充电，充电电流流过 R1、D1、R4 和 F3；放电时通过 R3、R4、D2 和 R2。当 R1 和 R2 阻值相等时，调节 R4 至中心点，因充放电时间基本相等，可使得其占空比约为 50%，此时改变 R3 仅仅改变频率，占空比不变。如 R4 调至偏离中心点，再调节 R3，不仅频率改变，其占空比也跟着有影响。R3 不变，只调节 R4，只改变占空比，对频率没有影响。因此，当电路工作时，接通电源，应调节 R3 使频率达到规定值，再调节 R4 获得想要的占空比。当想获得不同频率时先调节 R7，获得想要的占空比位置，再调节 R3 达到所要的频率输出。

图 5.2.1 中，充电时间为：$t_{ph} \approx 0.7 R_A C$，其中 $R_A = $ R1 + R4$_左$ + R3；放电时间为：$t_{pl} \approx 0.7 R_B C$，其中 $R_B = $ R3 + R4$_右$ + R2；输出方波的频率为：$f = \dfrac{1}{t_{ph} + t_{pl}} \approx \dfrac{1.43}{(R_A + R_B)C}$；输出方波的占空比为：$q = \dfrac{R_A}{R_A + R_B} \times 100\%$。

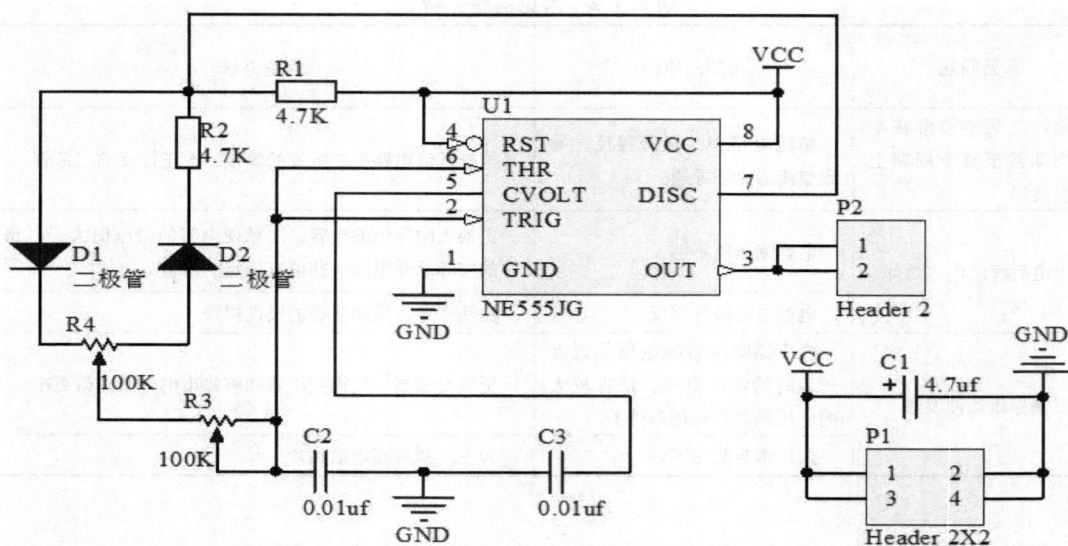

图 5.2.1　555 芯片构成的多谐振荡器电路原理图

2. 电路制作

本例为制作一方波产生电路，按照图 5.2.1 所示画出电路原理图和 PCB 图，制作 PCB，进行电路的焊接。该电路中用到的元器件见表 5.2.1。

表 5.2.1　所用元器件

元器件	标号	封装	元件库中元器件名称	数量
电解电容	C1	插件	电解电容	1
电容	C2，C3	0805	无极性电容	2
电阻	R1，R2	0805	电阻	2
电位器	R3，R4	插件	电位器	2
二极管	D1，D2	插件	二极管	2
NE555	U1	插件	NE555 JG	1

3. 电路调试

按照以下步骤进行调试：

1）检查电路中各个元器件是否接得可靠、大小是否合理。特别是 NE555 必须接正确。

2）在一切都正常的情况下，给电路通电，此时立即触摸 NE555 是否发烫，若发烫立即断电。

3）若 NE555 没有发烫，则说明 NE555 工作正常，这时开始实验数据的测试。

4）通过示波器观察 NE555 输出的方波信号，观察方波的失真情况。

5）失真的波形通过整形，得到无明显失真或没失真的方波。

6）通过改变可调电阻观察占空比的范围。

7）通过改变可调电阻观察方波的可调频率的范围。

8）统计分析实验数据。

5.2.2　三角波产生电路的设计与制作

1. 原理

从原理上讲，积分电路可以将方波变换为三角波。积分是一种常见的数学运算，这里讨论的是模拟积分。基本积分电路如图 5.2.2 所示。

利用虚地和虚断的概念，流入运算放大器同相端的电流近似为零，则流过电阻的电流与电容的充放电电流相等，且由于同相端接地，对应的电位为零，所以 $v_p = v_n = 0$。所以电容器 C 几乎以电流 $\dfrac{v_i}{R}$ 进行充电。为讨论简便，假设

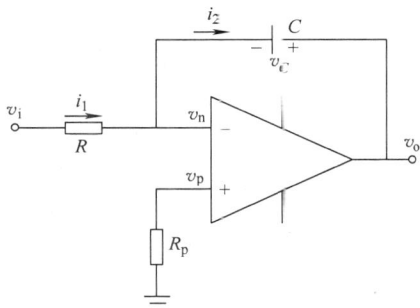

图 5.2.2　基本积分电路

电容器 C 的初始电压为零，则 $v_n - v_C = \dfrac{1}{C}\int i_1 \mathrm{d}t = \dfrac{1}{C}\int \dfrac{v_i}{R}\mathrm{d}t$。电容 C 两端的电压有 $v_C = -\dfrac{1}{RC}\int v_i \mathrm{d}t$，所以有 $v_o = v_C$。由上式可知，电容器两端的电压幅值即为输出电压幅值，且是输入电压对时间的积分。式子中的负号表示它们在相位上是相反的。当输入电压为阶跃形式的矩形波时，电容 C 两端近似以恒电流进行充电。图 5.2.3 是方波经过积分电路的响应。

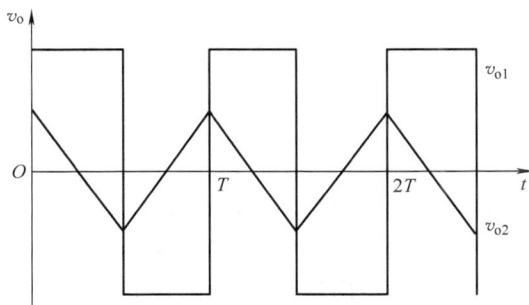

图 5.2.3　积分电路的方波响应

当矩形波的占空比为 50% 时，经过积分电路可以变成三角波，如果占空比不是 50%，则经过积分电路后变成锯齿波，如图 5.2.4 和图 5.2.5 所示。

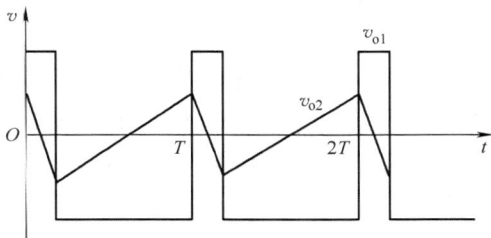

图 5.2.4　正向锯齿波

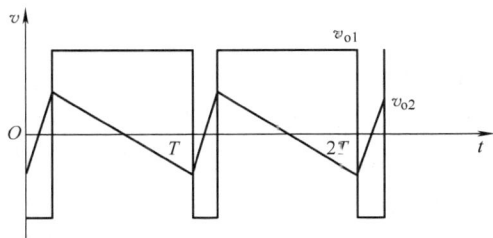

图 5.2.5　反向锯齿波

2. 电路制作

本例是制作一三角波产生电路，采用 LF356 芯片为基础制作，电路原理图如图 5.2.6 所示。

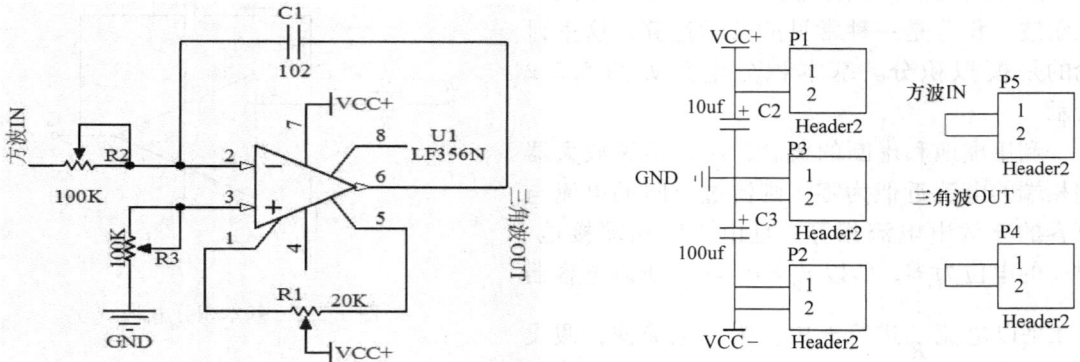

图 5.2.6　三角波产生电路原理图

该电路中用到的元器件见表 5.2.2 所示。

表 5.2.2　所用元器件

元器件	标号	封装	元件库中元器件名称	数量
电路	C1	0805	无极性电容	1
电解电容	C2，C3	插件	电解电容	2
电位器	R1，R2，R3	插件	电位器	3
LF356	U1	插件	LF356N	1

3. 电路调试

开始的若干调试步骤和 555 多谐振荡器的调试步骤相似，不作介绍。接下来根据理论计算，确定好电容的大小。上电前，先将滑动变阻器 R_2 调至最大，上电后再继续调节 R_2，调整时间常数，边调节边观察示波器。待出现基本无失真的三角波后停止调节，断电，记录此时电阻值。

调试中发现，当滑动变阻器调至大约 25kΩ 时，示波器可显示比较完整的三角波，无明显失真。

5.3　实例三　51 单片机最小系统的设计与制作

单片机是一种微型计算机系统，内部集成了 CPU、RAM、ROM、定时器/计数器、中断及 I/O 口等，在工业控制、仪器仪表、家用电器等领域有着广泛的应用。51 单片机是对所有兼容 Intel 8031 指令系统的单片机的统称。该系列单片机是目前应用最广泛的 8 位单片机之一，其代表型号是 ATMEL 公司的 AT89 系列，它广泛应用于工业测控系统中，而且是电子爱好者学习的基础。本实例以 AT89S51 芯片为例，介绍 51 单片机最小系统的设计与制作。

5.3.1　原理

图 5.3.1 为 AT89S51 单片机的引脚图。该型号单片机共有四个 8 位的并行 I/O 口：P1、P2、P3 和 P4 口。另外有一些特殊功能引脚，例如 RST 为复位引脚，高电平使单片机复位，XTAL1 和 XTAL2 为内部振荡电路的输入端和输出端，接晶振电路等。其他引脚不常用，暂不作介绍。

单片机正常工作至少需要以下几个模块：电源模块、下载电路、晶振电路、复位电路，这四个模块与单片机一起构成一个最简单的单片机系统。其中，电源模块为单片机供电，下载电路将程序烧写进单片机，晶振电路提供时钟源，复位电路负责使程序从头执行。

5.3.2　电路制作

1. 电路图设计

本例以 AT89S51 芯片为核心制作 51 单片机最小系统，电路原理图如图 5.3.2 所示。其中，电源口通过排针引出来，外接 +5V 电源供电；P1 口需要接上拉电阻。

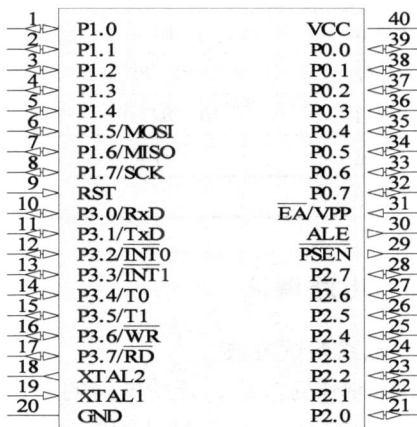

图 5.3.1　AT89S51 单片机的引脚图

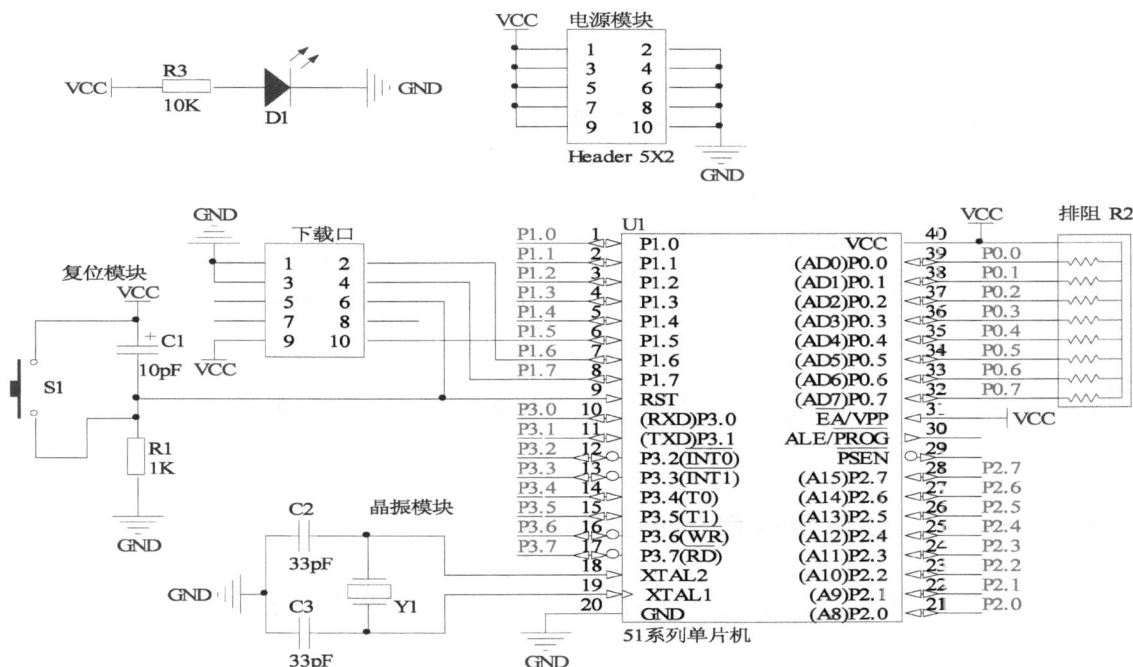

图 5.3.2　51 单片机最小系统电路原理图

2. 元件清单

该电路中用到的元器件见表 5.3.1。

表 5.3.1   所用元器件

元器件	标号	封装	元件库中元器件名称	数量
电解电容	C1	插件	电解电容	1
电容	C2，C3	0805	无极性电容	2
LED	D1	插件	LED	1
排针	P4，P5	插件	Header 5X2	2
电阻	R1，R2，R3	0805	电阻	3
按钮	S1	插件	按钮开关	1
51 系列单片机	U1	双列直插	51 系列单片机	1

5.3.3   电路调试

1. 电路调试方法

电路制作完成后，开始电路的调试。首先用万用表测试电源、I/O 口的电平是否正常。注意：51 单片机 I/O 口默认为高电平。接下来准备可下载的程序文件，通过下载电路烧写到单片机中，若烧写不成功，则检查下载电路是否焊接正确。在程序中对各个 I/O 口赋值，用示波器观察输出的波形是否正确，同时按下复位键检查复位电路是否可用。

2. 常见问题

表 5.3.2 列出了电路调试过程中的常见问题分析。

表 5.3.2   常见问题分析

常见问题	可能的原因	解决办法
程序无法烧写进单片机	下载口电路出现短路、断路等	检查下载口电路，修复错误
	晶振电路没有工作	用示波器观测晶振两个引脚之间是否有相应频率的正弦波，若没有，则晶振电路没有工作，检查电路或者更换晶振
	芯片损坏	更换芯片
芯片发烫甚至烧坏	电源与地短路	检查线路，在短路的地方进行修复

5.4   实例四   多路抢答器的设计与制作

近年来各高校学生社团举行的活动丰富多彩，活动中越来越多地增加了抢答等环节，但是现在大多数活动还在使用古老的举牌子答题和抢答的情况。这种方式存在诸多弊端，如不容易让主持人判断，容易翻改答案导致比赛不公平，甚至造成选手不满，引发活动的现场秩序紊乱。多路抢答器能很好地解决这些弊端。抢答器采用简易可行的方式，实现多路信号传输，能实现即时抢答并保证不互相干扰的效果。

本实例设计要求：

1）可同时供四名选手参赛，其编号分别是 1~4，各用一个抢答按钮，按钮的编号和选手的编号相对应，给节目主持人设置一控制开关，用于控制系统的清零（编号现实数码管灭灯）抢答开始。

2）抢答器具有数据锁存和显示的功能，抢答开始后，若有选手按动抢答按钮，其编号立即锁存，并在数码管上显示该选手的编号，同时封锁输入电路，禁止其他选手抢答。优先抢答选手的编号一直保持到主持人将系统清零为止。

5.4.1　原理

1. 主要设计原理

四路抢答器设计框图如图 5.4.1 所示，当主持人控制开关 S 置清零端时，RS 触发器的 R 端均为"0"，四个触发器输出 1Q~4Q 全部为零，使 74LS48 的 BI = 0，数码管显示全灭；同时 74LS148 的选通输入端 ST = 0，使之处于工作状态，此时锁存电路不工作。当主持人将开关 S 置于"开始"端时，优先编码器和锁存电路同时处于工作状态，即抢答器处于等待工作状态，等待信号输入端信号输入，当有选手按下抢答按钮时，比如"S1"按下时，74LS148 的输出 Y2Y1Y0 = 110，经 RS 锁存后，BI = 1，74LS279 处于工作状态，4Q3Q2Q = A3A2A1 = 110，经 74LS148 译码后，数码管显示"6"。

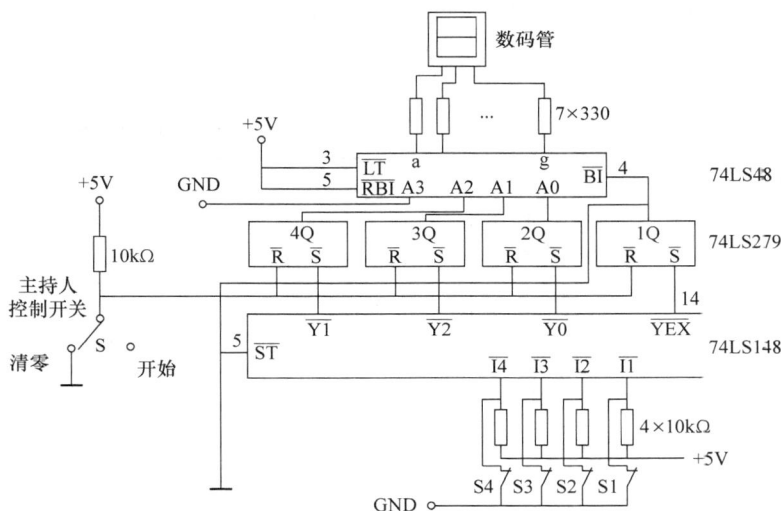

图 5.4.1　四路抢答器设计框图

2. 设计使用芯片及各芯片作用

1）编码器芯片 74LS148。74LS148 是一个 8 线 - 3 线优先级编码器，引脚图如图 5.4.2 所示。其各引脚功能如下：电源是 VCC（16）、GND（8），I0~I7 为输入信号，A2、A1、A0 为三位二进制编码输出信号，EI 是使能输入端，EO 是使能输出端，S 为片优先编码输出端。

2）数码管译码器芯片 74LS48。74LS48 芯片是一种常用的七段数码管译码器/驱动器，常用在各种数字电路和单片机系统的显示系统中。74LS48引脚图如图5.4.3所示。

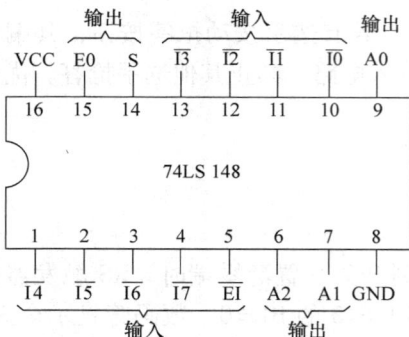

图5.4.2　74LS148引脚图

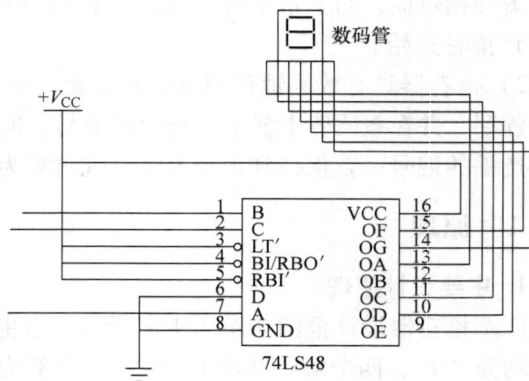

图5.4.3　74LS48引脚图

3）译码器芯片74LS279。74LS279为集电极开路输出的BCD—七段译码器/驱动器，其引脚图如图5.4.4所示。每片上有四路RS触发器。每路RS触发器有$\overline{R}$和$\overline{S}$两个输入和一个输出端Q。当$\overline{S}$输入低电平"0"时，输出Q为高电平"1"；当$\overline{S}$输入高电平"1"时，如果$\overline{R}$输入低电平"0"，则Q为低电平"0"；当$\overline{S}$输入高电平"1"时，如果$\overline{R}$输入高电平"1"，则Q保持不变。逻辑关系真值表见表5.4.1。

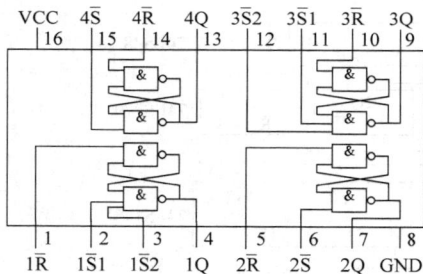

图5.4.4　74LS279引脚图

表5.4.1　74LS279逻辑关系真值表

输入		输出
$\overline{S}$	$\overline{R}$	Q
0	0	1
0	1	1
1	0	0
1	1	Q_0

5.4.2　电路制作

1. 电路图设计

本例为制作一四路抢答器，电路设计图如图5.4.5所示。

2. 元器件

该电路中用到的元器件见表5.4.2。

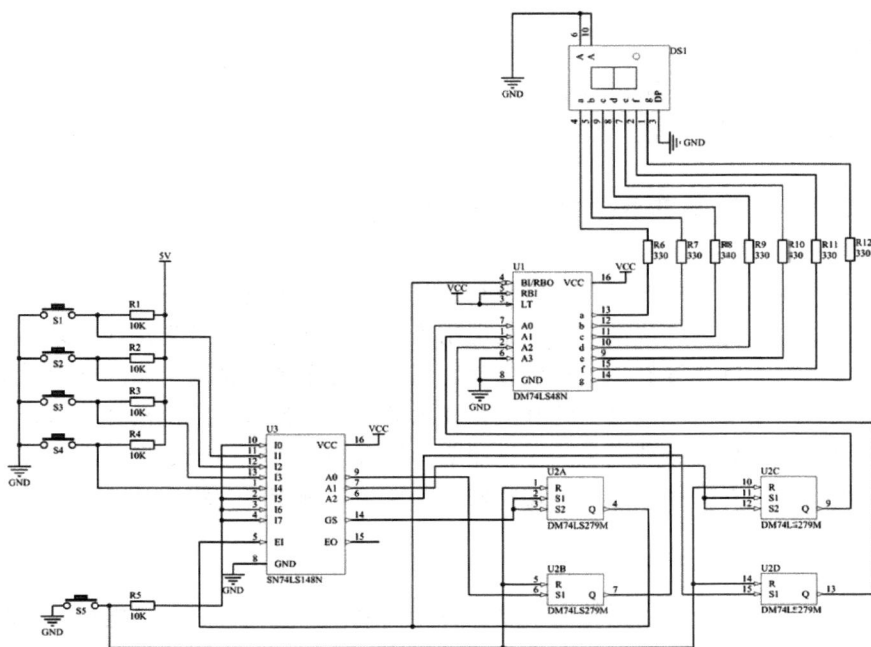

图 5.4.5　四路抢答器电路设计图

表 5.4.2　所用元器件

元器件	标号	封装	元件库中元器件名称	数量
开关	S1，S2，S3，S4，S5	DIP－6	六脚开关	6
电阻	R1，R2，R3，R4，R6，R7，R8，R9，R10，R11，R12	0805	电阻	12
数码管	U4	插件	八段数码管	1
74LS48	U1	插件	74LS48	1
74LS279	U2	插件	74LS279	1
74LS148	U3	插件	74LS148	1

5.4.3　电路调试

1. 测试步骤

1）依照原理图绘制 PCB 图，做出电路板。

2）检查电路板是否有电路短路、断路现象。

3）插上电源立即试测芯片，触摸芯片表面是否发烫。

4）将所设计的四路抢答器与调试系统连接，观察数码管上显示的数字，按下清零按钮将抢答器清零，此时抢答器数码管显示 0，按下第一个按钮数码管显示 1，再依次按下剩余按钮，数码管显示数字应不变。按照此步骤依次按下第二、第三和第四个抢答器按钮，观察现象。

2. 注意事项

1）数码管的段选端需串联电阻，防止高电流损害数码管。

2）注意芯片的安插方向。

5.5 实例五 声光双控灯的设计与制作

随着社会不断进步，科技发展，声光双控节电灯逐步走进社会各个公共角落。声光双控节电灯不仅适用于住宅区的楼道，而且也适用于工厂、办公楼、教学楼等公共场所。它具有体积小、外形美观、制作容易、工作可靠等优点，适合于各种楼房走廊的照明设备。用声光控延时开关代替住宅小区的楼道上的开关，在天黑以后，当有人走过楼梯通道，发出脚步声或其他声音时，楼道灯会自动点亮，提供照明，当人们进入家门或走出公寓，楼道灯延时几分钟后会自动熄灭。本实例将进行声光双控灯的设计与制作的介绍。

5.5.1 原理

声光双控灯是一种声光控制的电子照明装置，由音频放大器、选频电路、延时开启电路和晶闸管电路组成。它提供了一种操作简便、灵活、抗干扰能力强，控制灵敏的声控灯。它采用人发出的声音控制信号，即可方便及时地打开和关闭声控照明装置，并有防误触发而具有的自动延时关闭功能。有些还设有手动开关，使其应用更加方便。

该电路由声电转换、电压比较、延时电路和光控电路等组成，包括传声器、音频放大器、选频电路、倍压整流电路、鉴幅电路、恒压源电路、延时开启电路、可控延时开关电路、晶闸管电路等。为了确保用电安全，220V 交流市首先经过 1:1 隔离变压器，隔离变压器的一、二次绕组之间没有电的联系，二次侧的任一线路与大地之间没有电位差，所以人接触任一线路都不会触电。但如果同时接触两线也会触电。电路总体框架如图 5.5.1 所示。

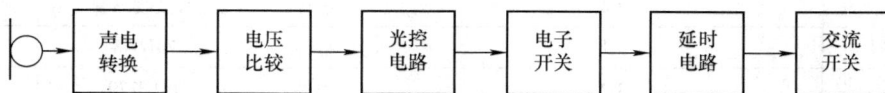

图 5.5.1 声光双控灯电路总体框架

5.5.2 电路制作

1. 电路图设计

本例为制作一声光双控灯，控制电路设计图如图 5.5.2 所示。

2. 元器件

该电路中用到的元器件见表 5.5.1。

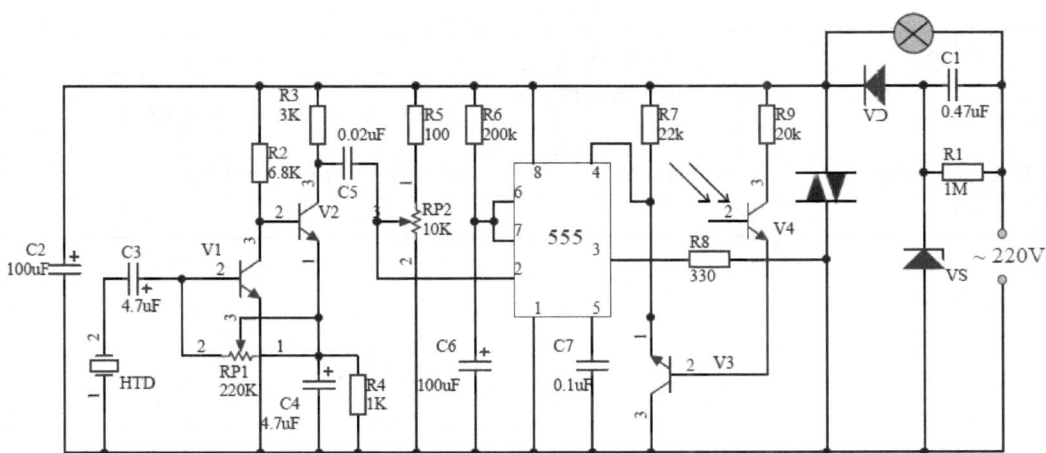

图 5.5.2　声光双控灯控制电路设计图

表 5.5.1　所用元器件

元器件	标号	封装	元件库中元器件名称	数量
555 定时器		插件	NE555	1
电容	C1，C5，C7	0805	瓦容	4
电解电容	C2，C3，C4，C6	插件	电解电容	3
稳压二极管	VS	插件	2CW56	1
二极管	VD	插件	2N4002	1
电位器	RP1，RP2	插件	电位器	2
晶体管	V1，V2，V3	插件	9013	3
双向晶闸管	VTH	插件	BCR1AM	1
15W/220V 灯泡	EL	/	15W/220V 灯泡	1
光敏晶体管	V4	插件	3DU5	1
压电陶瓷片	HTD	/	瓷片	1
电阻	R1，R2，R3，R4，R5，R6，R7，R8，R9	0805	电阻	8

5.5.3　电路调试

1. 测试步骤

1）依照原理图绘制 PCB 图，做出电路板。

2）检查电路板是否有电路短路、断路现象。

3）插上电源立即试测芯片，触摸芯片表面是否发烫。

4）进行实际声光控制测试，观察电路工作是否正常。

2. 常见问题

表 5.5.2 列出了电路调试过程中的常见问题分析。

表 5.5.2 常见问题分析

常见问题	可能的原因	解决办法
延时时间	555 芯片 2 脚电压小于 Vcc/3	断开 V4 和 C5，调整 RP2 可调电位器
声控灵敏度（感应距离）	RP1、RP2 的阻值	断开 V4，调整 RP1、RP2 的阻值
光控灵敏度	R9	适当选择 R9 阻值

第6章 仿真型电子设计实例

随着电子技术和计算机技术的发展，电子产品与计算机紧密相连，电子产品的智能化和集成度越来越高，更新速度也越来越快。电子设计自动化（EDA）技术，使得电子电路的设计人员能够在计算机上完成电路的功能设计、逻辑设计、性能分析、时序分析和测试，直至印制电路板的自动设计。现在的 EDA 软件的自动化程度更高，功能更完善，运行速度更快，而且操作界面友善，有良好的数据开发性和互换性。本章将结合具体实例对常用的几款EDA 软件进行介绍。

6.1 实例一 EWB 实践操作——基于 555 定时器的方波信号发生器

EWB 软件，全称为 ELECTRONICS WORKBENCH EDA，是交互图像技术有限公司在 20世纪 90 年代初推出的 EDA 软件，用于模拟电路和数字电路的混合仿真，利用它可以直接从屏幕上看到各种电路的输出波形。EWB 是一款小巧但是仿真功能十分强大的软件。

6.1.1 EWB 5.0 的基本界面

1. EWB 5.0 的主窗口

启动 EWB 5.0 软件，可以看到图 6.1.1 所示的 EWB 5.0 仿真软件的三窗口。EWB 的主窗口如同一个实际的电子实验台。屏幕下方区域空白窗口就是电路工作区，电路工作窗口上方依次是菜单栏、工具栏及元器件栏和仪器仪表栏。按下电路工作窗口的右上方的"启动/停止"开关或"暂停/恢复"按钮可以方便地控制实验的进程。

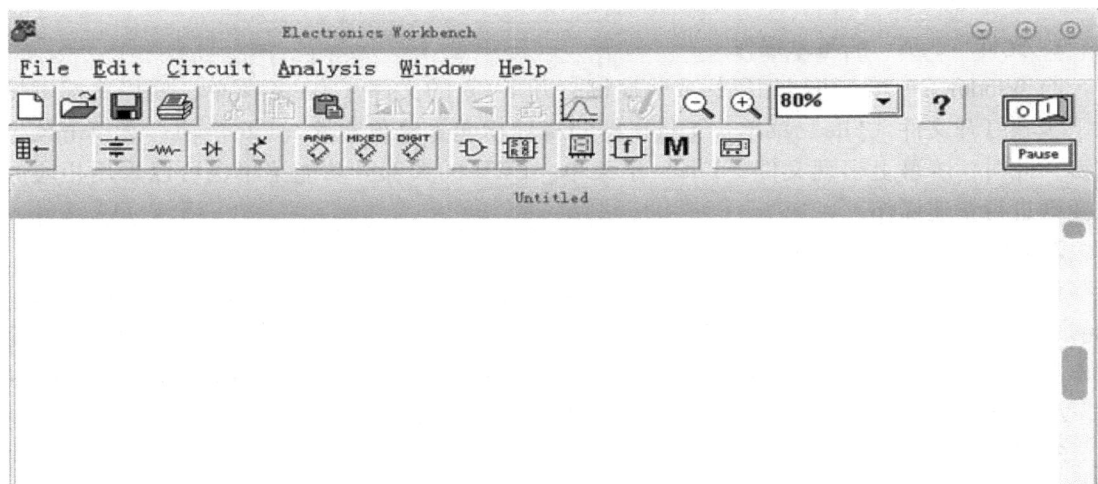

图 6.1.1 EWB 5.0 仿真软件的主窗口

2. EWB 5.0 的工具栏

EWB 5.0 的工具栏如图 6.1.2 所示，图中示出了各个按钮的图形及其名称。

新建　打开　保存　打印　剪切　复制　粘贴　旋转　水平反转　垂直反转　建立子电路　分析图　元器件特性　缩小　放大　缩放比例　帮助

图 6.1.2　工具栏

3. EWB 5.0 的元器件库

EWB 5.0 提供了丰富的元器件和仪器仪表库，元器件库和仪器仪表栏及其名称如图 6.1.3 所示。用鼠标左键单击元器件库和仪器仪表栏的某一个图标即可打开该元器件库或仪器仪表库，然后选择所需类型的元器件或仪器仪表。

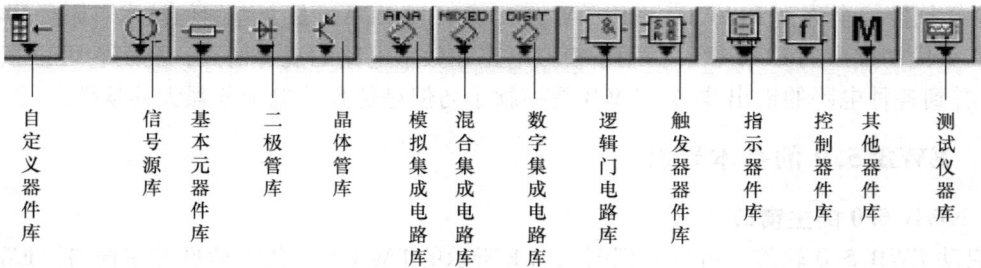

自定义器件库　信号源库　基本元器件库　二极管库　晶体管库　模拟集成电路库　混合集成电路库　数字集成电路库　逻辑门电路库　触发器器件库　指示器件库　控制器件库　其他器件库　测试仪器库

图 6.1.3　元器件库和仪器仪表栏及其名称

6.1.2　EWB 5.0 的基本操作方法

1. 文件（File）的基本操作

与 Windows 一样，可以用鼠标或快捷键打开 EWB 的文件（File）菜单。使用鼠标可按以下步骤打开文件（File）菜单：①将鼠标器指针指向主菜单文件（File）项；②单击鼠标左键，此时，屏幕上出现文件（File）子菜单。EWB 的大部分功能菜单也可以采用相应的快捷键进行快速操作。

2. 编辑（Edit）的基本操作

编辑（Edit）菜单是 EWB 用来控制电路及元器件的菜单。菜单中包括：①旋转（Rotate），快捷键 Ctrl + R；②水平倒置（Flip Horizontal）；③垂直倒置（Flip Vertical）；④创建子电路（Circuit →Creat Subcircuit）；⑤元件属性（Component Properties）；⑥放缩（Zoom In、Zoom Out）；⑦电路图选项（Schemat Options）等操作。

3. 电路创建的基本操作

（1）对元器件的操作

1）元器件的选用：选用元器件时，首先在元器件库栏中用鼠标单击包含该元器件的图标，打开该元器件库。然后从选中的元器件库对话框中，用鼠标单击该元器件，用鼠标拖拽该元器件到电路工作区的适当地方即可。

2）选中元器件：在连接电路时，要对元器件进行移动、旋转、删除、设置参数等操作。这就需要先选中该元器件。要选中某个元器件可使用鼠标的左键单击该元器件。选中的元器件变为红色以示区别。对选中的元器件可以进行移动、旋转、删除、设置参数等操作。用鼠标拖拽形成一个矩形区域，可以同时选中在该矩形区域内包围的一组元器件。要取消某一个元器件的选中状态，只需单击电路工作区的空白部分即可。

3）元器件的移动：用鼠标的左键单击该元器件，拖曳该元器件即可移动该元器件。要移动一组元器件，必须先用前述的矩形区域方法选中这些元器件，然后用鼠标左键拖曳其中的任意一个元器件，则所有选中的部分就会一起移动。元器件被移动后，与其相连接的导线就会自动重新排列。

4）元器件的旋转、翻转：对元器件进行旋转或反转操作，需要先选中该元器件，然后单击鼠标右键或者相应的图标，选择菜单中的 Rotate（将所选择的元器件旋转）、Flip Vertical（将所选择的元器件上下旋转）、Flip Horizontal（将所选择的元器件左右旋转）选项。

5）元器件的复制、删除：对选中的元器件进行复制、移动、删除等操作，可以单击鼠标右键或者使用 Edit→Cut（剪切）、Edit→Copy（复制）和 Edit→Paste（粘贴）、Edit→Delete（删除）等菜单命令。

（2）对导线的操作

1）导线的连接：在两个元器件之间，首先将鼠标指向一个元器件的端点使其出现一个小圆点，按下鼠标左键并拖曳出一根导线，拉住导线并指向另一个元器件的端点使其出现小圆点，释放鼠标左键，则导线连接完成。连接完成后，导线将自动选择合适的走向，不会与其他元器件或仪器发生交叉。

2）连线的删除与改动：将鼠标指向元器件与导线的连接点使出现一个圆点，按下左键拖曳该圆点使导线离开元器件端点，释放左键，导线自动消失，完成连线的删除。也可以将拖曳移开的导线连至另一个接点，实现连线的改动。

3）改变导线的颜色：在复杂的电路中，可以将导线设置为不同的颜色。要改变导线的颜色，用鼠标指向该导线，单击右键可以出现菜单，选择 Wire Properties 选项，选择 Schematic Options 选项，单击"Set Wire Color"按钮，即可选择合适的颜色。

4）连接点的使用："连接点"是一个小圆点，一个"连接点"最多可以连接来自四个方向的导线。可以直接将"连接点"插入连线中。

（3）对仪器仪表的操作

1）仪器选用：从仪器库中将所选用的仪器图标用鼠标"拖放"到电路工作区即可，类似元器件的拖放。

2）仪器连接：将仪器图标上的连接端（接线柱）与相应电路的连接点相连，连线过程类似元器件的连线。

3）设置仪器仪表参数：双击仪器图标即可打开仪器面板。可以用鼠标操作仪器面板上的相应按钮，或是在参数设置对话窗口设置相应参数。

4）改变仪器仪表参数：在测量或观察过程中，可以根据测量或观察结果来改变仪器仪表参数的设置，如示波器、逻辑分析仪等。

6.1.3　EWB 实践操作——基于 555 定时器的任意占空比方波信号发生器

下面以数字电子技术实验中常见的 555 定时电路为例，简单介绍 EWB 的实践操作。图 6.1.4 是目标电路图。

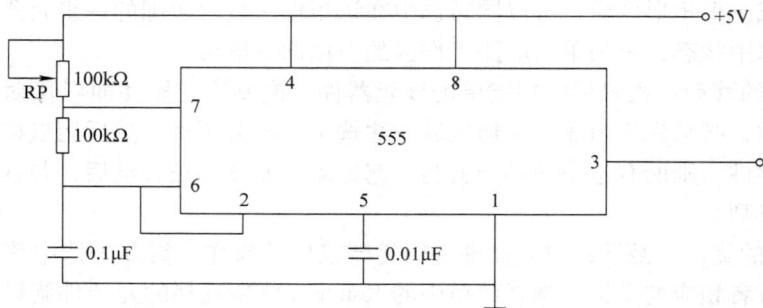

图 6.1.4　目标电路图

1. 确定试验中要用的元器件

参考图 6.1.4 所示目标电路图，需要的元器件有：+5V 电源，1 个 100kΩ 电阻，1 个 100kΩ 电位器，1 个 0.1μF 电容，1 个 0.01μF 电容，1 个 555 定时器，GND。因为有信号输出，需要外加一个示波器显示输出。

运行 EWB，先忽略元器件参数，选定需要的元器件。以电阻为例，打开基本元器件库，鼠标左键选中电阻，然后按着左键，将其从元器件库中拖到工作窗中，如图 6.1.5 所示。

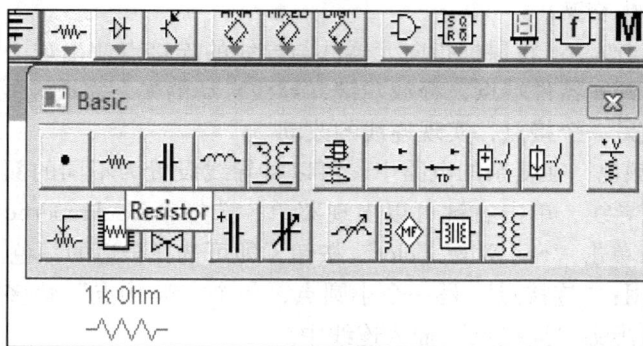

图 6.1.5　元件拖动

2. 元件参数设置

以 0.1μF 的电容为例，对一个电容双击左键，系统会自动弹出一个设置窗体，如图 6.1.6 所示，单击 Value 窗体，在 Capacitance 的右边设置电容数值和单位，然后确定。其他元器件的参数同理可以设定。

3. 连接元器件

将鼠标指向元器件的端点使其变成一个小圆点，左键单击它，拖动，会生成一根导线，将其拖动到下一元器件的引脚处即可。从 Basic 库中选中黑点，如图 6.1.7 所示，可以给导线增加结点。

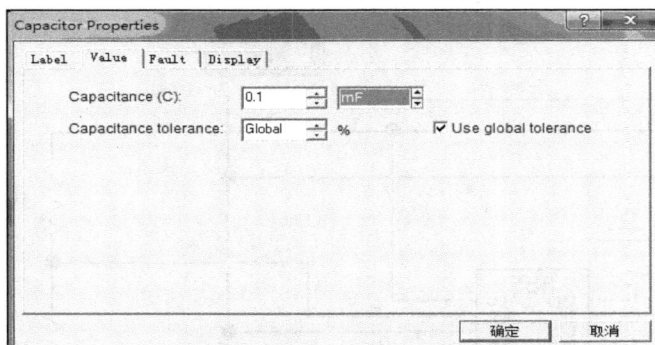

图 6.1.6 参数设置

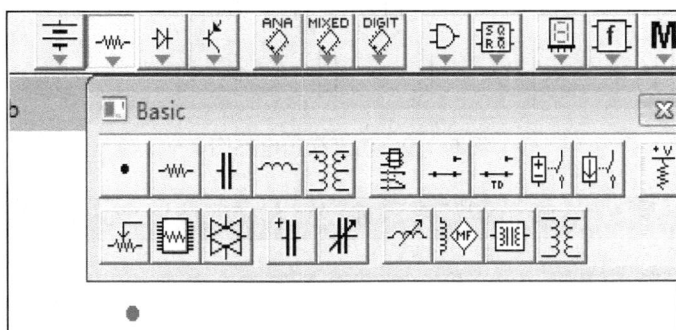

图 6.1.7 给导线加结点

4. 导线设置

鼠标左键双击导线，即可设置导线的颜色及导线编号。如图 6.1.8 所示。

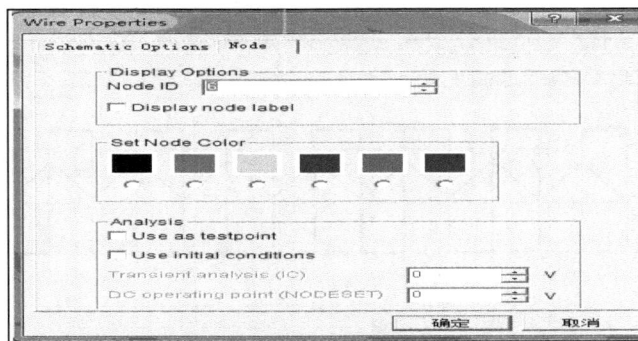

图 6.1.8 导线设置

5. 仿真模拟电路图

仿真模拟电路图如图 6.1.9 所示。

6. 仿真的运行

电源开关位于窗口的右上角，如图 6.1.10 所示，接通电源后，仿真软件开始运行。过一段时间后，单击"Pause"按钮可暂停电源供电。双击示波器，可打开示波器示数界面，如图 6.1.11 所示。

7. 测量结果的观测

通过移动示波器显示器上（见图 6.1.11）的两根读数指针，如图 6.1.12 所示，可看到

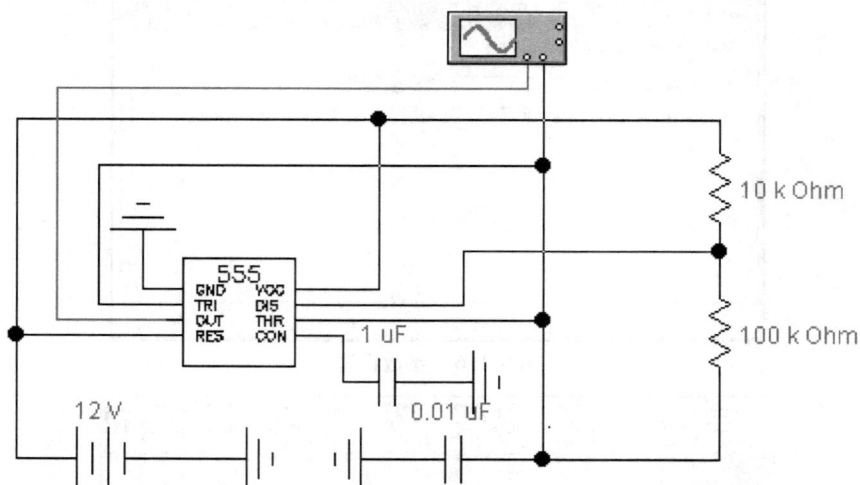

图 6.1.9　仿真模拟电路图

图 6.1.10　电源接通

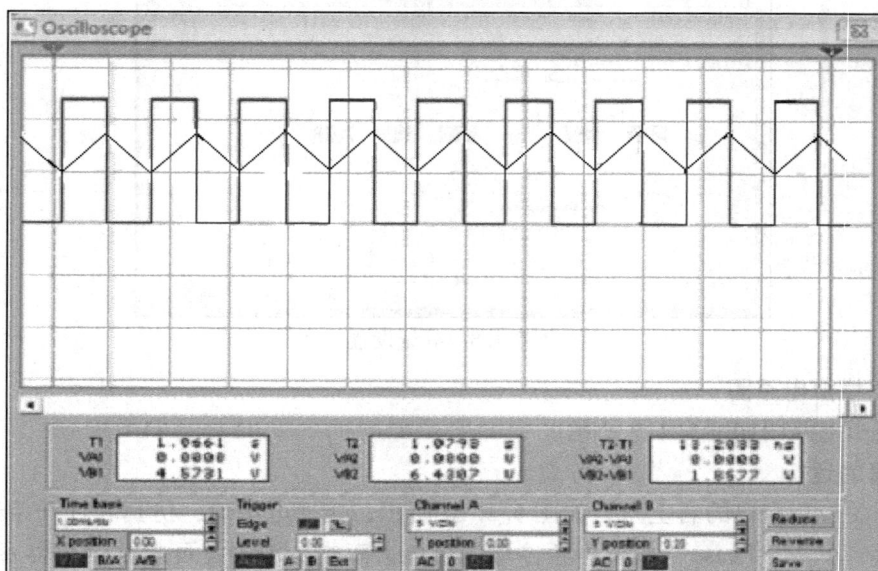

图 6.1.11　示波器示数界面

在数字显示面板（见图 6.1.13）上测量值的变化。

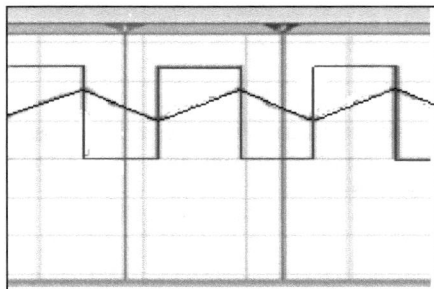

图 6.1.12 改变波形观测点

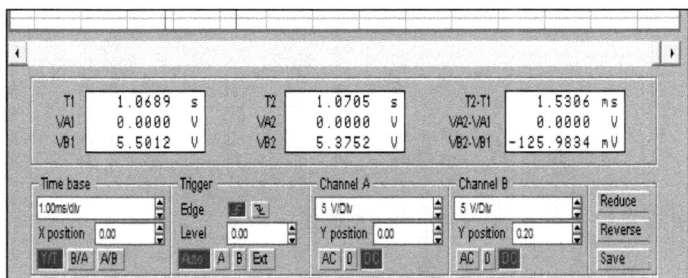

图 6.1.13 示波器读数示意图

6.2 实例二 Multisim 实践操作——*RC* 桥式振荡电路

Multisim 是美国国家仪器（NI）有限公司推出的以 Windows 为基础的仿真工具，适用于板级的模拟/数字电路板的设计工作。它包含了电路原理图的图形输入和电路硬件描述语言输入方式，具有丰富的仿真分析能力。本文将以 Multisim 10 为例，介绍其使用方法。

6.2.1 Multisim 10 的基本界面

1. Multisim 10 的主窗口

启动 Multisim 10，可以看到图 6.2.1 所示的 Multisim 10 的主窗口。此主窗口如同一个

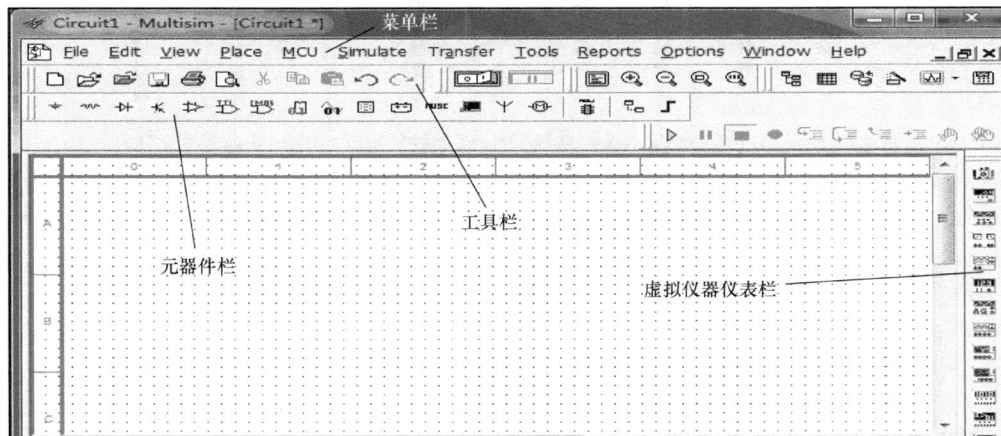

图 6.2.1 Multisim 10 的主窗口

实际的电子实验台。

2. Multisim 10 的菜单栏

Multisim 10 的菜单共有十项，如图 6.2.2 所示。

File　Edit　View　Place　MCU　Simulate　Transfer　Tools　Reports　Options　Window　Help

图 6.2.2　Multisim 10 的菜单栏

3. Multisim 10 的工具栏

Multisim 10 的工具栏如图 6.2.3 所示，图中示出了各个按钮的图形。

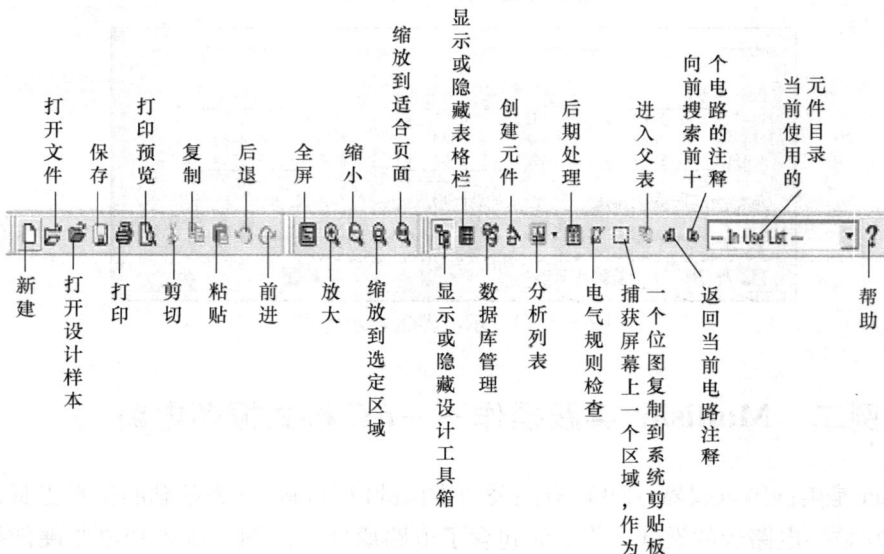

图 6.2.3　Multisim 10 的工具栏

4. Multisim 10 的元器件库

Multisim 10 提供了丰富的元器件库，元器件库栏如图 6.2.4 所示，用鼠标左键单击元器件库栏的某一个图标即可打开该元器件库。

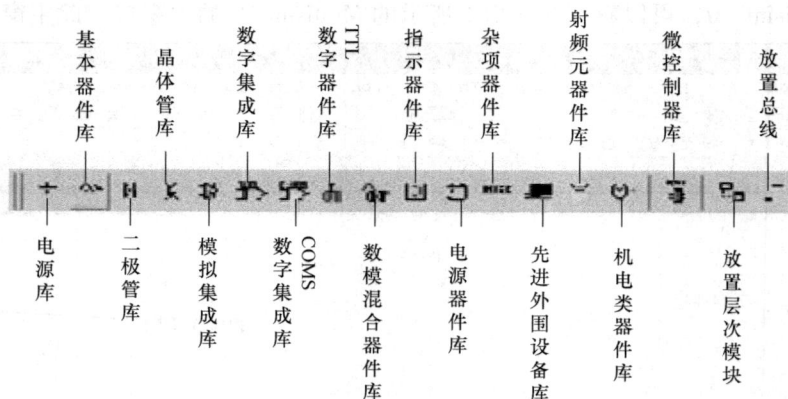

图 6.2.4　Multisim 10 元器件库栏

5. Multisim 10 的仪器仪表库

仪器仪表库的图标及功能如图 6.2.5 所示。

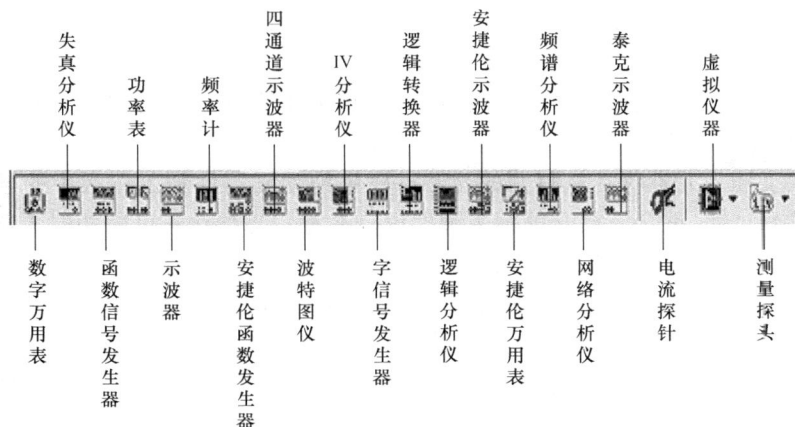

图 6.2.5 Multisim 10 的仪器仪表库的图标及功能

6.2.2 Multisim 10 的基本操作方法

1. 元器件的操作

1）在 Multisim 10 的编辑窗口下，首先在元器件库栏中用鼠标单击包含该元器件的元器件库的图标，打开该元器件库对话框。图 6.2.6 显示的是电阻库对话框。

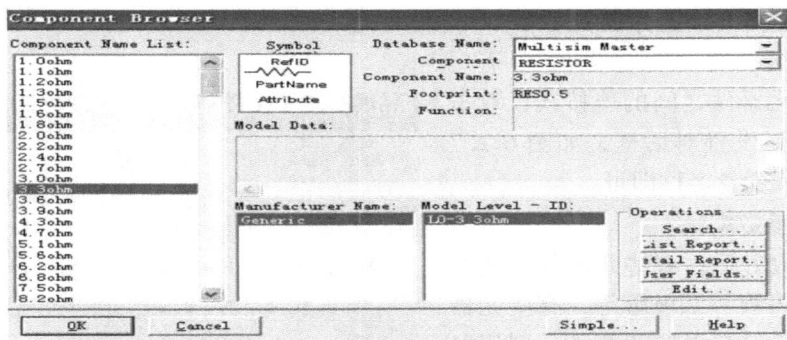

图 6.2.6 电阻库对话框

2）从 Component Name List（元器件名字列表）中选出需要的元器件，找到元器件之后，单击"OK"按钮，该元器件即被调入电路图中。此时该元器件随光标移动，移至合适位置时，单击鼠标左键即在该位置放置一个元器件。

3）如果先要放置同样的元器件，只要选中该元器件，执行"复制→粘贴"命令，就会出现该元器件随光标移动，移至合适位置时，单击鼠标左键即在该位置放置一个相同的元器件。

4）如果想删除一个元器件，可用鼠标选中该元件，然后单击 Edit 菜单下的 Delete 即可删除，也可用键盘上的 Delete 键删除。

2. 电路图连接和节点名设置

（1）电路图的连接

1）连接两个元件：用鼠标指向一个元器件的一个连接端使之出现一个黑点，然后按下鼠标左键拖动使连线出现，将连线拖到另一个元器件的连接端，当该连接端出现一个黑点时放开鼠标左键，则两个连接端之间自动接上一条导线。

2）连接两条导线：先在一条导线上插入连接点（可在元器件库中找到），然后用鼠标指向该连接点，按下鼠标左键拖动使连线出现，将连线拖到另一条导线，当在导线上出现黑点时放开鼠标左键，则两条导线之间自动接上一条连线。

3）在导线上插入元器件：从打开的元器件库中拖动元器件到工作区中的导线上，使元器件两个连接端与导线重合，放开鼠标左键即可。注意：当导线长度较短时无法在其上直接插入元器件时，可先将导线拉长，插入元器件后再将其缩短。

4）导线的改动与删除：首先移动鼠标到该元器件的引脚，当出现一个黑点后按住鼠标左键拖动鼠标，则导线的一端和该元器件脱离；若将其删除，松开鼠标左键（或用鼠标指向该连线按 Delete 键）即可；若将其改接到别的元器件，按下鼠标左键移动鼠标，使导线和元器件脱离，和其他元器件连接。注意：如果将元器件或仪器拖回到库中则相应的连线自动断开；如果将仪器删除，相应的连线也自动断开；如果将二端元器件删除，连线继续保留并将该元器件用短路线替代。

5）导线接入方向的调整：在连接第三个元器件时可能会出现连线不规范的显示，主要是连线的接入点不合适，改变接入点即可。

6）结点的使用：结点连接导线只能是上、下、左、右四个方向连接，在连接元器件时，若是 T 形连接则在 T 形的节点上自动加上结点，或在十字形交叉点上用鼠标拖出节点加上，然后根据需要加上标识和编号。

（2）节点名设置

选中两个元器件之间的连接线，双击即可弹出节点名设置对话框，如图 6.2.7 所示，然后输入变量名称即可。

3. 元器件参数编辑

当元器件放好后，有些元器件需要定义模型，如晶体管、二极管等，有些元器件的参数可能不符合电路的要求，则用鼠标指向需要修改的元器件，双击鼠标左键会出现一个参数对话框。例如，图 6.2.8 所示是电阻 R2 的参数编辑页面。

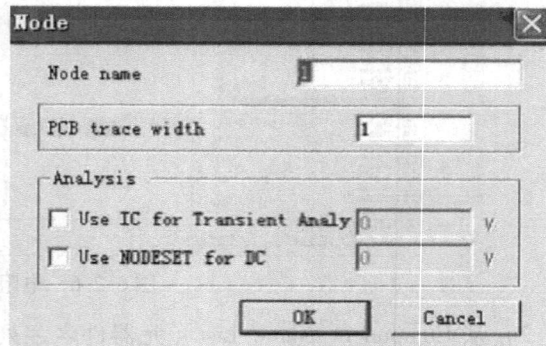

图 6.2.7 结点名的编辑界面

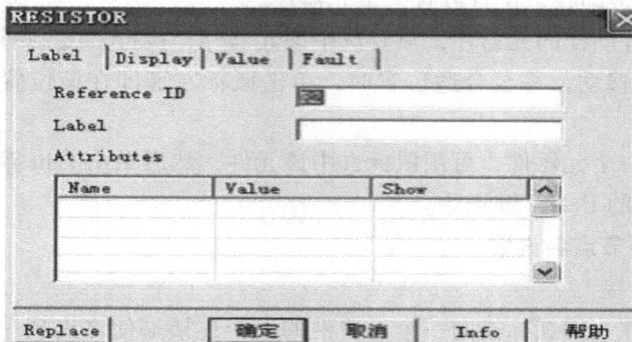

图 6.2.8 R2 的参数编辑页面

4. 创建子电路

子电路是由用户自己定义的一个电路. 可存放在自定义元器件库中供电路设计时反复调用。利用子电路可使大型、复杂系统的设计模块化、层次化，从而提高设计效率与设计文档的简捷性、可读性，实现设计的重复使用，缩短产品的开发周期。

6.2.3 Multisim 10 实践操作——RC 桥式振荡电路

下面以模拟电路中常见的 RC 桥式振荡电路为例，来熟悉 Multisim 10 的实践操作。图 6.2.9 所示是其目标电路图。

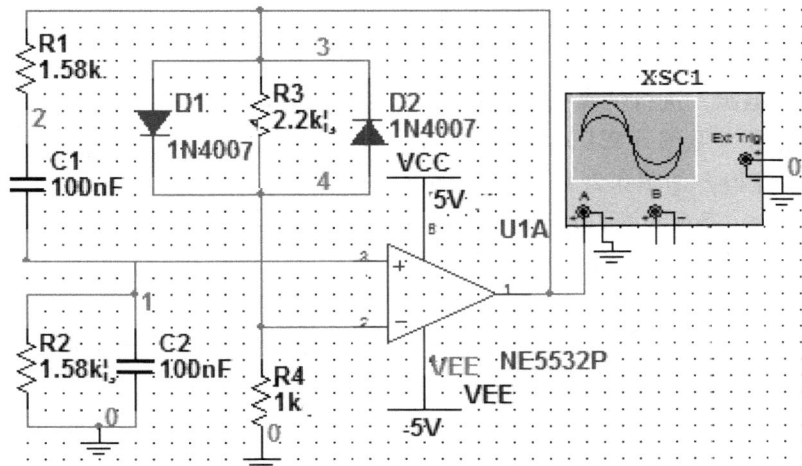

图 6.2.9 RC 桥式振荡电路目标电路图

1. 选用元器件

首先，确定实验中要用的元器件：2 个 1.58kΩ、1 个 2.2kΩ、1 个 1kΩ 的电阻，2 个 100nF 的电容，+5V、−5V 电源，GND，运算放大器 NE5532，示波器以及导线若干。然后，选定需要的元器件：以电阻的选择为例，在元器件栏选择"基本元器件库"，得到如图 6.2.10 所示的窗口。

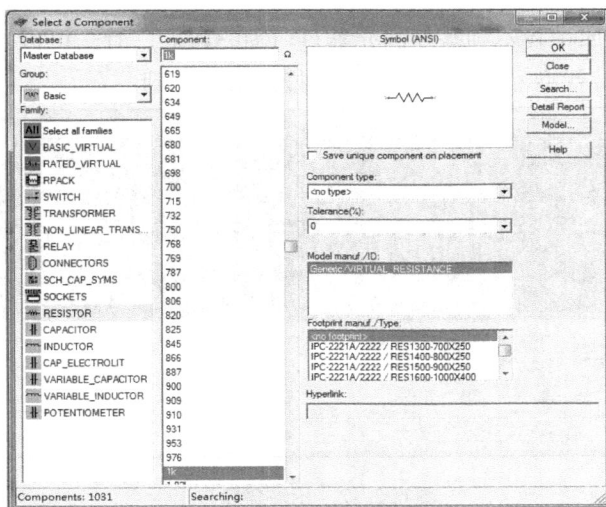

图 6.2.10 基本元器件库窗口

2. 修改已选中的元器件的参数

以电阻为例，左键双击要修改的电阻，将得到如图 6.2.11 所示的窗口，可在 Resistance 处选择所需的参数。

3. 根据原理图，进行导线的连接

在要连接的结点处单击鼠标左键，然后移动鼠标，会出现导线，拖动导线到想要的结点处单击左键，即连接好两结点间的导线。

按前述方法操作，即可得到如图 6.2.9 所示的 Multisim 仿真电路图。

4. 电路接通电源，进行仿真模拟量测量

在仿真电路图（见图 6.2.9）中双击示波器，得到示波器窗口，如图 6.2.12 所示。调整扫描周期（Timebase Scale）可以将波形在横轴展开或缩紧；调整信号输入通道的电压分辨率，在本例中调节 Channel A 下面的 Scale，做

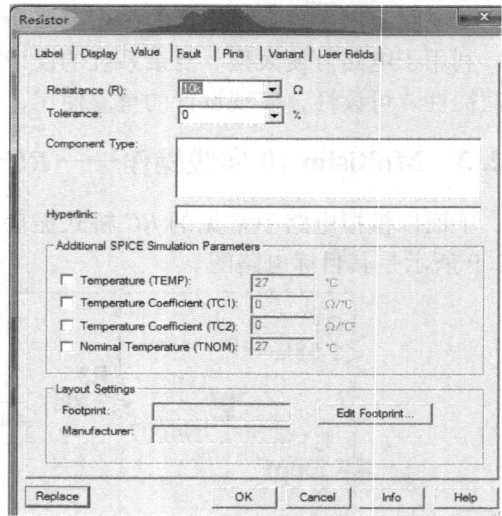

图 6.2.11　参数修改窗口示意图

法是鼠标左键单击 Scale 栏中的空白处，出现黑色三角形按钮，上三角为增加每格代表的电压值，下三角为减小每格代表的电压值，直至显示出便于观测的波形为止。单击幅值显示窗口右侧的"Reverse"按钮，可以变黑色显示背景为白色。

当观测两路信号时，可以调整 Channel A 和 Channel B 两个通道信号的水平位置（Y position），将两路信号在显示屏上分开显示，也可以修改接入示波器的两路信号线的颜色（左键单击，选中输入信号线，右键单击，选择 Segment color），使两个观测信号显示不同颜色的波形来加以区分。

在仿真应用中需要注意：

1）有的集成运算放大器是不能用来作比较器仿真的。例如 μA741 可以，LM358 就不行。

2）如果在元器件库中找不到需要的元器件（如 3DG6）时，可以用它的替代型号（如 2SC2873），元器件的替代型号可以通过百度等搜索引擎得到。

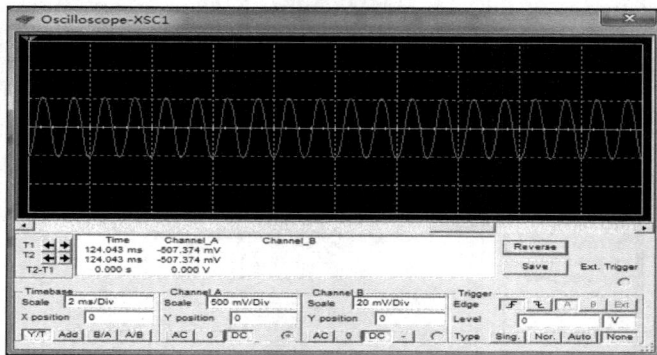

图 6.2.12　示波器窗口

移动图 6.2.13 所示窗口的两条测量线，截取正弦波形的一个完整周期，窗口示数 T2 − T1 的值为 1.002ms，通过计算求得频率约为 998.0Hz。

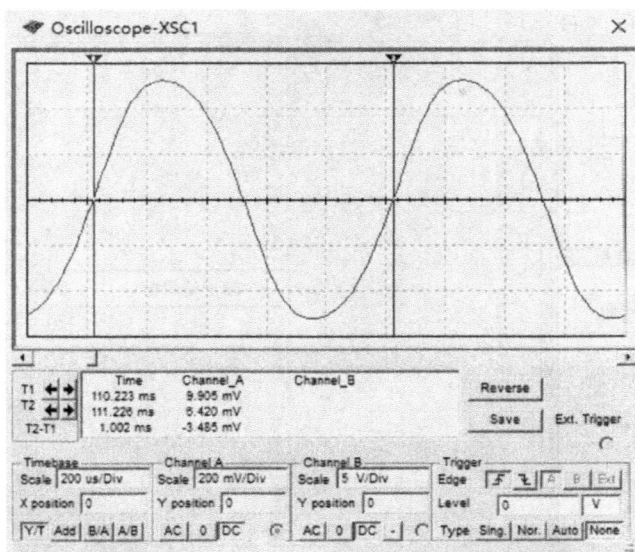

图 6.2.13　测量结果观测

6.3　实例三　Proteus 实践操作——单片机流水灯电路

Proteus 是英国 Labcenter electronics 公司研发的多功能 EDA 软件。由 ISIS（Intelligent Schematic Input System）原理图设计与仿真平台和 ARES（Advanced Routing and Editing Software）高级布线和编辑软件平台组成。Proteus 真正实现了在计算机上完成从原理图、电路分析与仿真、单片机代码调试与仿真、系统测试与功能验证到 PCB 图生成的完整的电子产品研发过程。Proteus 有三十多个元器件库，拥有数千种元器件仿真模型，有形象生动的动态器件库、外设库。Proteus 支持的单片机类型有 68000 系列、8051 系列、AVR 系列、PIC12 系列、PIC16 系列、PIC18 系列、Z80 系列、HC11 系列以及各种外剥芯片。目前，Proteus 已成为流行的单片机系统设计与仿真平台，应用于各种领域。

6.3.1　Proteus 的基本界面

Proteus ISIS 的工作界面是一种标准的 Windows 界面，如图 6.3.1 所示。包括：标题栏、主菜单、标准工具栏、绘图工具栏、状态栏、对象选择按钮、预览对象方位控制按钮、仿真进程控制按钮、预览窗口、对象选择器窗口、图形编辑窗口。

6.3.2　Proteus 实践操作——单片机流水灯电路的模拟调试

下面以单片机流水灯电路原理图和程序设计为例，直观地介绍 Proteus ISIS 的实践操作。

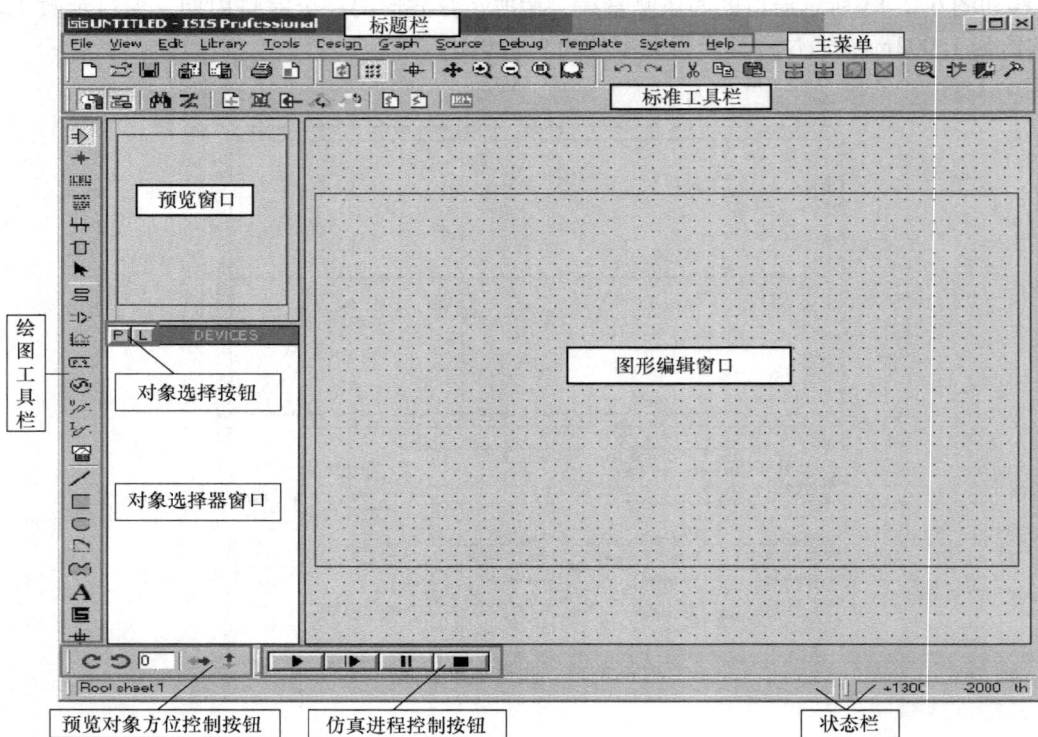

图 6.3.1 Proteus ISIS 的工作界面

1. 使用 Proteus ISIS 软件设计单片机电路原理图

（1）元器件的选取

本例所用到的元器件有 AT89C52、74HC573、BUTTON、CAP、CAP – ELEC、CRYS-TAL、LED – YELLOW、RESISTOR。Proteus ISIS Professional 的编辑界面如图 6.3.2 所示。用鼠标左键单击界面左侧预览窗口下面的"P"按钮，弹出 Pick Devices 对话框，如图 6.3.3 所示。元器件选取对话框共分四部分，左侧从上到下分别为直接查找时的名称输入、分类查找时的大类列表、子类列表和生产厂商列表。中间为查到的元器件。右侧自上而下分别为元器件图形符号和元器件封装。

ISIS 7 Professional 的元器件选取就是把元器件从元器件拾取对话框中拾取到图形编辑界面的对象选择器中。元器件选取共有两种办法。

1）按类别查找和选取元器件：元器件通常以其英文名称或器件代号在库中存放。在选取一个元器件时，首先要清楚它属于哪一大类，然后还要知道它归属哪一子类，这样就缩小了查找范围，然后在子类所列出的元器件中逐个查找，根据显示的元器件图形符号、参数来判断是否找到了所需要的元器件。双击找到的元器件名，该元器件便拾取到编辑界面中了。

以单片机 AT89C52 元器件拾取为例：在图 6.3.3 所示打开的元器件对话框中，在 Category 类中选中 Microprocessor ICs 类，在下方的 Sub – category（子类）中选中 8051 Family，查询找到符合要求的元器件。双击元器件名 AT89C52，元器件即被选入编辑界面的元器件区中了。

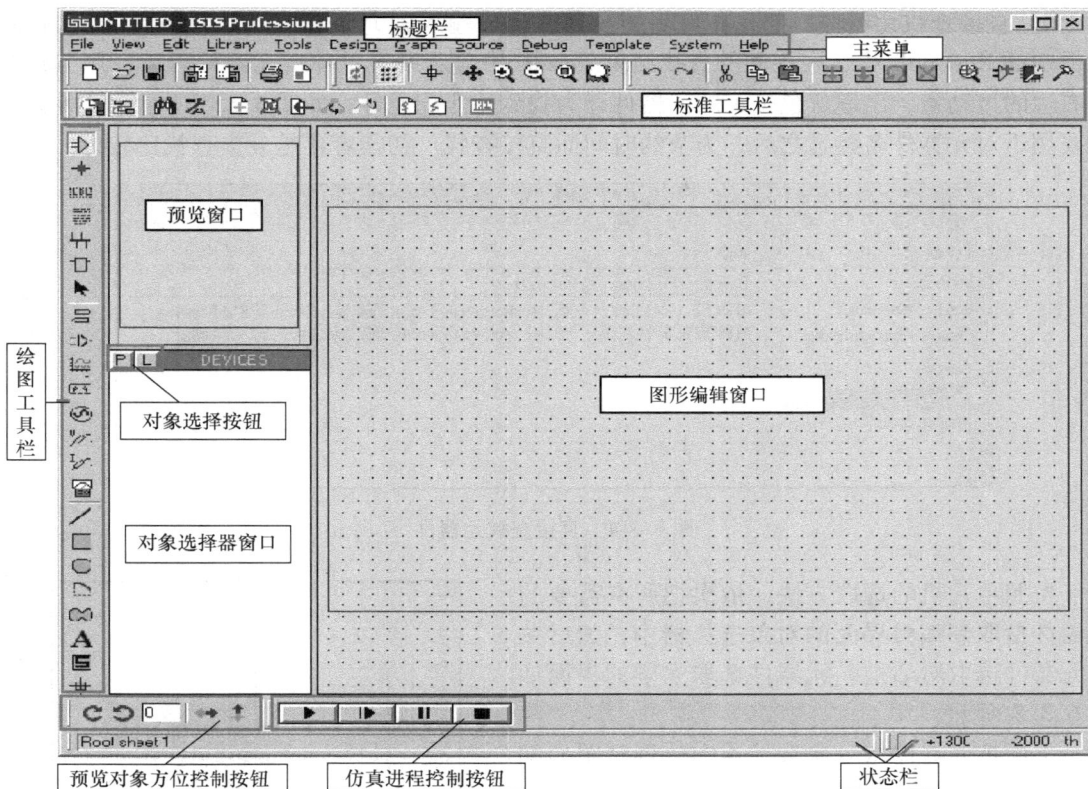

图 6.3.2　Proteus ISIS Professional 的编辑界面

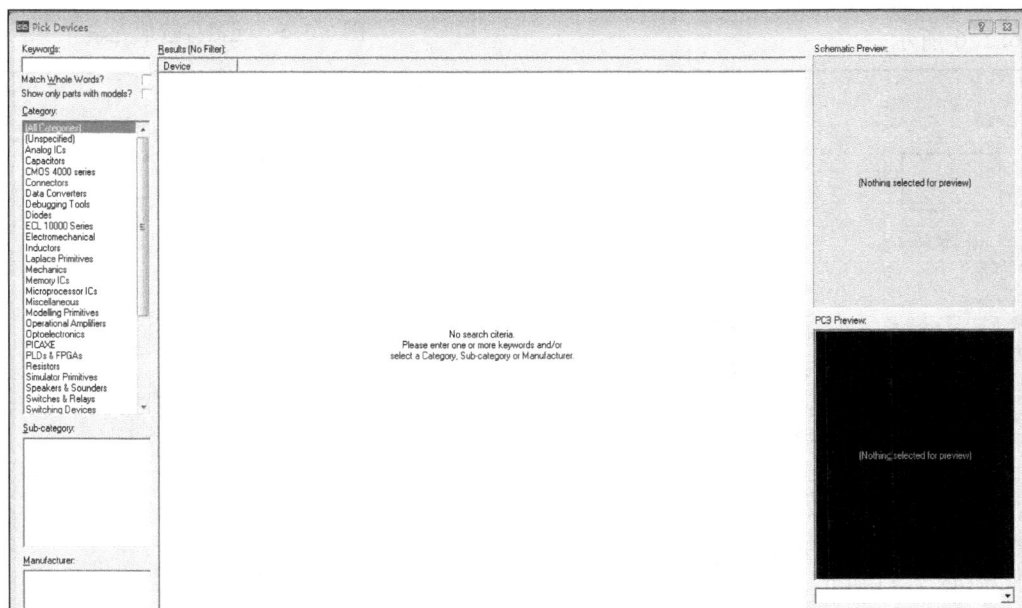

图 6.3.3　元器件选取对话框

2）直接查找元器件：把元器件名的全称或部分输入到 Pick Devices（元器件选取）对话框中的 Keywords 栏，在中间的查找结果 Results 中显示所有单片机元器件列表，用鼠标拖动右边的滚动条，出现灰色标示的元器件即为找到的匹配元件，如图 6.3.4 所示。这种方法主要用于对元器件名熟悉之后，为节约时间而直接查找。初学者还是分类查找比较好。

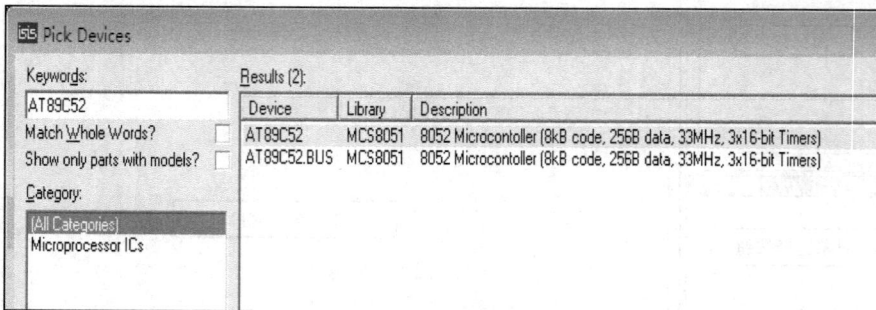

图 6.3.4　直接查找元器件

按照单片机的选取方法，依次把所有需要的元器件拾取到编辑界面的对象选择器中，然后关闭元器件选取对话框。元器件选取完毕的界面如图 6.3.5 所示。

下面把元器件从对象选择器中放置到图形编辑区中。用鼠标单击对象选择区中的某一元器件名，把鼠标指针移动到图形编辑区，双击鼠标左键，元器件即被放置到编辑区中。放置后的界面如图 6.3.6 所示。

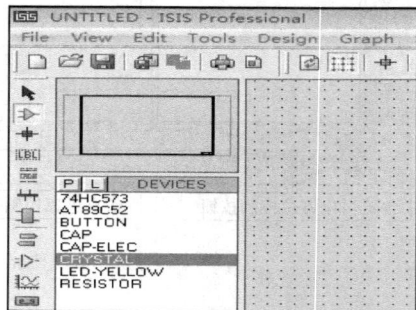

图 6.3.5　元器件选取完毕

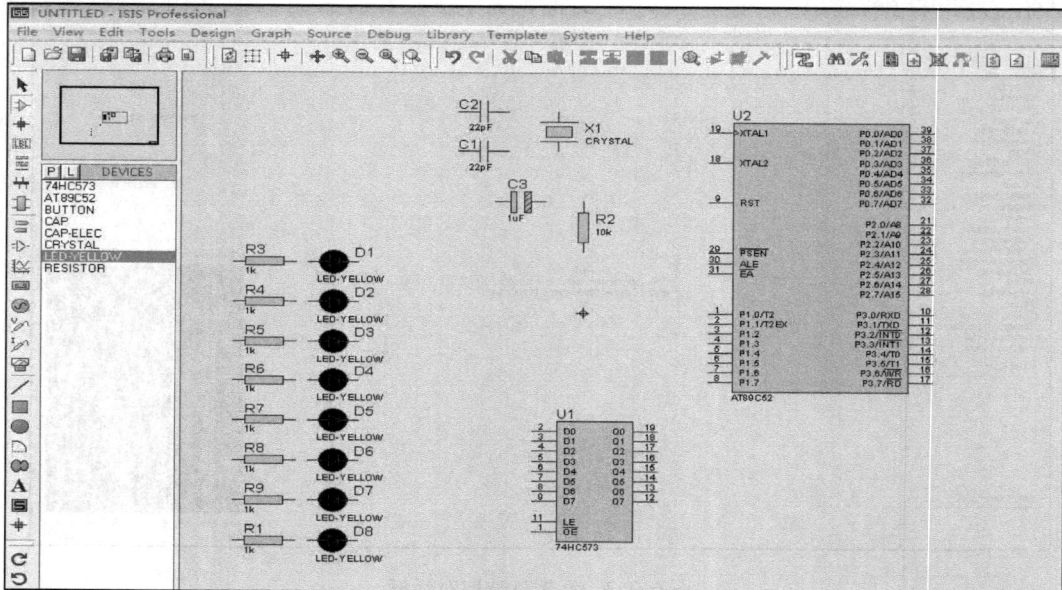

图 6.3.6　放置好元器件的界面

（2）编辑窗口视野控制

学会合理控制编辑区的视野是元器件编辑和电路连接进行前的首要工作。编辑窗口的视野平移可用以下方法：在原理图编辑区的蓝色方框内，把鼠标指针放置在一个地方后，按下F5 键，则以鼠标指针为中心显示图形。当图形不能全部显示出来时，按住 Shift 键，移动鼠标指针到上、下、左、右边界，则图形自动平移。快速显示想要显示的图形部分时，把鼠标指向左上预览窗口中某处，并单击鼠标左键，则编辑窗口内图形自动移动到指定位置。另外还有两个图标，🔍用于显示整个图形，🔍用于以鼠标所选窗口为中心显示图形。

编辑窗口的视野缩放可用以下方法：

1）先把鼠标指针放置到原理图编辑区内的蓝色方框内，上下滚动鼠标滚轮即可缩放视野。如果没有鼠标滚轮，可使用图标🔍和🔍来放大和缩小编辑窗口内的图形。

2）放置鼠标指针到编辑窗口内想要放大或缩小的地方，按 F6（放大）键或 F7（缩小）键放大或缩小图形，按 F8 键显示整个图形。按住 Shift 键，在编辑窗口内单击鼠标左键，拖出一个欲显示的窗口。

（3）元器件位置的调整和参数的修改

在编辑区的元器件上单击鼠标左键选中元器件（为红色），在选中的元器件上再次单击鼠标右键则删除该元器件，而在元器件以外的区域内单击右键则取消选择。元器件误删除后可用图标↩找回。单个元器件选中后，单击鼠标左键不松可以拖动该元器件。若群选，可先使用鼠标左键拖出一个选择区域，再使用图标▦来整体移动。使用图标▦可整体复制，图标▣用来刷新图面。

使用界面左下方的四个图标↻、↺、↔、↕可改变元器件的方向及对称性。

改变元器件参数。左键双击原理图编辑区中的电阻 R1，弹出 Edit Component（元器件属性设置）对话框，把 R1 的 Resistance（阻值）由 10kΩ 改为 1kΩ。Edit Component（元器件属性设置）对话框如图 6.3.7 所示。

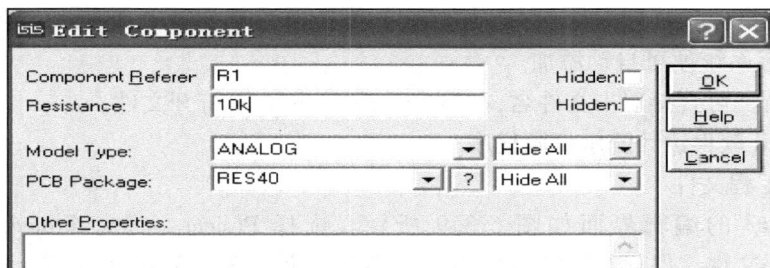

图 6.3.7　元器件属性设置对话框

（4）电路连线

电路连线采用按格点捕捉和自动连线的形式，所以需首先确定编辑窗口上方的自动连线图标▦和自动捕捉图标▦为按下状态。Proteus 的连线是非常智能的，它会判断你下一步的操作是否想连线从而自动连线，而不需要选择连线的操作，只需用鼠标左键单击编辑区元器件的一个端点拖动到要连接的另外一个元器件的端点，先松开左键后再单击鼠标左键，即完成一根连线。如果要删除一根连线，右键双击连线即可。按图标▦可取消背景格点显示。连接好的电路原理图如图 6.3.8 所示。连线完成后，如果再想回到拾取元器件状态，按下左侧工具栏中的"元器件拾取"图标 即可按存盘图标保存。

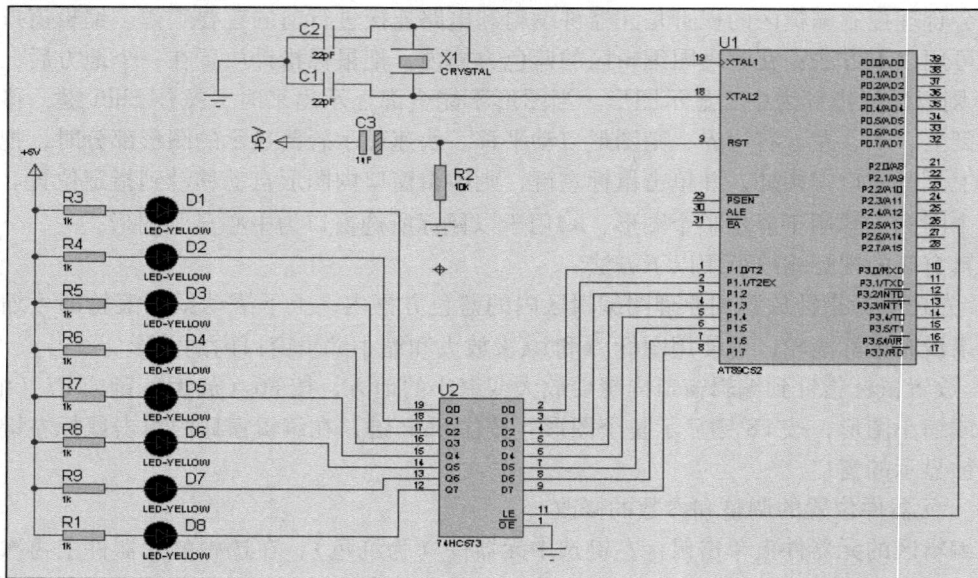

图 6.3.8 连接好的电路原理图

（5）电路的动态仿真设置

首先在主菜单 System→Set Animation Options 中设置仿真时电压电流的颜色及方向。

在随后打开的对话框中，选择 Show Wire Voltage by Colour 和 Show Wire Current with Arrows 两项，即选择导线以红、蓝两色来表示电压的高低，以箭头来表示电流的流向。

（6）文件的保存

先建立一个存放"*.DSN"文件的专用目录，你会发现在这个文件夹中，除了刚刚设计完成的文件外，还有很多其他扩展名的文件，可以统统删除。选主菜单 File→Save Design As，在打开的对话框中把文件保存为专用目录下的 liushuideng.DSN，只用输入"liush-uideng"，扩展名系统便可自动添加。

下次打开时，可直接双击文件名，或先运行 Proteus，再打开文件。

2. 使用 Keil 软件设计流水灯源程序

（1）创建工程文件

Keil uVision3 的编辑界面如图 6.3.9 所示。选择 Project→New Project，创建 liush-uideng.Uv2 工程文件，保存在指定目录的文件夹后，进入图 6.3.10 所示芯片选择界面。选择 Atmel 公司的目标芯片 AT89C52，如图 6.3.11 所示。选择"确定"后，即完成 Project Workspace 的准备工作。

（2）创建源文件

创建文件名为 liushuideng.C 的源文件，并保存在指定目录的文件夹。如图 6.3.12 所示，鼠标右键单击 Target1 文件夹下的 Source Group1，选择菜单 Add Files to Group 'Source Group1'，在对话窗口中找到 liushuideng.C 文件，单击"Add"按钮，将源文件加入工作区，如图 6.3.13 所示。

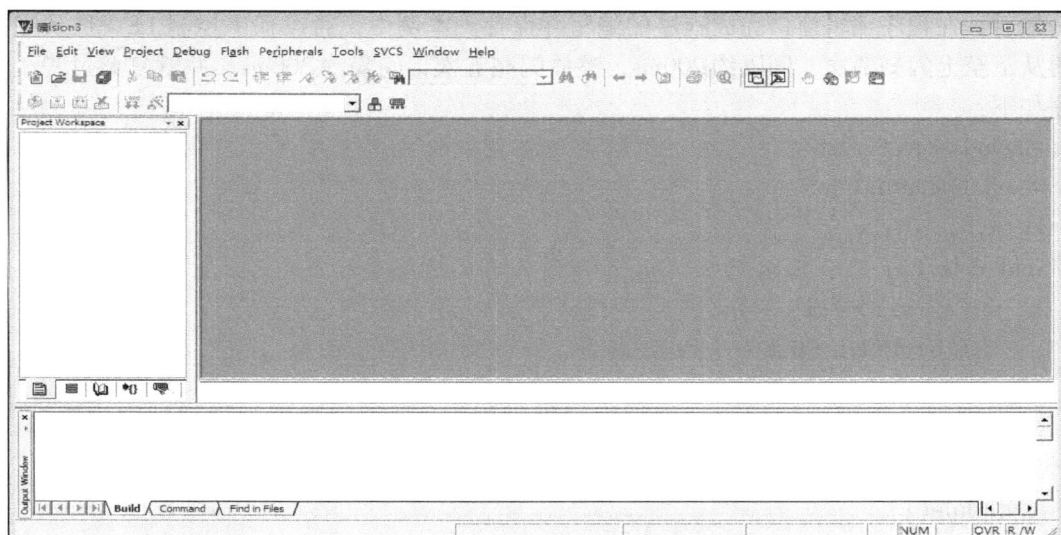

图 6.3.9　Keil uVision3 编辑界面

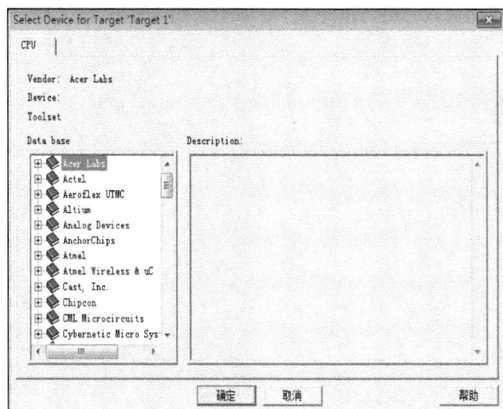

图 6.3.10　芯片选择界面

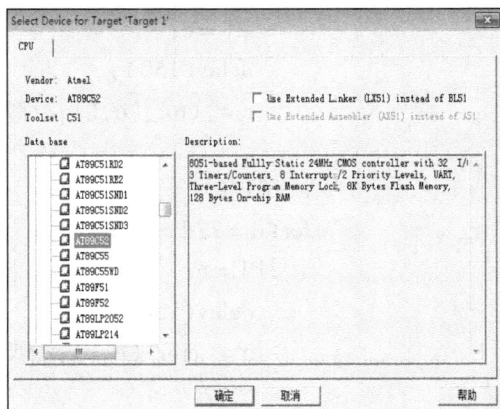

图 6.3.11　选择目标芯片

图 6.3.12　加入源文件的对话窗口

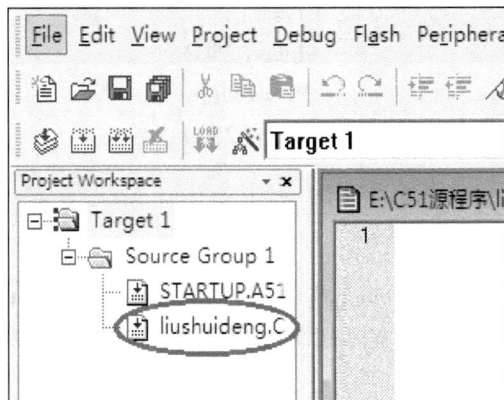

图 6.3.13　源文件加入到工作区

最后，在程序编辑窗口完成程序的编写并保存。本例中，通过程序控制 LED 灯从上至下再从下至上闪亮两次，间隔约 200ms，整体闪亮五次，间隔约 300ms，并重复此过程。源程序如下：

```c
#include < reg52. h >
#include < intrins. h >
int a,b,c,d,i,x;
void delay(x)
{   for(a = x;a > 0;a − −)
      for(b = 150;b > 0;b − −);
}
void main()
{c = 0xfe;
    while(1)
    {   for(i = 2;i > 0;i − −)
        {   for(d = 7;d > 0;d − −)
            {   P1 = c;
                delay(150);
                c = _crol_(c,1);//顺序交换
            }
            c = 0x7f;
            for(d = 7;d > 0;d − −)
            {   P1 = c;
                delay(150);
                c = _cror_(c,1);//反序交换
            }
        }
        for(i = 5;i > 0;i − −)
        {   P1 = 0;
            delay(250);
            P1 = 0xff;
            delay(250);
        }
    }
}
```

选择 Project 菜单下的 Rebuild all target files，编译后的结果如图 6.3.14 所示。具体设计时，依据实际情况将程序调试至完全正确即可。

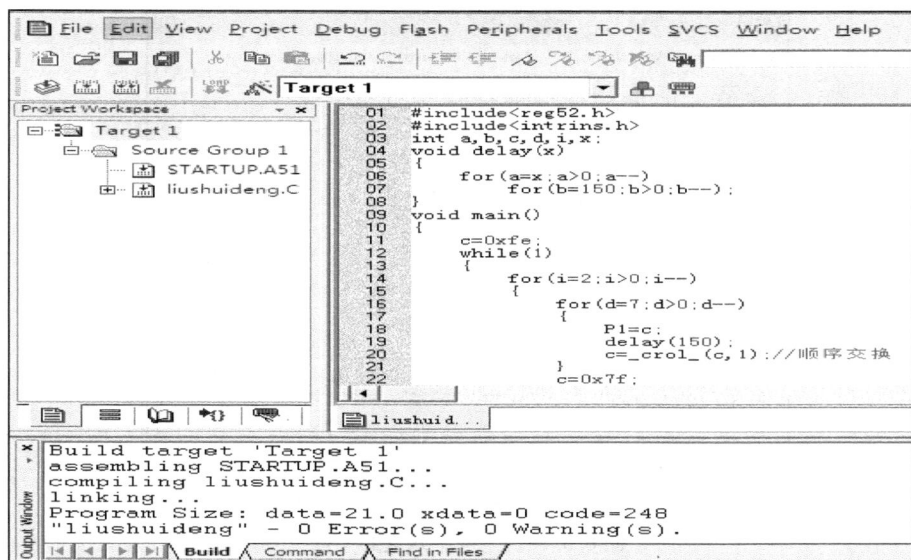

图 6.3.14　源文件编译通过

3. 联合仿真调试

（1）Keil 中的设置

1）在图 6.3.14 中，选择菜单 Project→Options for Target 'Target1'，在出现的对话框中，修改晶振的参数为 12MHz，如图 6.3.15 所示。

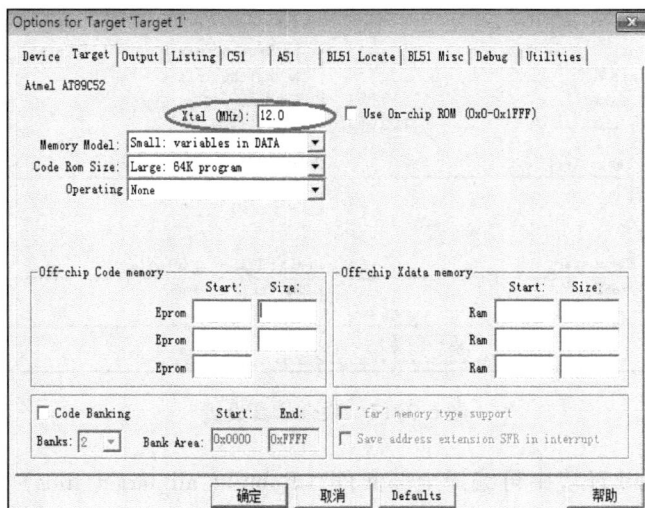

图 6.3.15　设置晶振参数

2）选择 Output 选项卡，选中 Create Hex File 选项，如图 6.3.16 所示。

3）选择 Debug 选项卡，选中 Use：Proteus VSM Simulator，进入 Settings，Host 设为 127.0.0.1，Port 设为 8000，如图 6.3.17 所示。

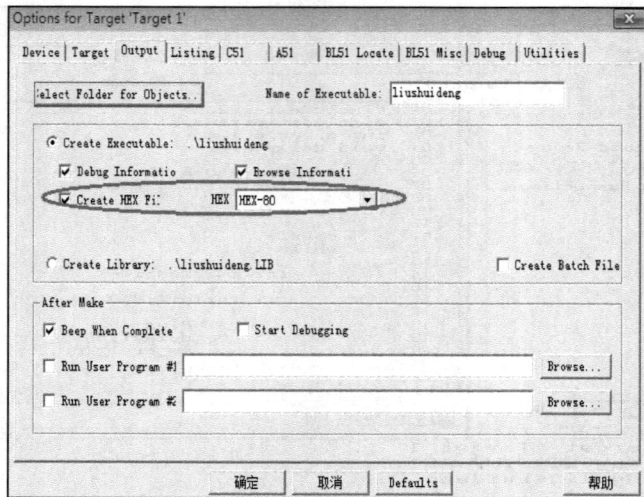

图 6.3.16　生成十六进制文件

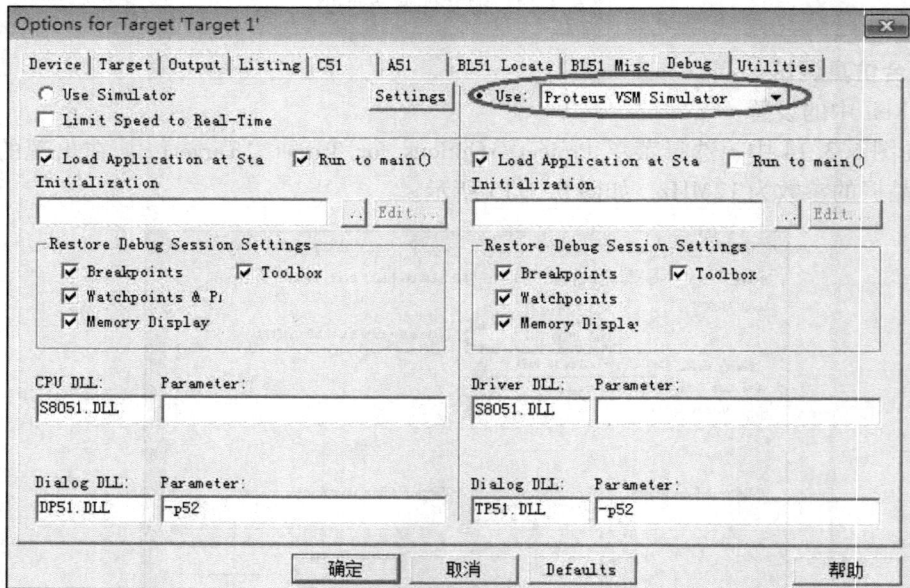

图 6.3.17　联合仿真设置

设置完成后在 Keil 环境中再编译全部文件（Rebuild all target files）。

（2）Proteus 中的设置

如图 6.3.18 所示，打开已经绘制完成的 liushuideng. DSN 仿真电路，鼠标左键单击其中的 AT89C52，在 Edit Componen 选项卡中，双击 Program File，找到并选中 liushuideng. hex 文件，单击"OK"按钮，将编译好的源程序载入芯片。

选中 Debug 菜单下的 Use Remote Debug Monitor，再单击此菜单下的 Execut（或按下 F12 键），如图 6.3.19 所示。还可单击 Proteus ISIS 环境中左下方的仿真控制按钮

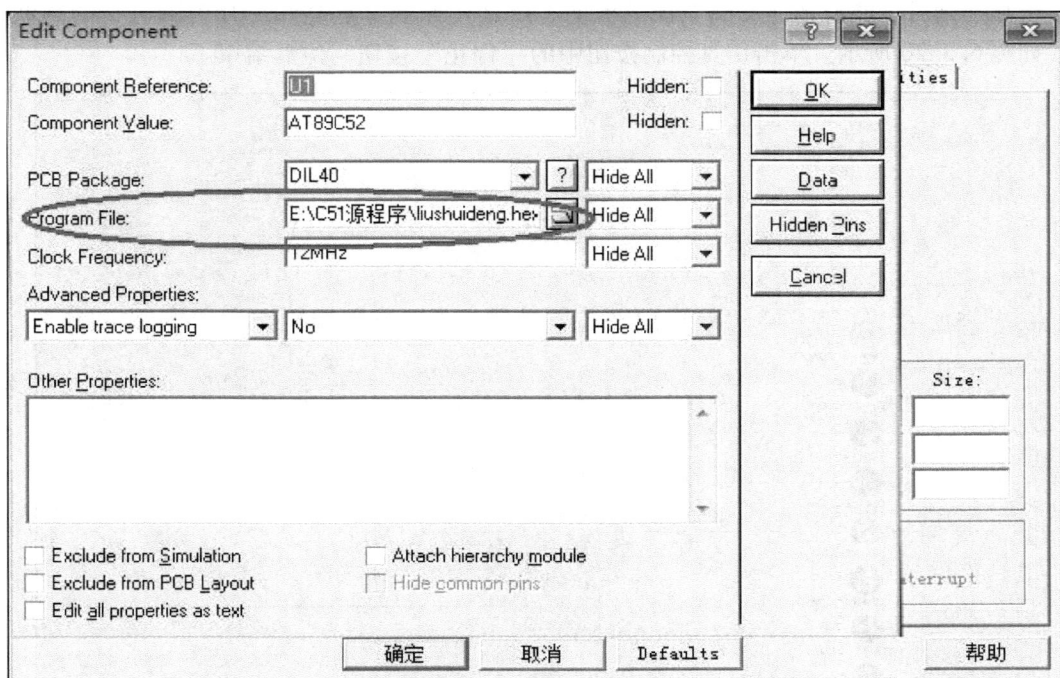

图 6.3.18　AT89C52 载入程序

中的"运行"按钮开始电路仿真。

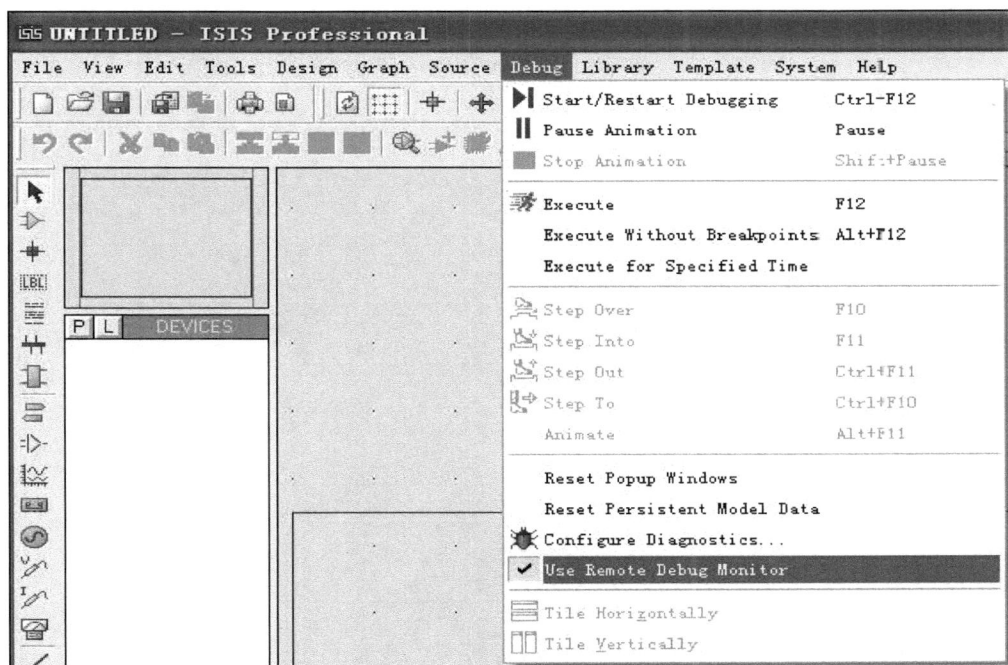

图 6.3.19　仿真调试

仿真开始后，能清楚地看到电流的流向、LED 按照规律点亮和芯片引脚电平的高低变化，如图 6.3.20 所示。单击仿真控制按钮中的"停止"按钮，仿真结束。

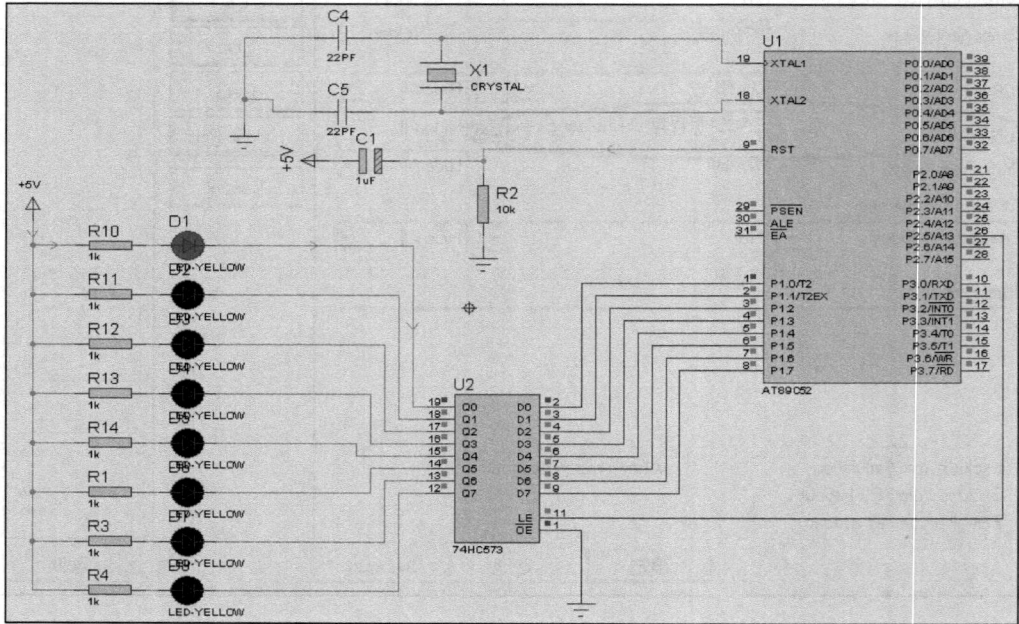

图 6.3.20　LED 点亮过程

第7章 提高型电子设计实例

7.1 实例一 宽带信号发生器

7.1.1 设计任务要求

设计并制作一个宽带直流放大器及所用的直流稳压电源。

1. 基本要求

1）电压增益 $A_v \geq 40\mathrm{dB}$，输入电压有效值 $V_i \leq 20\mathrm{mV}$。A_v 可在 $0 \sim 40\mathrm{dB}$ 范围内手动连续调节。

2）最大输出电压正弦波有效值 $V_o \geq 2\mathrm{V}$，输出信号波形无明显失真。

3）3dB 通频带为 $0 \sim 5\mathrm{MHz}$；在 $0 \sim 4\mathrm{MHz}$ 通频带内增益起伏 $\leq 1\mathrm{dB}$。

4）放大器的输入电阻 $\geq 50\Omega$，负载电阻为 $(50 \pm 2)\Omega$。

5）设计并制作放大器所用的直流稳压电源。

2. 发挥部分

1）最大电压增益 $A_v \geq 60\mathrm{dB}$，输入电压有效值 $V_i \leq 10\mathrm{mV}$。

2）在 $A_v = 60\mathrm{dB}$ 时，输出端噪声电压的峰 – 峰值 $V_{ONPP} \leq 0.3\mathrm{V}$。

3）3dB 通频带为 $0 \sim 10\mathrm{MHz}$；在 $0 \sim 9\mathrm{MHz}$ 通频带内增益起伏 $\leq 1\mathrm{dB}$。

4）最大输出电压正弦波有效值 $V_o \geq 10\mathrm{V}$，输出信号波形无明显失真。

5）进一步降低输入电压，提高放大器的电压增益。

6）电压增益 A_v 可预置并显示，预置范围为 $0 \sim 60\mathrm{dB}$，步距为 $5\mathrm{dB}$（也可以连续调节）；放大器的带宽可预置并显示（至少 $5\mathrm{MHz}$、$10\mathrm{MHz}$ 两点）。

7）降低放大器的制作成本，提高电源效率。

8）其他（例如改善放大器性能的其他措施等）。

7.1.2 系统方案设计

综合分析本例设计要求，在较宽的信号带宽（$0 \sim 10\mathrm{MHz}$）内，实现最大电压增益 $\geq 60\mathrm{dB}$，且能够连续调节增益或能够以 5dB 步距预置增益，是本题的最大难点，也是设计的重点之一。另一难点是后级功率放大模块在 50Ω 负载上最大输出电压正弦波有效值 $V_o \geq 10\mathrm{V}$。由于带宽低端为 0Hz 即直流信号，放大电路的零点漂移也是一个很难解决的问题。此外，在整个放大器的设计中，还要考虑其成本。

1. 方案论证与比较

1）数据处理和控制核心选择。

方案一：采用单片机 AT89S52 + FPGA 来实现信号增益控制、数据处理和人机界面控制等功能。由于本系统不涉及大量的数据存储和复杂处理，FPGA 的资源得不到充分利用，成本较高。

方案二：采用单片机 MSP430F149 实现整个系统的统一控制和数据处理。单片机 MSP430F149 是一种 16 位超低功耗微处理器，具有丰富的片上外设和较强的运算能力，支持在线编程，使用十分方便，性价比高，故采用方案二。

2）信号增益控制及功率放大方案设计。

方案一：采用晶体管构成多级放大电路实现≥60dB 的增益，并使用分立元器件自行搭建后级功率放大器。本方案成本低，但晶体管配对困难，电路设计复杂，增益的步进调节难以实现，且工作点调试繁琐，电路稳定性差，容易产生自激现象。

方案二：采用集成芯片，如采用低噪声、精密控制的可变增益放大器 AD603 作增益控制核心器件，采用高电压输出的宽带运算放大器完成功率输出。AD603 温度稳定性高，其增益与控制电压成线性关系，使用 D/A 输出控制电压能实现精确数控。此方案虽成本较高，但电路集成度高、设计简洁、设计周期短。综上所述，采用方案二。

2. 系统方案论述

系统总体设计框图如图 7.1.1 所示。总体方案描述：本系统输入信号经过前级放大电路、后级程控放大器和末级功率放大器，实现了 90dB 的最大电压增益。末级功率放大器使用高电压输出的宽带运算放大器，提高了输出电压有效值。采用 MSP430F149 单片机作为数据处理和控制核心。通过 D/A 转换器调整 AD603 的控制电压，程序控制调节增益，通过继电器切换后级程控放大器通道，实现了放大器增益×1、×10、×100、…的控制功能。通过继电器切换两路椭圆滤波器实现了通频带选择。手动调节连续可调电位器，连续改变 AD603 的控制电压，实现了增益连续调节功能。

零点漂移问题。放大器零点漂移、失调主要由 AD603 输入端产生，每当调节 AD603 不同的增益时，输出的直流偏离电压也不同。本系统在每次测试前先将 AD603 输入短路，用 MSP430F149 结合 A/D 模块对调零放大器输出电压采样，利用单片机和数字算法控制 D/A 转换器，输出对应的调节电压，控制调零放大器，使输出为零。这样既抑制了直流零点漂移，又实现了自动调零校准功能。

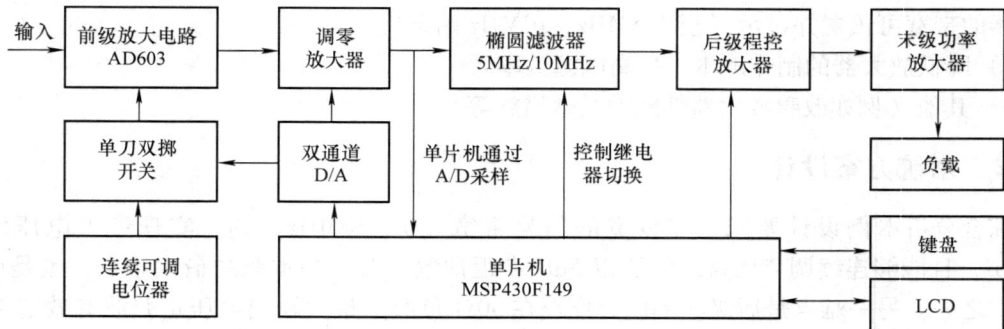

图 7.1.1　系统总体设计图

7.1.3　理论分析和参数计算

1. 带宽增益积

带宽增益积（*GBP*）是用来简单衡量放大器的性能的一个参数，这个参数表示增益和带宽的乘积。按照放大器的定义，这个乘积是一定的。题目中要求放大器最大电压增益$A_v \geqslant$ 60dB，即增益$\geqslant 1000$V/V。放大器的通频带为 $0 \sim 10$MHz，所以本放大器的带宽增益积为

$$GBP = 1000 \times 10M = 10G \qquad (7.1.1)$$

单个放大器很难达到 10G 的 GBP，所以考虑多级放大器级联，以满足要求。

2. 放大器稳定性

1）放大器板上所有运算放大器的电源线及数字信号线均加磁珠和电容滤波。磁珠可滤除电流上的高频毛刺，电容可滤除较低频率的干扰，它们配合在一起可较好地滤除电路上的串扰。安装时尽量靠近集成电路的电源和地。

2）所有信号耦合用电解电容两端均并接高频瓷片电容，以避免高频增益下降。

3）在两个焊接板之间传递模拟信号时用同轴电缆，信号输入和输出使用 SMA – BNC 接头以使传输阻抗匹配，并可减少空间电磁波对电路的干扰，同时避免放大器自激。

4）数字电路部分和模拟电路部分的电源严格分开，同时数字地和模拟地及电源地一点相连。

7.1.4　电路与程序设计

1. 电路设计

1）AD603 构成的前级放大电路。如图 7.1.2 所示，信号经 SMA 接头输入放大器。由于 AD603 的输入阻抗为 100Ω，故在输入端接 100Ω 的电阻 R_1 到地，使放大器输入阻抗为 50Ω。电路增益由 1、2 脚间电压差 V_G 控制，2 脚接固定参考电压，1 脚电压由 D/A 转换器控制，或由单刀双掷开关调节。AD603 的增益为 $G(\mathrm{dB}) = 40 \times V_G + G_0$，AD603 的 5、7 脚间接 3kΩ 的反馈电阻 R_f，使 $G_0 = 21.58$dB，改变 1 脚电压使增益调节在 $1.58 \sim 41.58$ 范围内。

2）调零放大器。该部分为电压反馈型运算放大器 OPA690 构成的一个加法电路，如图 7.1.3 所示。OPA690 具有 1800V/μs 的摆率，单位增益带宽积为 500MHz，完全能够将 AD603 输出信号放大 3 倍。一路输入是 D/A 输出调零电压；第二路是 AD603 信号输出，当输入短路时为零点漂移、失调信号；第三路是 –5V 负偏压共同加在 OPA690 输入端，对失调电压进行校正。因为 D/A 输出是单极性电压，为 $0 \sim 4.096$V，所以第三路输入使 OPA690 第 2 脚偏压约为 $-0.05 \sim +0.15$V。

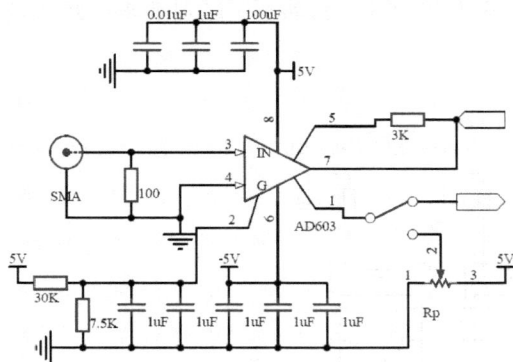

图 7.1.2　AD603 构成的前级放大电路

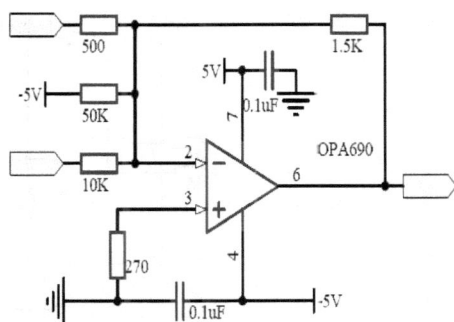

图 7.1.3　调零放大器

3）椭圆滤波器。分别设计 $-3\mathrm{dB}$ 截止频率为 5MHz 和 10MHz 的九阶无源椭圆滤波器，如图 7.1.4 所示。根据滤波器设计手册中的归一化设计表格，可以查表得到所需要的电容、电感值。通过滤波器软件仿真，根据仿真得到的幅频特性曲线对电容、电感值做调整。图 7.1.5 为 10MHz 的椭圆滤波器的仿真幅频特性曲线。实际测试结果：截止频率为 10.02MHz，带内起伏不大于 0.8dB。

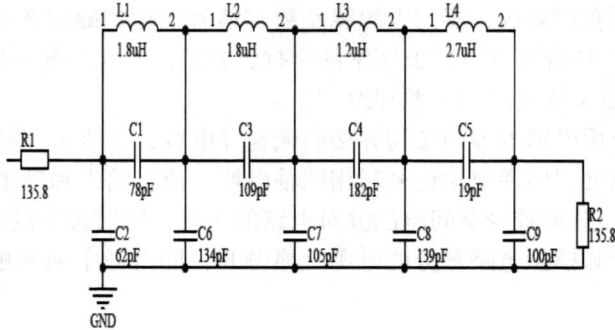

图 7.1.4　九阶无源椭圆滤波器

4）后级程控放大器。如图 7.1.6 所示，该程控放大器为了降低成本，仅用到一款运算放大器 OPA699，构成增益为 1 和 10 两个档。其后是两个继电器切换电阻衰减网络，一个衰减为 0.1 倍，另一个为 0.01 倍。该程控放大器加上前级 AD603 的 41.58dB 最大增益、14dB 的末级功率放大等，最终使整个系统实现了 90dB 的最大电压增益。

图 7.1.5　椭圆滤波器的仿真幅频特性曲线

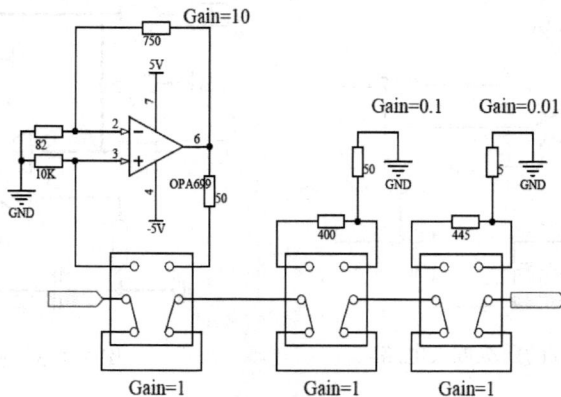

5）末级功率放大器。采用电流反馈型运算放大器 THS3091 进行 5 倍功率放大，如图 7.1.7 所示。THS3091 具有高达 $7300\mathrm{V/\mu s}$ 的摆率，带宽不小于 200MHz，采用 $\pm18\mathrm{V}$ 供电。其最大输出电流为 250mA，若采用一片 THS3091，驱动不了题目要求的最大电

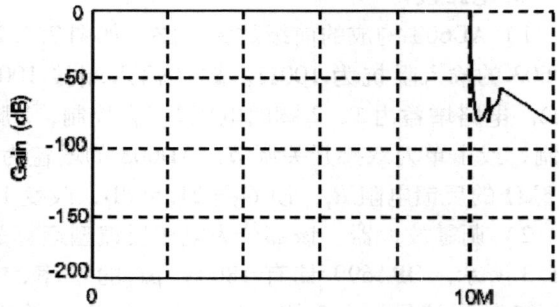

图 7.1.6　后级程控放大器

压有效值不小于 10V 的输出，因此采用两片 THS3091 并联，每片 THS3091 为 50Ω 负载提供一半电流。

6）直流稳压电源。直流稳压电源的核心部分包括：电源变压器、桥式全波整流电路、大电容滤波电路、低压差稳压器件稳压电路。电源变压器由一个一次绕组和三个二次绕组构成，为低压差稳压器件 LT1963 和 LT1175 提供三个独立转换电压。LT1963、LT1175 均为可变输出的稳压芯片，LT1963 输出正电压，LT1175 输出负电压，调节每一稳压芯片外围的两个取样电阻值的比例，可灵活得到 $\pm 18V$、$\pm 15V$ 和 $\pm 5V$ 输出。低压差稳压器件的使用提高了直流稳压电源的效率。

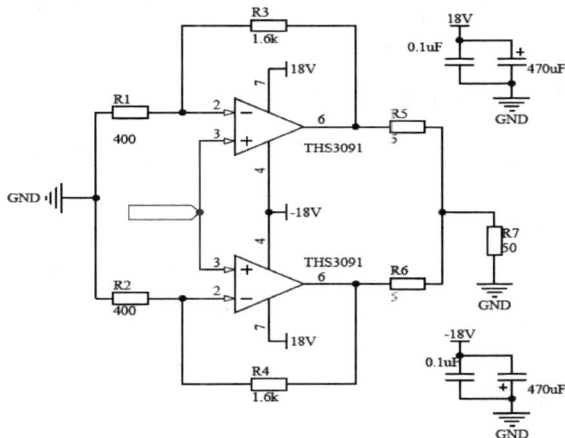

图 7.1.7　末级功率放大电路

2. 程序设计

本系统软件设计部分基于单片机 MSP430F149 平台，主要完成增益控制、直流零点自动校准功能以及按键处理和显示控制。充分利用 MSP430F149 低功耗模式，当相应控制设置好后，不做其他处理时，单片机便进入低功耗模式。在低功耗模式下，单片机可以被任意按键中断唤醒。图 7.1.8 所示为主程序流程图。

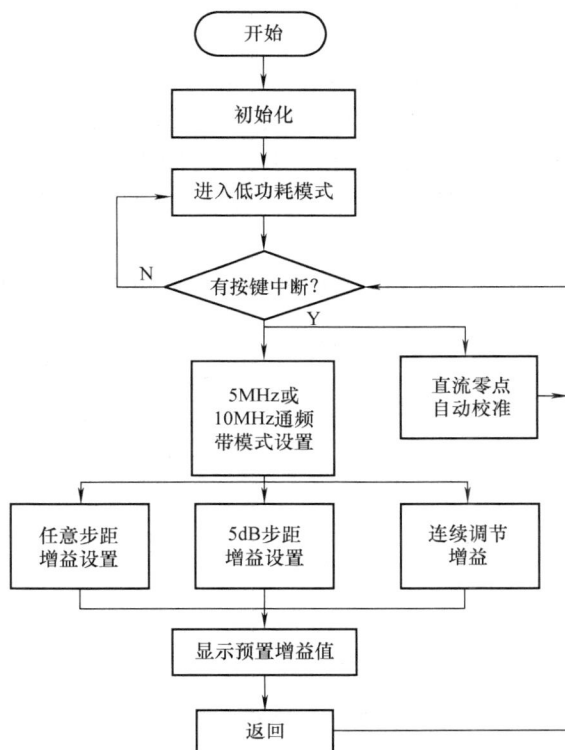

图 7.1.8　主程序流程图

7.2 实例二 Σ–Δ型A/D转换电路

7.2.1 设计任务要求

设计并制作一阶 Σ–Δ 调制器，并在此基础上设计并制作 Σ–Δ 型 A/D 转换电路，框图如图 7.2.1 所示。

1. 基本要求

1）设计并制作一阶 Σ–Δ 调制器，具体电路结构如图 7.2.2 所示。图中，V_{REF} 为 2V。要求 Σ–Δ 调制器输出的 1 位数据流为 TTL 电平，时钟频率 f_{CLK} 自定。

2）利用 1）中制作的一阶 Σ–Δ 调制器，设计并制作 Σ–Δ 型 A/D 转换电路。要求 A/D 转换电路可设置工作于下列两种模式：

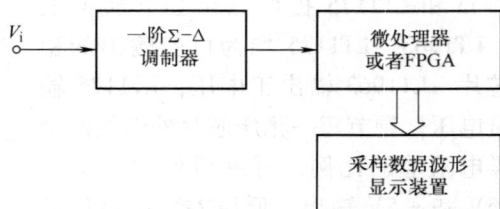

图 7.2.1 Σ–Δ 型 A/D 转换电路框图

模式 1，采样频率为 100Hz，采样位数为 12 位；

模式 2，采样频率为 1600Hz，采样位数为 8 位。

3）设计并制作 Σ–Δ 型 A/D 转换电路的采样数据显示装置，要求可以显示 A/D 转换电路连续采样数据波形，显示的波形数据点数不少于 200 点。同时，在波形上显示一个光标，移动光标时能显示相应波形点的采样数据。

2. 发挥部分

1）改进 Σ–Δ 型 A/D 转换电路的显示装置，要求能计算 A/D 转换电路输出的采样数据的方差 σ^2，并实时显示。方差的计算使用连续 1s 的采样数据直接计算。

2）改进 Σ–Δ 型 A/D 转换电路的设计，尽量减小 A/D 转换电路的本底噪声和量化噪声，提高 Σ–Δ 型 A/D 转换电路的采样精度。实现 Σ–Δ 型 A/D 转换电路能工作于下列模式：

模式 3，采样频率为 100Hz，采样位数为 16 位，有效位数不少于 13 位。

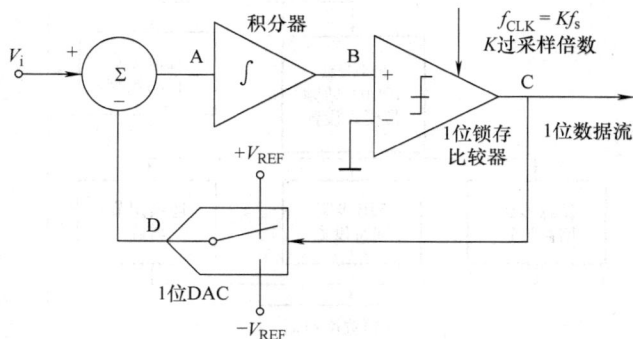

图 7.2.2 一阶 Σ–Δ 调制器的电路结构

3）进一步提高$\Sigma - \Delta$型 A/D 转换电路的采样速度。实现$\Sigma - \Delta$型 A/D 转换电路能工作于下列模式：

模式 4，采样频率为 1600Hz，采样位数为 16 位，有效位数不少于 13 位。

4）其他自主发挥。

7.2.2　系统方案设计

1. 方案论证与比较

（1）一阶$\Sigma - \Delta$型调制器设计与论证

一阶$\Sigma - \Delta$型调制器是整个系统设计中的重要部分，包括差分放大器、积分器、锁存比较器以及 1 位 DAC 构成的反馈环。反馈 DAC 的作用是使积分器的平均输出电压接近于比较器的参考电平。$\Sigma - \Delta$型调制器能够把模拟输入信号转换成高速的脉冲数字信号，其产生了一定的量化噪声输出，这些噪声将被整形在输出频谱的高频部分。因此，$\Sigma - \Delta$型调制器的性能对整个系统处理结果的精确性将产生影响。下面将分别论证这几个模块的设计与选择。

1）差分放大电路。系统需对 1 位数据流进行过采样，采样频率较高，因此提高了对运算放大器带宽的要求。并且由于是位于第一级，所以对运算放大器的单位增益的稳定性要求也较高。综上考虑，选择宽带低失真单位增益稳定的电压反馈运算放大器 OPA842 搭建差分放大电路，如图 7.2.3a 所示。输入电压（V_1、V_2）与输出电压（V_o）有如下关系：

$$V_o = \frac{R_F}{R_G}(V_1 - V_2) \tag{7.2.1}$$

由式（7.2.1）可得，当$\dfrac{R_2}{R_1} = \dfrac{R_F}{R_G}$时，有$V_o = V_1 - V_2$，即实现了输入信号与反馈信号的减法运算。

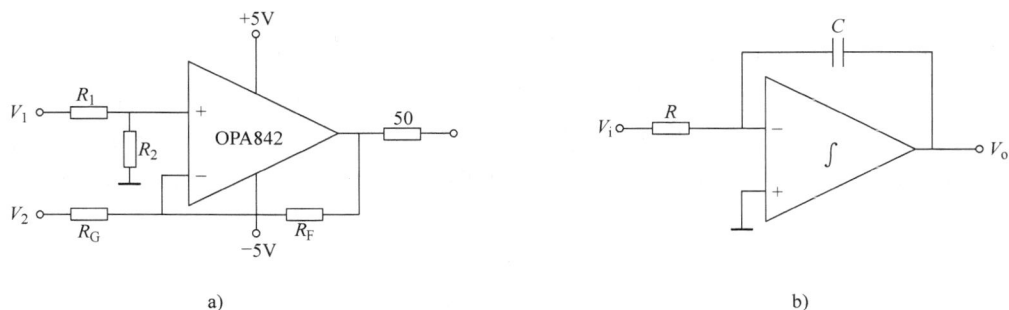

图 7.2.3　差分放大电路和积分电路
a）差分放大电路　b）积分电路

2）积分电路。采用由运算放大器搭建的有源 RC 积分电路，在电容 C 两端并联较大的电阻，同时设计了运算放大器调零电路，避免了电压漂移等现象，保障了输出的稳定性。积分电路如图 7.2.3b 所示，利用虚地和虚断的概念，电容 C 以电流$i = V_i/R$进行充电，假设电容器 C 初始电压$V_C(0) = 0$，则可得输出电压为

$$V_o = -\frac{1}{RC}\int V_i \mathrm{d}t \tag{7.2.2}$$

当出入信号 V_i 为阶跃电压时，则有 $V_o \approx -\dfrac{V_i}{RC}t$，可以此为依据，初步确定 RC 的取值，并根据实际电路调试，若带宽达 3MHz 以上，可取 $R = 100\Omega$，$C = 4.7\text{nF}$。

3）锁存比较器。1 位锁存比较器由高速比较器 AD790 和 D 触发器构成。AD790 的传播延迟时间最大为 45ns，满足了系统过采样所需的频率条件，在 +5V 单电源模式下，其输入可以以地为参考，这是其他比较器所不具备的特性。D 触发器由 FPGA 通过 Verilog HDL 语言编程实现，时钟信号 CLK 用于锁存，当上升沿到达时更新当前输出信号，以此实现锁存比较效果。

4）1 位 D/A 转换电路。1 位 D/A 转换电路相当于一个单刀双掷开关，针对输入信号择出通道（ $+V_{REF} = +2V$ 与 $-V_{REF} = -2V$）。采用 TS5A3159 模拟开关，其内部阻值很小，不影响反馈环下级的差分信号输入。但其通道电压值不小于 $-0.5V$，因此需在其输出端接上减法器，对 TS5A3159 输出的通道 +4V 电平或 0V 电平与 +2V 电平做减法运算，将结果反馈回差分放大器负输入端。从而，组成 1 位 D/A 转换电路，并获得 +2V 和 -2V 信号。

（2）数字抽取和滤波方案的设计与论证

$\Sigma-\Delta$ 型转换器的核心部分是一个 $\Sigma-\Delta$ 型调制器级联一个数字滤波器。$\Sigma-\Delta$ 调制器以采样速率输出 1 位数据流。数字滤波和抽取的目的是从该数据流中提取出有用的信息，并将数据速率降低到可用的水平。数字滤波器决定了信号带宽、建立时间和阻带抑制。$\Sigma-\Delta$ 型转换器拓扑结构如图 7.2.4 所示。

图 7.2.4　$\Sigma-\Delta$ 型转换器拓扑结构

本系统采用的滤波器拓扑是 Sinc3，它是一种具有的低通特性的滤波器。该滤波器的一个主要优点是具有陷波特性，可以将陷波点设在和电力线相同的频率，抑制其干扰。因此，设计了三阶 Sinc3 滤波器，其电路结构如图 7.2.5 所示。其中，积分部分和微分部分都是由三个相同结构的电路级联实现的，积分器使用过采样频率的时钟，该信号经 16 分频后作为微分器的工作时钟。

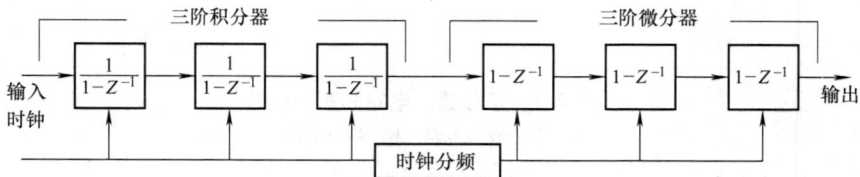

图 7.2.5　三阶滤波器电路结构

（3）控制系统的选择与论证

方案一：采用 MSP430F149 单片机。TI 公司所生产的 MSP430 系列单片机具备低功耗特性，采用精简指令集结构，众多的寄存器以及片内数据存储器都可参加多种运算。这些内核指令均为单周期指令，功能强且运行的速度快，具有较强的数据处理能力和丰富的片内资源，内部具有 12 位高速 A/D，并且支持现场在线模拟，适合于数据处理。

方案二：采用现场可编程门阵列 FPGA。FPGA 是在 PAL、GAL、CPLD 等可编程器件的基础上进一步发展的产物。它解决了定制电路的不足，又克服了原有可编程器件门电路数有限的缺点。与单片机相比，FPGA 具有如下优点：①运行速度快：FPGA 内部集成锁相环，将外部时钟倍频，核心频率可达上百兆赫兹；②I/O 口多，易实现大规模系统：单片机的I/O口有限，而 FPGA 动辄有数百 I/O，可以方便连接外设；③部分程序并行运行：FPGA 有处理更复杂功能的能力，不同逻辑可以并行执行，可以同时处理不同任务，工作更有效率；④FPGA 有大量软核，可以方便地进行二次开发：FPGA 甚至包含单片机和 DSP 软核，并且I/O 数仅受 FPGA 自身 I/O 限制，所以，FPGA 又是单片机和 DSP 的超集。

综合考虑，本系统采用 FPGA 对信号进行处理，并结合 MSP430F149 单片机对信号处理所得数据进行显示、转换等操作。

2. 系统方案论述

本 $\Sigma-\Delta$ 型 A/D 转换电路主要由一阶 $\Sigma-\Delta$ 型调制器、FPGA、MSP430F149、TFT 触摸屏人机交互模块、线性稳压电源等模块组成，如图 7.2.6 所示。由一阶 $\Sigma-\Delta$ 型调制器通过反馈环产生 1 位数据流，经 FPGA 所设计的数字滤波和降采样从该数据流中抽取出所需的信息，并将数据速率降低到可用的水平。最后，经由 MSP430F149 微处理器进行数据处理，将波形数据显示于 TFT 触摸屏上。

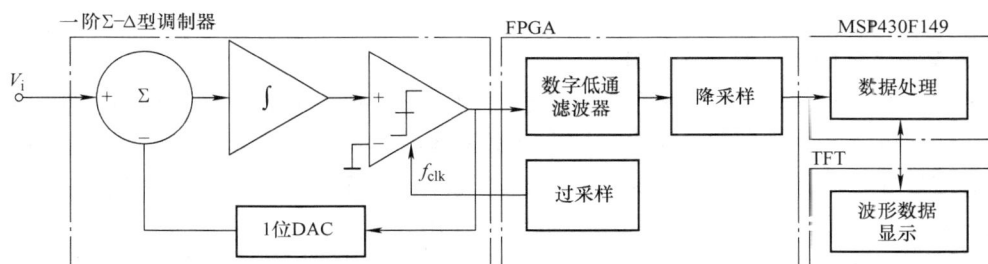

图 7.2.6　系统总体设计框图

7.2.3　理论分析和参数计算

1. $\Sigma-\Delta$ 型调制器的分析与计算

一阶 $\Sigma-\Delta$ 型调制器由一个减法器、一个积分器和一个 1bit 量化器组成。积分器对调制器的输入和量化器的输出之差进行积分。其工作原理为：当积分器的输出大于 0 时，量化器反馈给输入一个正的脉冲，该值与调制器的输入相减，使积分器的输出值朝负的方向变化；当积分器的输出小于 0 时，量化器反馈给输入一个负的脉冲，该值与调制器的输入相减，使积分器的输出值朝正的方向变化。这样通过反馈，使调制器输入的平均值与量化器输出的平均值相等。

设加在调制器的输入信号幅度为 V_p，其量化噪声有效值为 $V_{LSB}/\sqrt{12}$，则

$$SNR = 20\log\frac{V_p/\sqrt{2}}{V_{QRMS}} = 6.02N + 1.76 - 20\log\frac{\pi}{\sqrt{3}} + 20\log K^{3/2} \tag{7.2.3}$$
$$= 6.02N + 1.76 - 5.17 + 30\log K(\text{dB})$$

比较过采样带来的性能改善可以发现，这里每加倍过采样率，导致 SNR 增加 9dB，分辨率增加 1.5bit。

2. 过采样的分析与计算

过采样出现在相关信号带宽为 f_b 而采样速率是 f_s 时，其中 $f_s > 2f_b$（$2f_b$ 是 Nyquist 速率）。定义过采样比为 OSR，即

$$OSR = \frac{f_s}{2f_b} \tag{7.2.4}$$

假设输入信号是一个正弦波，它的最大峰值是 $2N(\Delta/2)$，对于这个正弦波，信号功率 P_s 为

$$P_s = \left(\frac{\Delta 2^N}{2\sqrt{2}}\right) = \frac{\Delta^2 2^{2N}}{8} \tag{7.2.5}$$

由信号的采样理论可知，若输入信号最小幅度大于量化器阶梯 Δ，并且输入信号的幅度随机分布，则量化噪声的总功率是一个常数，与采样频率 f_s 无关，且在 $0\sim f_s$ 频带范围内均匀分布，因此，量化噪声水平与采样频率成反比，提高采样频率，可以降低量化噪声水平。同时，因为基带范围是固定的，所以，也减少了基带范围内量化噪声总功率，提高了信噪比。

3. 数字滤波器的理论分析与计算

数字抽取滤波器的设计，主要包括选择合适的体系结构和采用恰当的实现电路，以使其面积和功耗尽可能地小。因此，需要采用数字降采样滤波器对调制器的输出数据进行抽取，将原来的过采样频率降到 Nyquist 采样，同时将模拟信号转换成定点的数字信号。

$\Sigma - \Delta$ 型 A/D 转换电路中数字抽取滤波器的作用表现在以下几个方面：

1）输入信号带宽外的噪声可以通过数字抽取滤波器滤除掉，因此量化信噪比得到了提高。

2）$\Sigma - \Delta$ 型 A/D 转换电路最终应输出低速高分辨率的数据流，因此 $\Sigma - \Delta$ 型调制器的数据输出率必须降低。这就要通过数字抽取实现，主要是将高采样频率降低 Nyquist 频率，并扩展字长使量化信号分辨率变高。

3）抗混叠滤波也需要数字抽取滤波器实现。对信号进行重采样可以称之为抽取，这个过程中为了输出低速高分辨率的信号，会发生混叠失真。对信号进行低通滤波就可以避免混叠发生，因此抗混叠可以由数字抽取滤波器实现。

本系统设计中采用的有限冲击响应（FIR）数字滤波器能够简单地对输入采样值进行流动加权平均计算。FIR 数字滤波器既可以设计任意幅频特性，又可以保证精确、严格的线性相位特性。FIR 数字滤波器的函数可表示如下：

$$H(z) = \sum_{n=0}^{N} h(n)z^{-n} \tag{7.2.6}$$

式中，阶数是 N，单位脉冲响应是 $h(n)(n=0,1,\cdots,N)$。设计 FIR 数字滤波器可根据理想的频率响应 $H_d(e^{j\omega})$，设计一个逼近理想滤波器的频率响应 $H(e^{j\omega})$，可根据下式设计 FIR

数字滤波器:

$$N \approx \frac{D(\partial p, \partial s)}{(\Delta f / f)} \qquad (7.2.7)$$

4. 数据输出处理的分析与计算

1) 数据的显示处理和分析。通过 FPGA 设计的滤波器, 根据要求采样的位数与采样速率, 确定最终有效数据, FPGA 与单片机 16 位并行通信, 最后由单片机读取数值进行 TFT 触摸屏幕显示。

2) 采样数据的方差 σ^2 计算

根据一阶 $\Sigma - \Delta$ 型 A/D 转换电路采样的 200 个点数据, 记为 $x[n](n=1,2,\cdots,200)$, 计算其均值 $m = \left(\sum_{n=1}^{N} X[n]/N \right)$, 则方差 σ^2 可由下式计算为:

$$\sigma^2 = \left\{ \sum_{n=1}^{N} (x[n] - m)^2 \right\} / N \qquad (7.2.8)$$

7.2.4　电路与程序设计

1. 电路设计

1) 一阶 $\Sigma - \Delta$ 调制器电路原理图如图 7.2.7 所示。

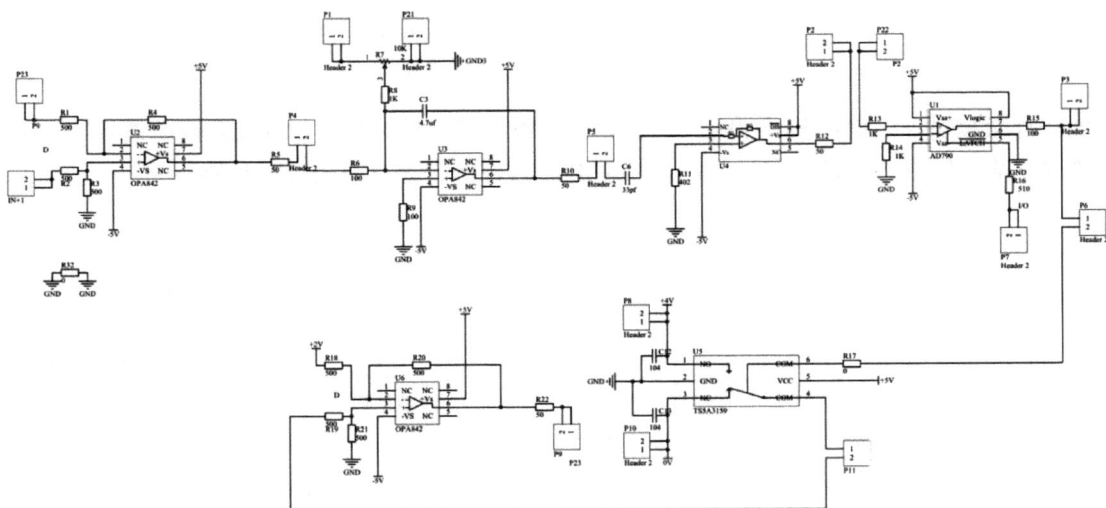

图 7.2.7　一阶 $\Sigma - \Delta$ 调制器电路原理图

2) 线性稳压电源电路原理图。线性稳压电源采用桥式全波整流、大电容滤波、三端稳压器件稳压的方法, 产生各种直流电压, 电路原理图如图 7.2.8 所示。

2. 程序的设计

程序设计流程图如图 7.2.9 所示。首先由 FPGA 内部时钟信号分频, 产生三个频率, 其中 1600Hz 和 100Hz 作为题目要求的降采样频率, 而 204800Hz 作为过采样频率, 为 1600Hz 和 100Hz 的公倍数。FPGA 与 MSP430F149 单片机并行 16 位通信, 将数据传给单片机。单片机对数据进行处理, 输出到触摸屏上绘制出输入信号的波形, 并根据题目要求计算出连续

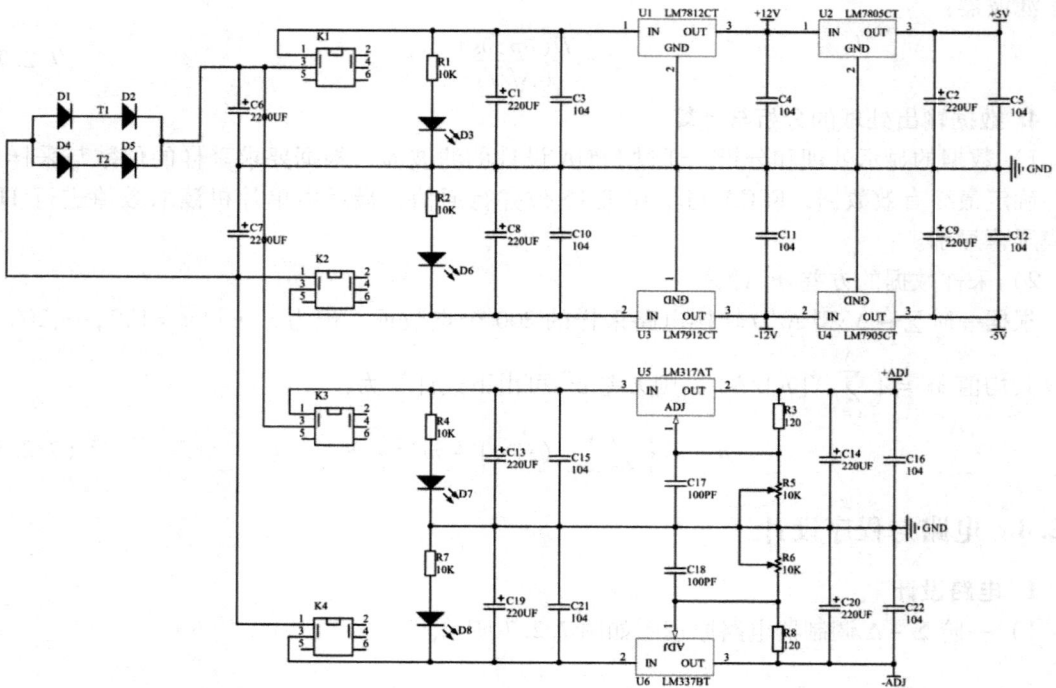

图 7.2.8 线性稳压电源电路原理图

1s 的采样数据方差。触摸屏上设置有 MODE1、MODE2、MODE3、MODE4 触摸按键，单片机通过送地址码方式（00、01、10、11）对其进行控制，完成模式选择功能。

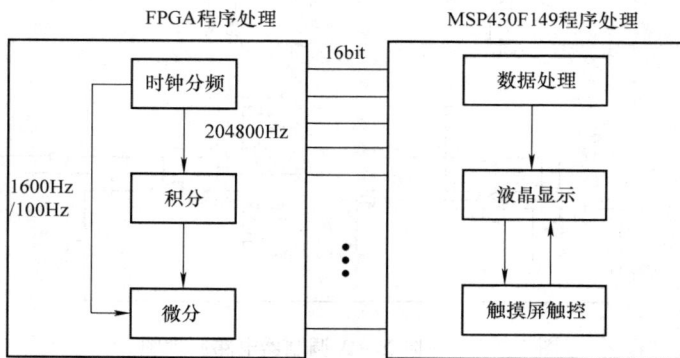

图 7.2.9 程序设计流程图

7.3 实例三 电能无线传输装置

7.3.1 设计任务要求

设计并制作一个磁耦合谐振式电能无线传输装置，其结构框图如图 7.3.1 所示。

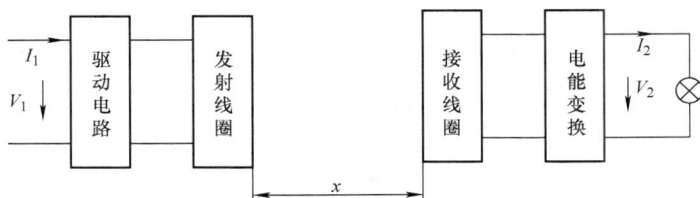

图 7.3.1　电能无线传输装置结构框图

1. 设计要求

1）保持发射线圈与接收线圈间距离 $x = 10\text{cm}$、输入直流电压 $V_1 = 15\text{V}$ 时，接收端输出直流电流 $I_2 = 0.5\text{A}$，输出直流电压 $V_2 \geq 8\text{V}$，尽可能提高该电能无线传输装置的效率 η。

2）输入直流电压 $V_1 = 15\text{V}$，输入直流电流不大于 1A，接收端负载为两只串联 LED 灯（白色、1W）。在保持 LED 灯不灭的条件下，尽可能延长发射线圈与接收线圈间的距离 x。

3）其他自主发挥。

2. 设计说明

1）发射线圈与接收线圈为空心线圈，线圈外径均为（20 ± 2）cm；发射线圈与接收线圈间的介质为空气。

2）I_2 应为连续电流。

3）测试时，除 15V 直流电源外，不得使用其他电源。

4）在对设计要求 1）中的效率 η 进行测试时，负载采用可变电阻器；效率 $\eta = \dfrac{V_2 I_2}{V_1 I_1} \times 100\%$。

5）制作时应考虑测试需要，合理设置测试点，以方便测量相关电压、电流。

7.3.2　系统方案设计

1. 方案论证与比较

1）逆变单元设计方案的比较与选择。

方案一：图 7.3.2 所示为单管逆变电路。这是一种简单、经济的逆变方案。通过一个 N 沟道 MOSFET 实现逆变，并且线圈使用串联谐振。使用这种电路结构时，回路中会有较大的冲击电压，因此对开关管要求较高。其优点是仅有一个开关管，简单且易于实现，不用考虑死区时间对电路的影响。

方案二：半桥电路对器件要求相对较低，且驱动电路比全桥逆变电路简单，使用开关器件数量也相对较少。电路如图 7.3.3 所示，线圈使用了串联谐振的方式，但其需要两个开关

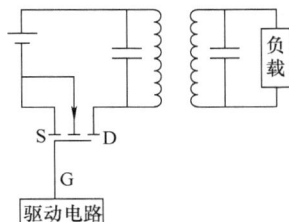

图 7.3.2　单管逆变电路

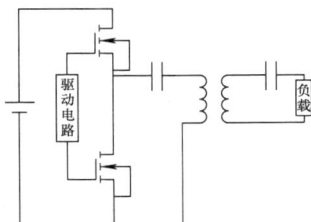

图 7.3.3　半桥电路

管。因此，本例考虑采用单管逆变电路。

方案三：全桥电路比半桥电路复杂，开关器件数量相对较多，而且抗不平衡能力也较差，因此本例不适合使用此电路。

2）方波信号发生单元设计方案的比较与选择。采用 NE555 产生方波信号，简单可行，如图 7.3.4 所示，通过计算 R1、R2 和 C 的值，即可设置频率。

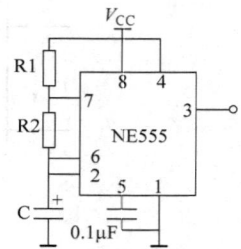

图 7.3.4　NE555 电路

2. 系统方案论述

图 7.3.5 为系统整体框图，包括供电单元、高频功率源、谐振耦合单元以及能量接收单元。系统通过 Boost 升压模块将电源电压升高，并利用方波信号源产生的方波信号驱动单管逆变模块，并将电能送入发射谐振模块的空心线圈。电能通过电磁谐振耦合到接收谐振模块的空心线圈上后，再通过整流滤波接入负载网络。

发射线圈和接收线圈同轴放置，其谐振频率相同，当高频发射源将能量传输到发射线圈，发射线圈产生交变磁场与接收线圈耦合，实现能量传输。

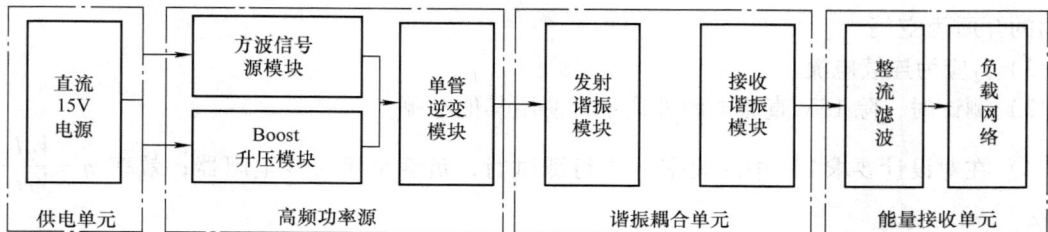

图 7.3.5　系统整体框图

7.3.3　理论分析与计算

1. 电能无线传输系统工作原理分析

电磁耦合谐振式电能无线传输技术主要是利用两个具有相同频率的谐振电路，通过磁场耦合实现能量从静止电源系统向供电设备的无线传输。该技术融合了现代电力电子技术、磁场耦合技术和现代控制理论。谐振耦合电能无线传输系统示意图如图 7.3.6 所示，能量传输系统包括发射端和接收端，发射端和接收端谐振频率一致，发射端与高频交流电源相连，接收端与负载相连。本系统中的谐振电路的发射线圈和接收线圈均为空心线圈，线圈外径均为 20cm 左右。

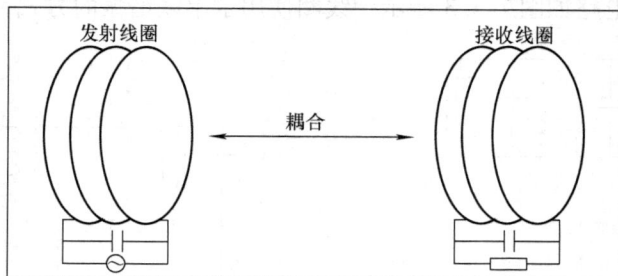

图 7.3.6　电能无线传输系统示意图

2. 线圈等效集中参数计算

对于谐振耦合式电能无线传输系统来说，空心线圈的参数非常重要。空心线圈可以做成不同形状，如圆形、圆柱形、"蚊香"形等，而相对于其他形状的线圈，圆柱形线圈优势在于，每单位体积绕线所产生的磁场最大。对于线圈的绕制方法来说有"密绕"和"稀绕"。本设计采用"密绕"方式，外加电容使线圈谐振。线圈的参数主要有：电感、分布电容和损耗电阻。

1）线圈自感。密绕圆柱形电感线圈的电感可由以下公式计算：

$$L = N^2 r \mu_0 \left[\ln \frac{8r}{a} - 1.75 \right] \qquad (7.3.1)$$

式中，N 为线圈匝数；r 为线圈半径；a 为导线截面半径；μ_0 为真空磁导率。

2）线圈互感。两同轴平行线圈互感的计算公式如下：

$$M = \frac{\mu_0 \pi N_1 N_2 r_1 r_2}{2(r_1^2 + d^2)^{3/2}} \qquad (r_1 > r_2) \qquad (7.3.2)$$

式中，d 为两线圈之间的距离。

3）线圈损耗电阻。高频条件下，电流流过线圈导线时，电磁感应作用会引起导体截面上电流分布不均匀，越接近导体表面电流密度越大，这种现象称为"趋肤效应"。因为趋肤效应使导体的有效电阻增加，所以高频条件下，线圈的高频电阻为

$$R \approx \sqrt{\frac{\mu_0 \omega}{2\sigma}} \frac{Nr}{a} \qquad (7.3.3)$$

式中，ω 为系统角频率；σ 为导线的电导率。

3. 谐振电容的选择

由于本设计线圈采用密绕的方法，线圈分布电容极小，所以仅依靠线圈自身的分布电容不能使线圈谐振频率在 64kHz 附近，需要外加电容。外加电容的容量、损耗、工作电压、绝缘电阻、频率特性和温度系数都是选择时需要考虑的特性参数。还有，由于本例所选电容需要工作在较高的频率，因此电容高频工作时的特性也需要考虑。在高频工作时，由于电解电容和纸质电容的电容损耗增加、工作稳定性变差，因此它们不适合高频电路。综合考虑，薄膜电容具有无极性，频率范围广，介质损失小，绝缘阻抗高等优良特性，且价格较为便宜，因此本例选择这种电容。电容量 C 可通过测量确定的线圈电感 L 和系统的谐振频率 f 进行计算：

$$C = \frac{1}{4\pi^2 f^2 L} \qquad (7.3.4)$$

7.3.4　电路设计

1. 单管逆变电路设计

（1）电路拓扑

本设计的主电路采用单管逆变电路。主芯片 IR2110 为 MOSFET 驱动芯片，它的方波输入信号由 NE555 模块信号发生提供，电流输出信号驱动 MOSFET 功率开关芯片 IRF840。IRF840 的工作频率与 LC 电路的自谐振频率相同。电感 L 为圆柱形密绕线圈，由漆包线绕制，C 为谐振电容。整个传输系统的电源由直流稳压电源提供。接收电路的谐振电感与谐振

电容的参数与发射电路一致。

（2）开关管选取及其驱动电路设计

1）开关管选取。由于发射电路的频率工作在 64kHz 左右，一般 IGBT 的软开关频率只能达到几百 kHz，功率 MOSFET 具有工作频率高、安全工作区宽以及输入阻抗较高的优点，因此，发射电路开关管选择 MOSFET。本例选用了国际整流公司的 MOSFET IRF840，其额定电压为 500V，电流为 8A，工作频率能够达到 1MHz，能够满足本例的系统频率及功率要求，且具有较好的承压能力。IRF840 为一款耐压高，大电流、大功率的三引脚 MOSFET。导通时间 40ns，关断延迟时间 80ns，是目前工作频率较高的器件。

实验中，接收装置的负载选择灯泡，灯泡基本呈纯阻性，其电感值很小，对谐振电路的影响很小，便于研究电能无线传输的特性，且方便、直观，利于观察实验的效果。

2）驱动设计。MOSFET 的驱动芯片的选取原则是，驱动电流应较大，工作频率要高，综合考虑，选择了芯片 IR2110。IR2110 采用 HVIC 和闪锁抗干扰 CMOS 制造工艺；DIP14 脚封装；具有独立的低端和高端输入通道；悬浮电源采用自举电路，其高端工作电压可达 500V；15V 以下的静态功耗仅为 116mW；输出的电源端（即功率器件的栅极驱动电压）电压范围为 10 ~ 20V；逻辑电源电压范围为 5 ~ 15V，可方便地与 TTL、CMOS 电平相匹配，而且逻辑电源地和功率地之间允许有 ±5V 的偏移量；图腾柱输出峰值电流为 2A；工作频率高，可达 500kHz；开通、关断延迟小，分别为 120ns 和 94ns。

系统电路原理图如图 7.3.7 所示，主要包括驱动芯片 IR2110，5V 及 12V 的直流电源，滤波电容，稳压管，直流电源等，其中 Ll 和 C1 代表发射线圈。实验中信号发生电路为 NE555 模块，该模块可产生 0 ~ 250kHz 的可调方波信号。直流电源，采用电压 0 ~ 30V、电流 0 ~ 3A 的可调直流电源，其最大输出功率为 90W。

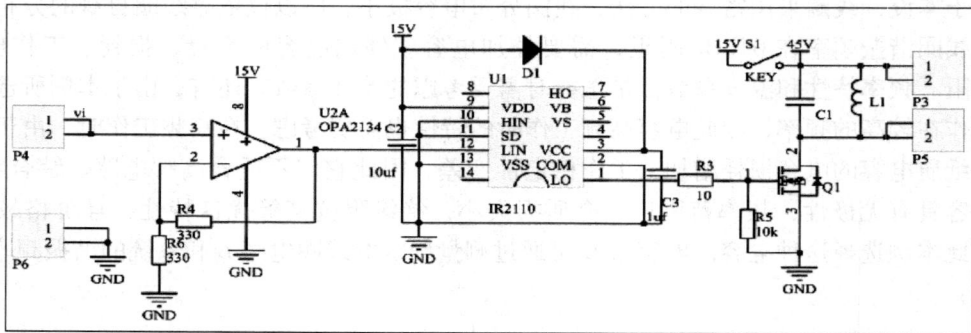

图 7.3.7　系统电路原理图

2. 方波信号发生模块

NE555 方波信号发生模块如图 7.3.8 所示。

根据公式：

$$f = \frac{1.44}{[R_7 + 2(R_{10} + RP_1)]C_6} \tag{7.3.5}$$

本例中，$R_7 = 1k\Omega$，$R_{10} = 0.33k\Omega$；RP_1 为 5kΩ 的滑动变阻器，可通过调节电位器设置系统的频率。

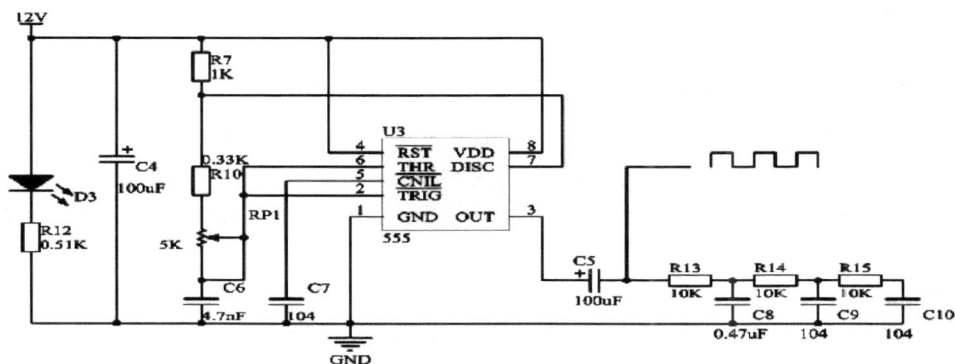

图 7.3.8　NE555 方波信号发生模块

3. Boost 升压模块

Boost 升压模块如图 7.3.9 所示。

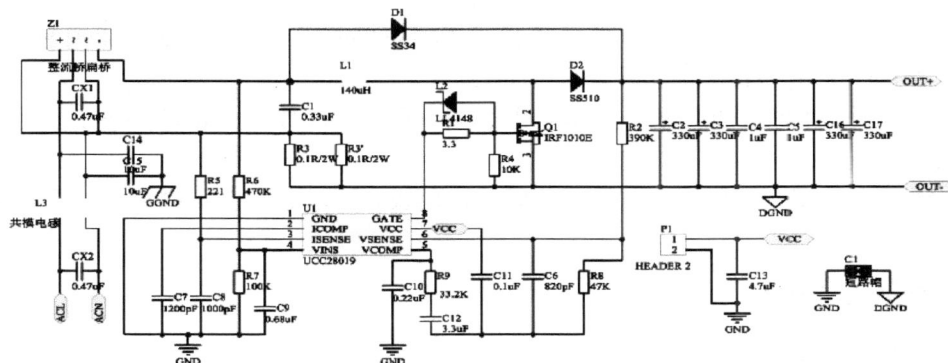

图 7.3.9　UCC28019 Boost 升压模块

7.4　实例四　简易频率特性测试仪

7.4.1　设计任务要求

根据零中频正交解调原理，设计并制作一个双端口网络频率特性测试仪，包括幅频特性和相频特性，其示意图如图 7.4.1 所示。

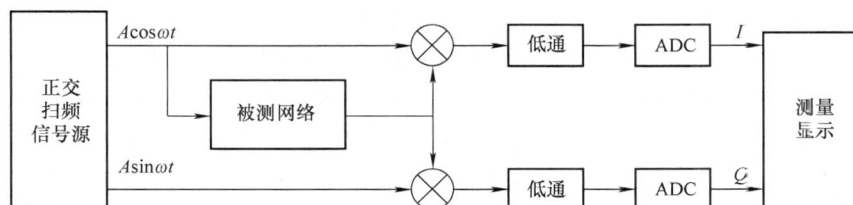

图 7.4.1　频率特性测试仪示意图

1. 基本要求

制作一个正交扫频信号源。

1）频率范围为 1~40MHz，频率稳定度≤10^{-4}；频率可设置，最小设置单位为 100kHz。

2）正交信号相位差误差的绝对值≤5°，幅度平衡误差的绝对值≤5%。

3）信号电压的峰-峰值≥1V，幅度平坦度≤5%。

4）可扫频输出，扫频范围及频率步进值可设置，最小步进为 100kHz；要求连续扫频输出，一次扫频时间≤2s。

2. 发挥部分

1）使用基本要求中完成的正交扫频信号源，制作频率特性测试仪。

① 输入阻抗为 50Ω，输出阻抗为 50Ω；

② 可进行点频测量；幅频测量误差的绝对值≤0.5dB，相频测量误差的绝对值≤5°；数据显示的分辨率：电压增益 0.1dB，相移 0.1°。

2）制作一个 RLC 串联谐振电路作为被测网络（见图 7.4.3），其中 R_i 和 R_o 分别为频率特性测试仪的输入阻抗和输出阻抗；制作的频率特性测试仪可对其进行线性扫频测量。

① 要求被测网络通带中心频率为 20MHz，误差的绝对值≤5%；有载品质因数为 4，误差的绝对值≤5%；有载最大电压增益≥-1dB；

② 扫频测量制作的被测网络，显示其中心频率和-3dB 带宽，频率数据显示的分辨率为 100kHz；

③ 扫频测量并显示幅频特性曲线和相频特性曲线，要求具有电压增益、相移和频率的坐标刻度。

7.4.2　系统方案设计

1. 方案论证与比较

1）扫频信号源。

方案一：采用锁相环间接频率合成方案。锁相环频率合成在一定程度上解决了既要求频率稳定精确、又要求频率在较大范围可调的矛盾。但该方案的输出频率易受可变频率范围的影响，输出频率相对较窄，不能满足题目 1~40MHz 的高频要求。

方案二：采用直接数字频率合成（DDS）方案。DDS 技术具有输出频率相对较宽，频率转换时间短，频率分辨率高，全数字化结构便于集成，以及相关波形参数（频率、相位、幅度）均可实现程控的优点，采用集成芯片 AD9854 或 FPGA 可实现题目对扫频信号源的要求。因此选用方案二。

2）控制平台。

方案一：采用 FPGA 或 CPLD 进行控制。利用 FPGA 可以方便地实现 DDS 信号源，但在液晶屏上显示幅频特性曲线和相频特性曲线较为困难，且 FPGA 成本较高。

方案二：采用 C8051F020 单片机进行控制。C8051F020 与 8051 兼容，速度可达 25MIPS；内部有两路 ADC，速度分别为 100kbit/s（12 位）和 500kbit/s（8 位）；具有 4352 字节内部数据 RAM，64KB 的 FLASH 存储器支持在线编程。若选用 C8051F020 作为扫频仪的控制单元，用其实现产生扫频信号、进行数据采集、处理以及波形显示的功能，能够满足设计要求，且其性价比高。因此选用方案二。

3）低通滤波器。

方案一：采用有源滤波。有源滤波在实现滤波的同时可实现增益的调节，但电路较为复杂。

方案二：采用无源滤波。无源滤波电路在实现上更加方便简单，若要实现增益可控，直接在其后面加一个同相比例放大器即可。因此选用方案二。

2. 系统方案论述

系统总体框图如图 7.4.2 所示。采用 DDS 芯片 AD9854 及 C8051F020 单片机作为控制单元产生扫频信号，辅以按键控制实现 1 ~ 40MHz，最小步进 100kHz 范围内的连续扫频输出和点频测量。RLC 串联谐振电路用作被测网络。经 AD835 乘法器和低通滤波器（LPF）得到同相分量和正交分量的直流信号，ADC 转换送入单片机，在单片机内进行数据处理，计算得到相位和幅度，通过液晶显示幅频特性和相频特性曲线。

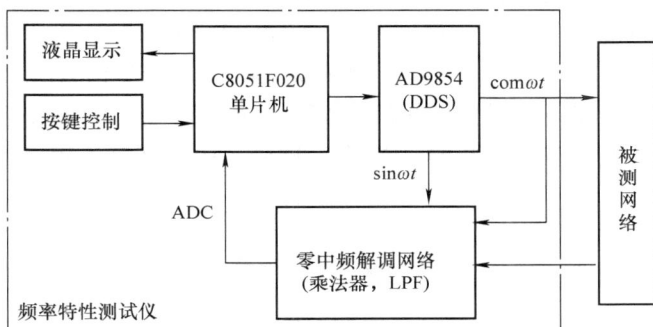

图 7.4.2　系统总体框图

7.4.3　理论分析与计算

1. 系统原理

设正交信号源产生的信号 $A\cos(\omega t)$ 经被测网络后的输出为 $B\cos(\omega t + \phi)$，则同相分量支路

$$I = A\cos(\omega t)B\cos(\omega t + \phi) = \frac{AB}{2}\left[\cos(2\omega t + \phi) + \cos\phi\right] \tag{7.4.1}$$

低通滤波后（假设滤波器对幅度的影响为 C）：

$$I = \frac{ABC}{2}\cos\phi \tag{7.4.2}$$

类似的，得到正交分量支路

$$Q = A\sin(\omega t)B\cos(\omega t + \phi) = \frac{AB}{2}\left[\sin(2\omega t + \phi) - \sin\phi\right] \tag{7.4.3}$$

低通滤波后（假设滤波器对幅度的影响为 C）：

$$Q = -\frac{ABC}{2}\sin\phi \tag{7.4.4}$$

由式（7.4.2）和式（7.4.4），可得相位为

$$\phi = \arctan\left(-\frac{Q}{I}\right) \tag{7.4.5}$$

幅度为

$$B = \frac{\sqrt{2(Q^2 + I^2)}}{AC} \tag{7.4.6}$$

2. 滤波器设计

经乘法器输出的信号如式（7.4.1）、式（7.4.3）所示，需设计低通滤波器，滤除高频分量，留下直流分量。据式（7.4.1）、式（7.4.3）分析，滤波器截止频率低于 1MHz 即可，但考虑到电路会不可避免地产生其他频率干扰，因此低通滤波器式（7.4.4）的截止频率越小，滤波效果越好，测量精度越高。

3. ADC 设计

C8051F020 单片机自带有两路 ADC，其中 ADC0 为 12 位，最高速度为 100kbit/s；ADC1 为 8 位，最高速度为 500kbit/s。出于精度考虑，两路 AD 均选用 12 位的 ADC0（即中间进行分时转换实现）。设计要求频率范围为 1 ~ 40MHz，最小步进为 100kHz，可连续扫频输出，且一次扫频时间小于等于 2s，因此 2s 内需要 ADC 采样 390 个点。即完成单次 ADC 采样的时间不能超过 5ms，而利用 ADC0 采样一次仅需 10μs，中间切换通道大概需要 22μs，能够满足设计要求。

4. 被测网络设计

被测网络采用 RLC 串联谐振电路，如图 7.4.3 所示。

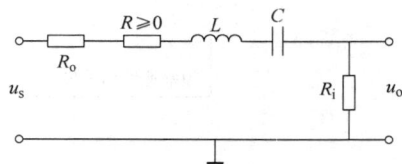

图 7.4.3 RLC 串联谐振电路

中心频率

$$f_0 = \frac{1}{2\pi\sqrt{LC}} \tag{7.4.7}$$

有载品质因数

$$Q_r = \frac{\omega_0 L}{r} = \frac{1}{\omega_0 Cr} \tag{7.4.8}$$

式中，ω_0 为中心角频率；r 为环路总电阻。

回路带宽

$$B_{0.7} = \frac{f_0}{Q_r} \tag{7.4.9}$$

题目要求被测网络中心频率为 20MHz，有载品质因数为 4。取电容 $C = 18\text{pF}$，为满足中心频率为 20MHz，将 f_0 和 C 代入式（7.4.7），计算得 $L = 3.52\mu\text{H}$。将 $Q_r = 4$，$C = 18\text{pF}$ 代入式（7.4.8），计算得 $r = R_o + R_i + R = 110\Omega$，故 $R = 10\Omega$。

5. 特性曲线显示

液晶显示包括幅频特性和相频特性曲线。用矢量网络分析仪测试 RLC 被测网络的幅频特性和相频特性，得到相应的图像和数据；测试零中频解调网络的 ADC_ I 和 ADC_ Q 采样值，导入 Matlab 进行处理，得到经频率特性测试仪硬件电路输出而计算得到的幅频与相频特性曲线。最终根据实测和计算得到的特性曲线进行程序校准，得到与真实值接近的曲线，在液晶屏上显示。

7.4.4　电路与程序设计

1. 电路设计

1) DDS 信号源。采用 AD9854 数字合成器，与电平转换电路和差分放大电路构成的自制 DDS 电路板与 C8051F020 作为控制单元共同实现正交扫频信号源。自制 DDS 电路板框图如 7.4.4 所示。

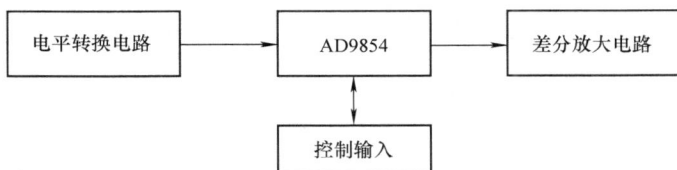

图 7.4.4　自制 DDS 电路板框图

2) RLC 被测网络。被测网络采用 RLC 串联谐振回路，根据前述对被测网络的理论分析，确定的 R、L、C 分别为：$R = 10\Omega$，$L = 3.52\mu H$，$C = 18pF$。经实验调试，最终电路参数为：$R = 6\Omega$，$L = 3.36\mu H$，$C = 18pF$（其中 L 为自绕电感），如图 7.4.5 所示。被测网络幅频特性和相频特性的理论仿真如图 7.4.6 所示。

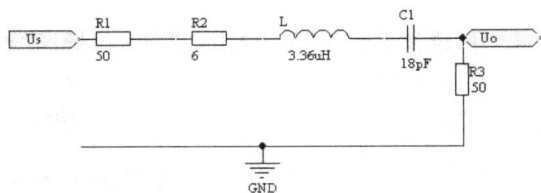

图 7.4.5　被测网络

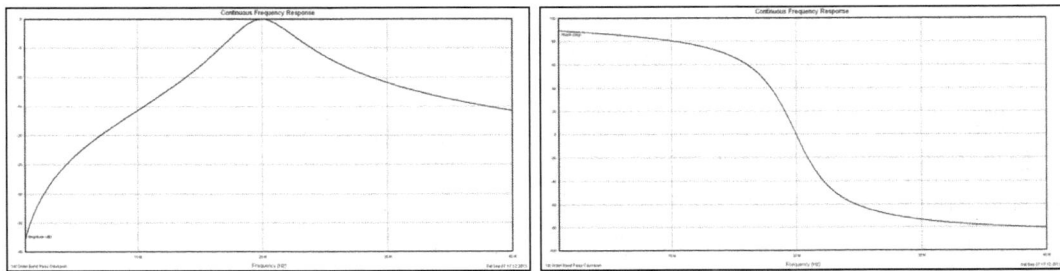

图 7.4.6　被测网络幅频、相频特性曲线仿真图

3) 乘法器。乘法器采用专用芯片 AD835。它是一个电压输出四象限乘法器，能完成 $W = XY + Z$ 的功能；其带宽高达 250MHz，满足本设计 1 ~ 40MHz 信号输入的要求；且其输出噪声典型值小，保证了输出信号尽可能小的失真。此外，AD835 所需外围电路少，配置方便。

信号经乘法器和低通滤波后输出的直流信号范围在 -1 ~ +1V，为保证送入单片机的直流信号为正，必须在进行 A/D 转换前加 1V 以上的直流偏置，本设计选择在乘法器模块加 125mV 的直流偏置（即 $Z = 125mV$），经后级 10 倍的同相比例放大，可满足上述要求。其中，125mV 的直流偏置采用 TL431 稳压输出 2.5V 后经过电阻分压得到，同相比例放大选用 OPA227 实现。具体乘法器电路如图 7.4.7 所示。

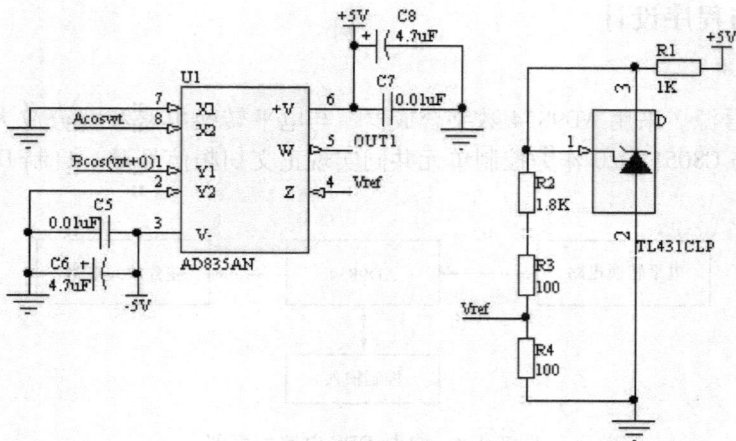

图 7.4.7　乘法器电路

4）低通滤波器。设计采用二阶无源低通滤波器，如图 7.4.8 所示，其截止频率为

$$f = \frac{1}{2\pi RC} = 338.8\,\mathrm{Hz} \tag{7.4.10}$$

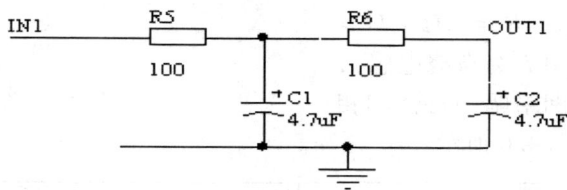

图 7.4.8　低通滤波器

2. 程序设计

该设计软件采用 C 语言编写。为使
AD9854 输出的正交信号的频率稳定度高、幅
度平坦度好，选用单片机内部 25MHz 晶振作
为时钟。总程序由调度模块，键盘服务程序，
ADC 模块及显示服务子程序构成。其中，自
动校准时先将被测网络短接，经过一次扫频
将系统误差存储在单片机中，然后，接入被
测网络，对应的每一个频率点的误差将被纠
正，得到误差较小的值，进而计算得到幅频
和相频。主程序流程图如图 7.4.9 所示，ADC
采样流程图如图 7.4.10 所示，按键处理流程
图如图 7.4.11 所示。

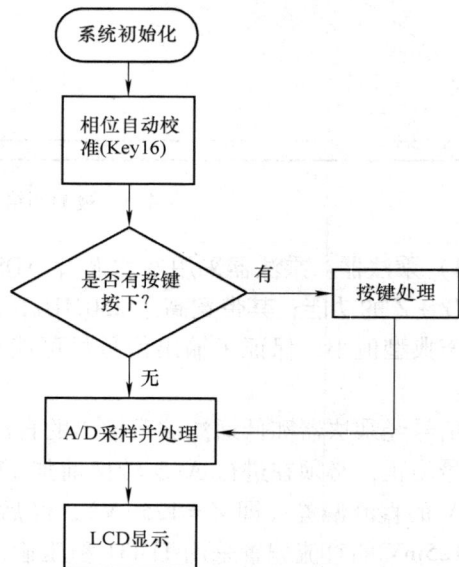

图 7.4.9　主程序流程图

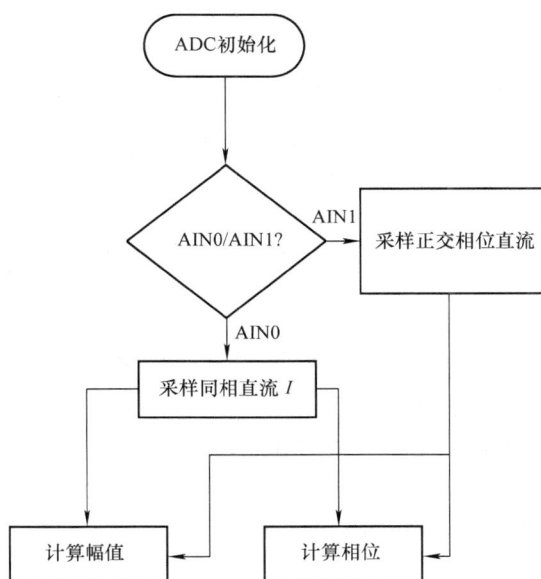

图 7.4.10　ADC 采样流程图

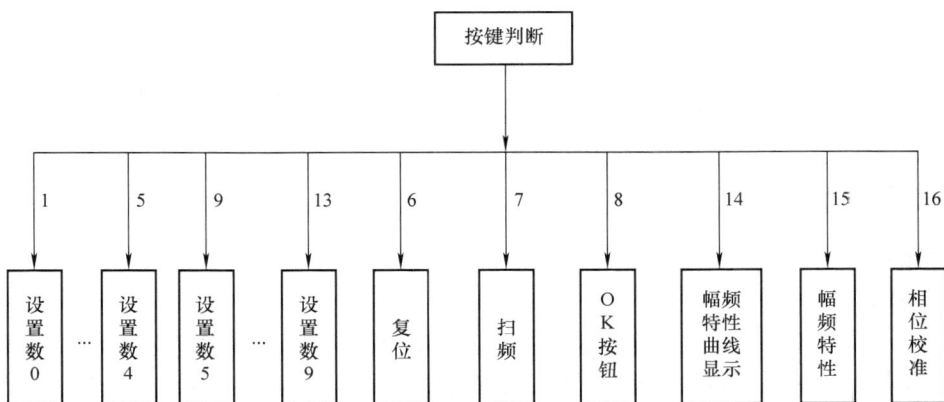

图 7.4.11　按键处理流程图

7.5　实例五　微弱信号检测装置

7.5.1　设计任务要求

　　设计并制作一套微弱信号检测装置，用以检测在强噪声背景下已知频率的微弱正弦波信号的幅度值，并数字显示出该幅度值。为便于测评比较，统一规定显示峰值。微弱信号检测装置的系统框图如图 7.5.1 所示。正弦波信号源可以由函数信号发生器来代替。噪声源采用给定的标准噪声（wav 文件）来产生，通过 PC 的音频播放器或 MP3 播放噪声文件，从音频输出端口获得噪声源，噪声幅度通过调节播放器的音量来进行控制。图中，A、B、C、D 和

E 分别为五个测试端点。

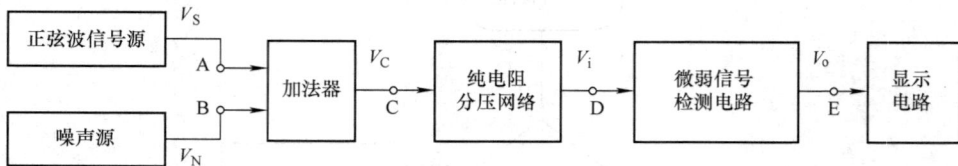

图 7.5.1　微弱信号检测装置的系统框图

1. 基本要求

1）噪声源输出 V_N 的方均根电压值固定为 1V；加法器的输出 $V_C = V_S + V_N$，带宽大于 1MHz；纯电阻分压网络的衰减系数不低于 100。

2）微弱信号检测电路的输入阻抗 $R_i \geqslant 1\mathrm{M}\Omega$。

3）当输入正弦波信号 V_S 的频率为 1kHz、幅度峰–峰值在 200mV～2V 范围内时，检测并显示正弦波信号的幅度值，要求误差不超过 5%。

2. 发挥部分

1）提高正弦波信号的识别能力，当输入正弦波信号 V_S 的频率在 100Hz～10kHz 范围内、幅度峰峰值在 20～200mV 范围内时，检测并显示正弦波信号的幅度值，误差不超过 5%。

2）在发挥部分 1）的条件下，要求检测误差不超过 2%。

3）当输入正弦波信号 V_S 的频率在 100Hz～10kHz 范围内时，进一步降低 V_S 的幅度，检测并显示正弦波信号的幅度值，误差不超过 2%。

7.5.2　系统方案设计

1. 方案论证与比较

1）微弱信号检测电路。

方案一：采用滤波电路检测微弱信号。通过滤波电路将微弱信号从强噪声中检测出来，但滤波电路中心频率是固定的，而信号的频率是可变的，无法达到要求，所以该方案不可行。

方案二：采用取样积分电路检测微弱信号。利用取样技术，在重复信号出现的期间取样，并重复 N 次，则测量结果的信噪比可改善 $\sqrt{N}$ 倍，但这种方法取样效率低，不利于重复频率的信号恢复。

方案三：采用锁相放大器检测微弱信号。锁相放大器由信号通道、参考通道和相敏检波器等组成，其中相敏检波器（PSD）是锁相放大器的核心，PSD 把从信号通道输出的被测交流信号进行相敏检波并转换成直流，只有当同频同相时，输出电流最大，具有很好的检波特性。由于该测试信号的频率是指定的且噪声强、信号弱，正好适合于锁相放大器的工作情况，故选择方案三。

2）移相网络设计。因为检测电路选择了锁相放大器，而移相网络是锁相放大器中的一部分，所以在此对它进行分析。

方案一：采用全通滤波器模拟移相电路。一阶全通滤波器的移相范围接近 180°，所以通过设计两级滤波则可使移相范围达到 360°。

方案二：采用数字移相方法。数字移相可以在四个象限内进行 0°~89°的调节，合起来即实现了 0~360°的移相，由集成芯片控制频率和相位预值，如用 CD4046 锁相环组成。

方案一与方案二相比，电路简单可靠，且方案二增加了电路的复杂度，成本也很高，故选择方案一。

2. 系统方案论述

综上所述，本系统总体框图如图 7.5.2 所示。系统由加法器、衰减器、前置放大器、带通滤波器、同相电路、反相电路、移相器、开关模块和低通滤波器等构成。其中，由同相放大电路构成的加法器将噪声信号加到待测信号中，使得信号湮灭在噪声中，然后经过衰减器衰减 100 倍以上，送到由前置放大器，带通滤波器，同相、反相电路，移相器，比较模块和低通滤波器构成微弱信号检测电路中。本系统以相敏检波器为核心，将参考信号经过移相器和比较模块输出方波驱动开关管乘法器，输出的直流信号通过单片机 A/D 转换，最后在液晶显示器上显示出来。

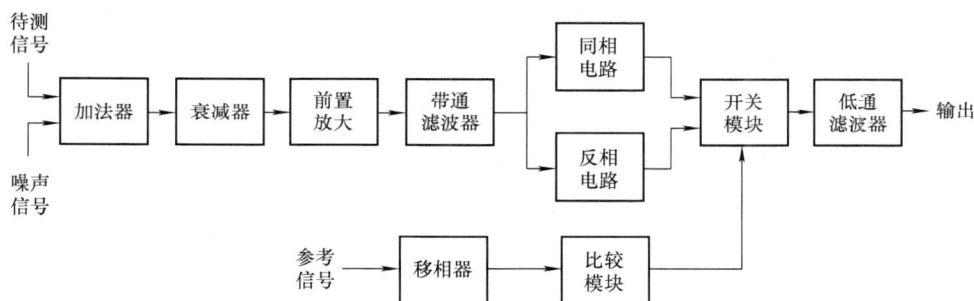

图 7.5.2　系统总体框图

7.5.3　理论分析与计算

1. 锁相放大器原理

锁相放大器由信号通道、参考通道、相敏检波器以及输出电路组成，是一种对交变信号进行相敏检波的放大器。它利用和被测信号有相同频率和相位关系的参考信号作为比较基准，只对被测信号本身和那些与参考信号同频、同相的噪声分量有响应。所以它能大幅度抑制噪声信号，提取出有用信号。锁相放大器具有极高的放大倍数，若有辅助前置放大器，增益可达 220dB，能检测极微弱信号，实现交流输入、直流输出，其直流输出电压正比于输入信号幅度及被测信号与参考信号相位差。

由此可见，锁相放大器具有极强的抗噪声能力。而且，它和一般的带通放大器不同，输出信号并不是输入信号的放大，而是把交流信号放大并变成相应的直流信号。

2. 相敏检波器分析

相敏检波器分为模拟乘法器和开关式乘法器，本设计采用开关式乘法器。相敏检波器（PSD）的本质其实就是对两个信号之间的相位进行检波，当两个信号同频同相时，这时相敏检波器相当于全波整流，检波的输出最大。图 7.5.3 所示为相敏检波器的基本框图。

工作过程如下：设输入信号为 $x(t) = V_S \cos(\omega_0 t + \theta)$。参考输入 $r(t)$ 时幅度为 $\pm V_R$ 的方

波，其周期为 T，角频率为 $\omega_0 = 2\pi/T$，根据傅里叶分析的方法，这种周期性函数可以展开为傅里叶级数

$$r(t) = a_0 + \sum_{m=1}^{\infty} a_m \cos m\omega_0 t + \sum_{m=1}^{\infty} b_m \sin \omega_0 t$$

可得 $r(t)$ 的傅里叶级数表示式为

$$r(t) = \frac{4V_R}{\pi} \sum_{n=1}^{\infty} \frac{(-1)^{n+1}}{2n-1} \cos[(2n-1)\omega_0 t]$$

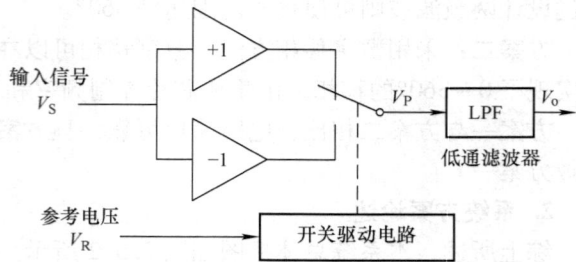

图 7.5.3　相敏检波器的基本框图

$$u_P(t) = x(t)r(t) = \frac{2V_S V_R}{\pi} \sum_{n=1}^{\infty} \frac{(-1)^{n+1}}{2n-1} \cos[(2n-2)\omega_0 t - \theta] + \frac{2V_S V_R}{\pi} \sum_{n=1}^{\infty} \frac{(-1)^{n+1}}{2n-1} \cos(2n\omega_0 t + \theta)$$

上式右边第一项为差频项，第二项为和频项。经过低通滤波器的滤波作用，$n > 1$ 的差频项及所有的和频项均被滤除，只剩 $n = 1$ 的差频项为

$$v_P(t) = \frac{2V_S V_R}{\pi} \cos\theta$$

当方波幅度 $V_R = 1$ 时，可以利用电子开关实现方波信号的相乘过程，即当 $r(t)$ 为 $+1$ 时，电子开关的输出连接到 $x(t)$；当 $r(t)$ 为 -1 时，电子开关的输出连接到 $-x(t)$，这时低通滤波器的输出为

$$v_o(t) = \frac{2V_S}{\pi} \cos\theta$$

当经过开关乘法器，角度之差为零时，输出信号最大。

3. 移相网络

因为输出信号与信号的相位差有关，所以必须加入移相网络。

移相是指两种同频的信号，以其中一路为参考，另一路相对于该参考做超前或滞后的移动，即称为相位的移动。由方案论证得，本设计采用模拟移相电路。模拟移相电路其实就是一个全通滤波电路，它的放大倍数 $A_v = (-1 + j\omega RC)/(1 + j\omega RC)$，写成模和相角的形式为 $|A_v| = 1, \phi = 180° - 2\arctan(f/f_0)$，其中 $f_0 = 1/(2\pi RC)$。每个滤波器相移范围均接近 $180°$，所以本设计采用两个一阶全通滤波器串联，使得整个移相电路能做到接近 $360°$ 的相移范围。

7.5.4　电路与程序设计

1. 电路设计

1）加法器。加法器采用差分放大器 INA134，无需外接电阻，即可做到 $V_o = V_S + V_N$，电路简单可靠，如图 7.5.4 所示。

2）纯电阻分压网络。直接采用电阻分压即可获得 100 倍以上的分压，为了获得较好的分压结果，R1、R2 均采用精密电阻，如图 7.5.5 所示。

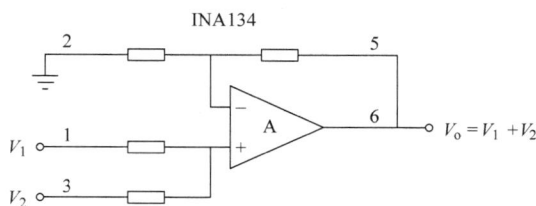

图 7.5.4　加法器

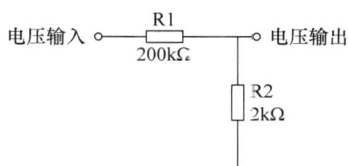

图 7.5.5　分压网络

3）前置放大器。因为要使微弱信号检测电路的输入阻抗不小于 1MHz，且它的第一级为同相放大电路，所以它的输入阻抗至少应大于 1MHz。本电路采用两片运算放大器 INA128 放大，使放大倍数约为 100 倍（INA128 的放大倍数 $GB = 1 + \dfrac{50\text{k}\Omega}{R_\text{G}}$，第一级放大 6 倍，第二级放大 16 倍，其中电阻 R_G 分别为 $10\text{k}\Omega$、$3.3\text{k}\Omega$）。INA128 外围电路简单，输入阻抗高，并能有效抑制共模干扰，如图 7.5.6 所示。

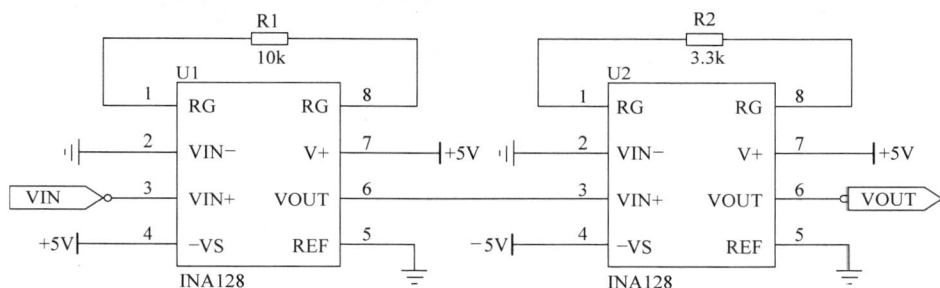

图 7.5.6　前置放大器

4）带通滤波器。将低通滤波器与高通滤波器串联，就可以得到带通滤波器，因为输入信号的频率范围为 500Hz~2kHz，所以带通滤波器的通带必须包含这个频率范围，代入参数可得带通滤波器，如图 7.5.7 所示。

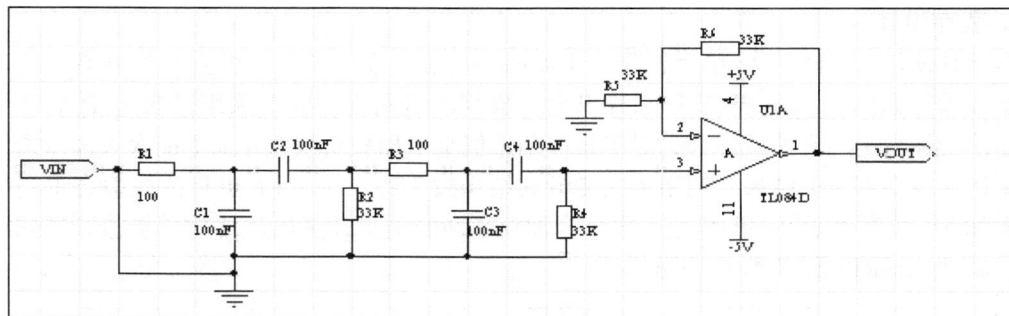

图 7.5.7　带通滤波器

5）相敏检波器。带通滤波器的输出 V_OUT1 同时经过同相和反相跟随器后，输入到开关乘法器 CD4053；然后另一路将参考电源 V_REF 先经过移相网络，接着滤掉直流，然后经过用 LM311 构成的单限过零比较器，得到方波去驱动 CD4053，具体电路如图 7.5.8 所示。

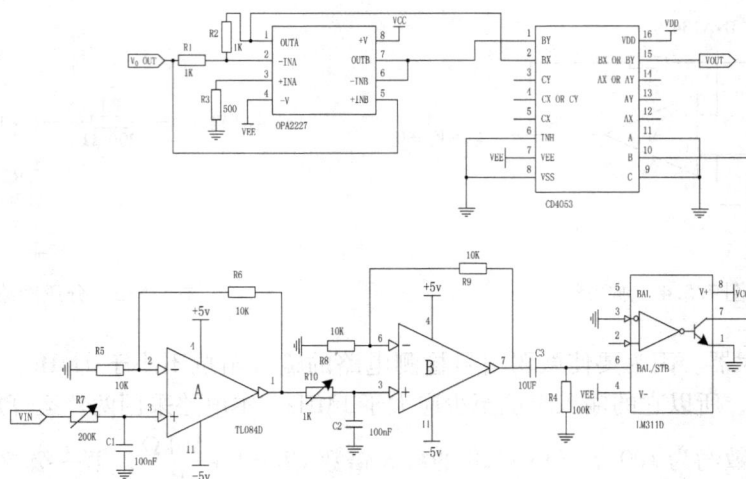

图 7.5.8 相敏检测器

6）低通滤波器。CD4053 的输出最后经过由 OPA4277 构成的可调低通滤波器，该滤波器的 $R = 1\mathrm{M}\Omega$，$C = 1\mu\mathrm{F}$，算出截止频率为 $1\mathrm{Hz}$，能够达到滤波的效果，如图 7.5.9 所示。

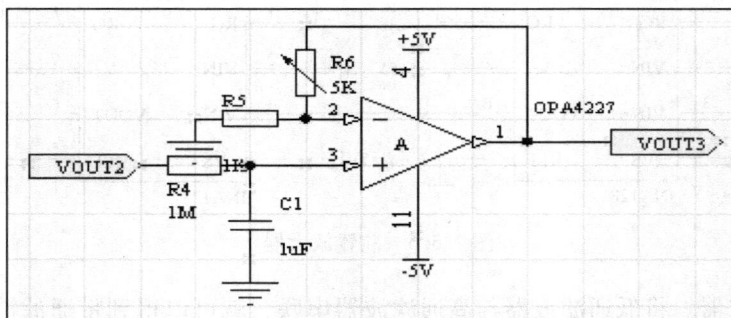

图 7.5.9 低通滤波器

2. 程序设计

本设计使用 TI 公司指定单片机模块 Launchpad 来完成，该单片机主要是将最后的可调低通滤波器的输出 V_{OUT2} 进行 A/D 采样。为了提高测量精度，除了采用多次 A/D 取平均以外，还使用加权平均和曲线拟合；对于每次测量值乘以加权系数 0.8 加上前次采样值乘以权值 0.2 作为本次测量的结果，利用多次测量的结果按方程 $y = ax + b$ 进行曲线拟合得到标定系数 a 和 b。最终根据得到的标定系数结合加权平均的结果计算出最终的测量值，送到液晶显示，软件流程图如图 7.5.10 所示。

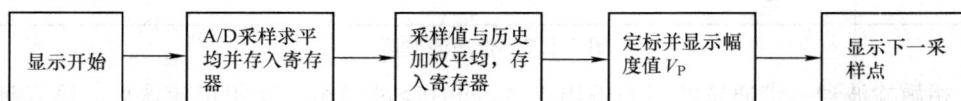

图 7.5.10 软件流程图

第3部分　团队模式下提高
本科生实践创新能力的探索实践

第8章　提高"电子工艺基础训练"
课堂教学实效的探索与实践

8.1　团队模式下提高"电子工艺基础训练"课程教学质量的探索与实践

现代科学技术与工程应用的快速发展，对工科人才的综合素质提出了更高的要求，也对高校的人才培养模式，提出了新的挑战。我国《中长期教育改革和发展规划纲要（2010—2020年）》中，明确提出要着力提高包括学习能力、实践能力和创新能力在内的大学生综合能力。如何在有限的时间内将在校学生培养成适合行业发展、社会需求的全方位复合型人才，营造适宜的工程实践环境，激发学生专业兴趣，提升动手能力，培养创新思想，全面推进素质教育，是21世纪高等工科院校的重要使命。近年来，河海大学对如何提高实践类课程的教学质量进行了深入的思考和广泛的研究，采取了很多有针对性的措施，特别是将先进的团队理念引入到实践教学体系，取得了良好的成效。

8.1.1　在实践课程建设中引入团队先进理念

作为培养学生综合素质和创新能力的重要途径，实践环节的训练与保障已逐渐成为高校教学不可或缺的重要组成部分，起着其他任何教育形式都无法替代的重要作用。但实践过程的多样性和复杂性，决定了其课程规划与设计不会像理论教学那样具有高度的统一性和严格的计划性，尤其是指导教师的个人能力与工程背景更成了制约课程质量的瓶颈。国外不少高校通过长期的实践探索，形成了很多各具特色、卓有成效的工科人才培养模式：麻省理工学院将学生教育融入团队发展中，培养终身学习观念；华盛顿大学、斯坦福大学等通过师生混合编队，致力工程与教育相结合，鼓励学生主动参与团队建设。诸多研究表明，极具张力的团队模式，以其先进的思想理念、科学的建设机制和人性化的管理架构，已成为当下各所高校培养优秀学生的重要途径。作者所在的河海大学通信电路与声学技术研究室（315室）从2002年开始组建大学生创新实践团队以来，在教书育人、人才培养和服务社会方面探索出了一些有效的方法，将团队建设的理念、方法与资源，引入到电子工程实践课程的教学过程中，充分利用了团队优势资源，以点带面，使精英教育的培养模式让普通学生受益。

8.1.2　建立"三位一体"双循环教学模式

"电子工艺基础训练"课程属于电气信息类各专业本科生工程实训的基础课程，是基本技能和工程知识入门以及创新实践和科学研究启蒙课程之一。课程的教学目标是希望通过基础工程训练，让学生初步接触生产实践，了解电子设计规范，掌握常规电路制作技术，同时培养科学研究兴趣，为后续课程与专业的学习奠定扎实的工程基础。课程以往的内容是统一让学生对从市面上购置的成套收音机零部件进行整机组装与调试。由于这个阶段的学生专业基础薄弱，且选课人数众多（学院大二年级所有专业近五百名学生），层次能力有高有低，因此课程的实际效果难以满足教学的需求。引入团队模式，通过建立师生教学梯队，合理调整实践内容，在指导教师与学生、学生与学生之间建立互助合作、教学相长双循环，可以较好地解决实践教学中的实际问题。

1. 建立指导教师团队，形成师生互动大循环

让不同层次的同学都能得到锻炼，提升兴趣，拓宽视野，切身体会专业魅力，将团队建设的先进理念与优势资源引入教学实践环节，构建如图8.1.1所示的三位一体双循环教学模式。

在师资层面，以经验丰富的省教学名师主打牵头，十多名各具所长的专业教师为业务骨干，构建核心课程教学团队（平均每位教师负责一个小班三四十人的日常管理和学习指导，组成课程团队建设的支撑主干）。依托团队成员的经验优势、科研底蕴与人文素养，指导教师们可实现个人工程能力的互补与优势共享，并且强调对课程的总体规划与过程保障。教师充分利用自身的学科知识和团队教学平台与学生主体进行直接交流与互动，准确把握学生动态，随时调整教学方法，使学生能够更

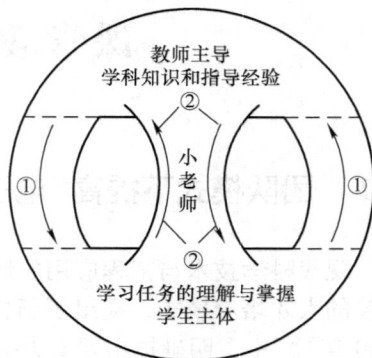

图8.1.1 三位一体双循环教学模式
注：①实践课程师、生互动大循环；
②指导教师与小老师、小老师与普通同学之间互助合作微循环。

好地理解课程精髓，掌握学习内容，构成以教师为主导，学生为主体，教学相长的大循环，如图8.1.1中①所示。

2. 建立"小老师"团队，形成互助合作微循环

指导教师根据学生规模和课程规划，在自己的实践创新团队中精心挑选出部分平时表现比较优秀，具备一定工程实践能力的同学作为自己的助手（同年级的学生），构建课程辅助团队，积极参与对普通同学的日常管理与指导，大家亲切地称之为"小老师"（平均每位"小老师"负责一个大组8名同学的组成规模）。"小老师"们来源于同学，可以非常清楚地了解同学们各自的长处与短处，同时，他们常年工作学习在实践创新团队中，又非常熟悉指导教师的工作方式与指导风格，就像一座桥梁，将指导教师和学生主体紧密联系在一起，形成了高效有序的互助合作微循环，如图8.1.1中②所示。

"指导教师—小老师—学生主体"，这种三位一体层层递进的梯队设置，1师8生、分工明确的教学策略，资源共享，优势互补，以点带面，点面结合，形成了完善的双循环教学模式，有效地克服了实践教学中"基础好的学生吃不饱、基础差的学生打酱油"的现象。

8.1.3 重视过程管理，保证教学相长双循环

为保证课程内容设计合理、信息丰富，教师团队课前做了认真的研讨与准备，充分重视实践课程的过程管理，以让各个层次的学生都得到全面、具体的锻炼。

1. 合理设置教学内容，注重师生互动交流

　　针对大多数同学专业知识欠缺、工程能力薄弱的特点，作者摒弃了以往在电路理解和实物组装上都有一定难度的对收音机的组装与调试，另外选择了两款更符合现阶段学生能力的制作电路：可调直流稳压电源（模拟电路）和数字时钟（数字电路）。普通学生可以比较容易地理解系统的基本原理和设计思路，比较从容地建立简单的电路制作理念，为后续"模电"、"数电"等专业基础课程的学习做好铺垫。而对于从实践创新团队中精选出来的"小老师"们，指导教师则根据每个人的具体情况，安排他们继续完成自己在学科竞赛或者在导师科研团队中还没有完成的内容拟定题目。由于这类题目本身具有一定的难度和深度，因此对最终结果不作硬性规定，但要求"小老师"们把制作的过程、采用的方法方式、碰到的问题以及获得的经验及时与班上同学一起分享。实践证明，榜样的力量是无穷的：身边同学朴实无华的现身说法，哪怕还有各种缺陷，也比教师在讲台上苦口婆心地讲授更能促进与触动学生学习的潜意识。

　　为激发学生兴趣，保证知识体系的全面性和前瞻性，指导教师会根据教学进度，向同学展示自己科研团队的最新研究成果，向大家传递相关学科领域的新思路、新概念和新成果，作为对课程内容必要的补充和拓展。在整个实践课程进行过程中，师生们根据自己的能力与特长，积极进行面对面的交流与指导，发现问题，解决问题，获得提高，形式了人人参与的教学互动大循环。

2. 精心设计教学方案，加强互助合作微循环

　　实践课程的内容安排，形式上主要包括制板软件的运用以及实际电路的焊接、安装与调试。制板软件的使用较易上手，以往采取让学生自学的形式。但由于没有相应的考核机制与保障环节，学生往往是浅尝辄止，之后即束之高阁，并没有获得相应能力的提高，在个人的专业知识结构中出现断层。为改善这种现状，教师团队首先利用假期对遴选出来的"小老师"们进行专项的指导与培训，认真了解每位学员的个人能力与软、硬件基础，制定了详细的课程规划，并对有可能出现的各种问题做好充足的预案。开课后，教师团队则充分放手让"小老师"们对普通同学进行电路设计软件使用的指导与考核：每个专业由一名"小老师"主讲一到两次，其余的"小老师"们对自己的组员进行面对面、手把手的讲解与引导。对于"小老师"们而言，如何凝练自己的知识体系，以便完整、准确地传授给大家，并随时随地准备同学们的各种提问，无疑是一种非常有效的锻炼方式。而对于普通同学来说，通过与"小老师"们面对面的交流，切身感受到在专业领域上与同学的差距，则是一种非常直观的激励。这种指导教师与小老师、小老师与普通同学之间互助交流、共同进步的合作微循环，无疑将极大地提升各个层次学生的学习动力，达到事半功倍的效果。课程中段，教师对电路设计软件的使用进行了一次摸底，结果是，基本上每位同学都能够比较准确地完成测试的内容，并且都有自己对实际问题的认识和理解。整个培训过程，现场氛围热烈，教学效果明显，同学们展示出了良好的学习风貌。

　　工程实践能力包含对客观事物敏锐的观察力与执行力、解决实际应用的动手能力，以及处理工程问题时所必备的组织与协调能力。在实际电路制作环节，安排每两名同学一组，分别完成可调稳压电源和智能数字时钟的制作，利用电源给数字时钟供电，实现计时和闹钟的功能。教师在教学过程中，鼓励学生充分利用现代化网络平台进行资料的查询与共享，并鼓励小组成员之间的互相帮助与合作、大组成员之间的合理竞争与引导。同时，对于多数同学存在平时实践机会少，动手能力低和工程素养薄弱的问题，在基础内容的培训和指导上教学团队花了相当多的时间和精力：比如详细介绍一般工程实践应该遵循的基本规范原则、常用电子元器件的识别方式与作用性能、相关仪器仪表的常规使用守则以及焊接工艺的基本制作要求等，以迅速填补同学们工程实践能力方面的空白。

在电路制作的具体过程中，由于采用了三位一体的双循环教学模式，借助"小老师"这一非常接地气的中间桥梁，使整个教学团队有能力对每一位同学都做到具体问题具体对待，形成了主要问题分组解决、共性问题班级讨论的由小及大、层层推进的教学组织形式。一个分工明确、有条不紊的团队环境使同学们在不知不觉中培养了兴趣，积累了经验，锻炼了能力。

3. 重视课程交流总结，保证知识体系延续

团队成员之间定期的交流与总结是进行实践创新不可或缺的必备环节。行之有效的交流模式，在分享自己创新成果的同时，学习他人先进理念，拓展个人思路，可以充分体现集思广益、优势互补的团队精髓。而及时到位的总结与讨论——对前期工作阶段性的整理和对出现问题系统细致的分析与思考，都会对下一步的研究进展起到事半功倍的作用。在整个实践课程进行中，教学团队指导教师的宏观调控与总体掌握，辅助团队"小老师"们认真负责的指导与管理，使学生主体你追我赶，全情投入，在各个环节都展现了极高的热情，发挥了良好的效能。课程最后，要求大家对自己的学习过程和工作成果进行总结汇报，探索工程规律，分享实践经验，以发现自身在知识与能力上的不足，树立切实目标，为下一阶段的学习和未来的发展做好充分的准备。

由于客观条件的限制，电路板的实际制作以及一些具有较高挑战性的电子设计项目（校、省、国家各级电子设计竞赛题目）无法保证让每个同学都得到亲身的实践机会，"小老师"们就利用自己参与的团队平台，通过现场演示或视频记录的方式向大家展示各种更高层次的电路、系统、项目的设计理念与工作进展，给已有了一定基础和兴趣的同学以切身的感性认知和专业认同。这个环节，对于同学们在今后的学习和工作中，树立更加明确的目标，培养更加良好的学术志趣等，都有很好的帮助。通过这些有益的交流、总结、讨论、思考，从同学们实践内容的完成情况、交流汇报、课程总结甚至一些网络平台的反馈来看，大家的学习兴趣、工程能力和综合素质都取得了明显的进步，实践课程的教学质量获得了明显的提升。

8.1.4 探索与实践小结

提高教育教学质量是高校人才培养永恒的主题，而良好的团队大环境对学生的成长有着至关重要的作用。将成熟的团队培养理念引入到电子工程实践课程中来，建立"指导教师—小老师—普通学生"三位一体的双循环教学模式，可以有效提升课堂效果与教学质量。通过对课程建设内容的合理设计与规划，共享团队资源，保持师生互动，深入学生，以点带面，点面结合，尽量让每一位同学受益，用他们更易接受的方式方法，在潜移默化中培养兴趣，锻炼能力，提高素质，为今后更加广阔的发展打下扎实的基础。

大学生是国家强大的希望，社会对大学生的实践创新能力一直寄予厚望，但受多种因素影响，中国大学生的创新能力与发达国家尚有差距。为了缩小差距，国家支持和鼓励高校开展研究与探索，通过质量工程等多种措施确保研究与探索落到实处。河海大学通信电路与声

学技术研究室从 2002 年开始组建学生团队，并认真研究和吸收国内外的相关经验，从 2005年开始先后得到省教研课题、省实验示范中心、省品牌专业、国家大学生创新训练计划等质量工程项目的支持，团队学生和指导教师的人数均逐年增加，学生实践创新能力和教师指导能力也一届比一届更强。

8.2　团队模式下培养"电子工艺基础训练"课程骨干同学的探索与实践

8.2.1　学习先进经验，基于实情建团队

创新型人才的培养需要良好的氛围和条件，优秀的学生团队是培养优秀人才的摇篮，建设好学生团队对培养"电子工艺基础训练"课程骨干同学和大批创新人才的成长有重要意义。

1. 优秀团队的特征

优秀团队要能产生一加一远大于二的联合效应，优秀团队要能有计划、有组织地增强成员之间的沟通交流，增进彼此的了解与信任，达到分工合作更为默契，目标更加统一明确，工作更为高效快捷的目的。综合国内外经验，一个优秀的团队主要包含四个方面的特征：

一是拥有共同的价值追求。创新价值观作为学生实践创新团队的灵魂，是明确团队奋斗目标的首要问题，是志同道合的思想基础，也是奉献科学的精神动力。只有团队成员具有共同的价值追求，团队才能显示出自身的优势。

二是具有积极的创新精神和扎实的创新能力。创新精神和创新能力在实践创新活动中综合体现为创新理念、创新意识、创新思维、创新方法、创新技能。创造力水平的高低是衡量一个实践创新团队成败的关键。创新能力来源于孜孜不倦的学习氛围和争创一流的学习精神。在科学技术日新月异的今天，一个团队唯一不变的优势，就是比别人学得更快。

三是明确团队成员任务。要使一项团队任务得以完成，必须使每个人清楚自己的职责和任务。如果一个团队的成员互相之间责任混乱，那么这个团队的工作效率便会受到极大损害。一个优秀的团队在建立之初，首先必须明确团队成员各自承担的任务以及互相之间的关系，明确如何才能有效的、顺利的合作，这些将有利于团队的团结和问题的解决。

四是合理的人员构成。对一个团队来说，合理的人员配置将会为问题的解决带来事半功倍的效果。首先一个团队必须有一个核心领导人，能担任核心的人要了解团队成员，理顺成员间的关系，规划团队的任务；其次，一个团队之中还必须有若干个精英，在团队中起示范和带头作用；此外，在一个团队中还应包括若干名后备成员，入队之初可以在资料支持和基础实验方面给精英成员以帮助，同时在完成任务的过程中，不断学习，取得进步，逐步成长为精英，实现团队成员更替的良性循环。团队成员间要具备优势互补、配合默契的特点，通过相互帮助和支持，增加工作的信心和热情，减少不必要的内耗和不协同作业造成的延搁，产生更高的学习和工作效率。

2. 典型优秀团队的经验

学生团队的建设一直受到国际众多知名高校的重视，如英美两国在本科生科研团队建设方面就成效显著。英国牛津大学在 14 世纪提出本科生导师制，部分导师带头组建了学生团

队。20 世纪 60 年代，美国建立了本科生科研计划等专门机构，学生团队也相应的建立起来。麻省理工学院（MIT）负责本科教学的院长 Margaret L. A. MacVicar 受另一名教师 Edvin H. Land 的启发，创立了"本科研究机会计划"（The Undergraduate Research Opportunities program，UPOP），鼓励支持达到一定条件的本科生参与教师的研究项目，这一项目的实施有效地促成了本科生科研团队的形成。

20 世纪 80 年代，加州大学洛杉矶分校也开始大范围支持本科生科研。1990 年以后，美国研究型大学中本科生参与科学研究的越来越多，斯坦福、伯克利两所大学分别于 1994 年和 1997 年专门成立办公室，对本科生科研进行组织和服务，为学生提供各种研究机会和项目申请的信息，组织项目申报、审核以及验收工作。此外，该办公室还承担一定的教育职能，例如通过组织各种关于研究方法方面的讲座和讨论会，帮助学生了解什么是研究，如何撰写项目申请书、拟订预算、项目实施等。伯克利分校出台了众多开创性的举措，在本科生科研训练和团队建设方面成效显著，形成了独具特色的"伯克利模式"。伯克利本科生科研的支持体系，非常类似于美国国家科学研究的支持体系，学生参与全过程，就相当于参与了一次未来真实科研工作的预演。更重要的是，本科时期的研究与工作经验能影响学生未来的学术和职业发展，可帮助学生了解自己的兴趣与能力所在，对未来作出正确的选择。

事实上，美国一流大学无不对本科生科研给予高度的重视和支持。在学生科研团队的建设方面，国际多所知名大学为了提高学生参与的积极性，推出了形式多样的科研项目，如在加州大学伯克利分校，主要的科研项目有本科生担当研究助理的"本科生科研学徒计划"、资助三年级本科生暑期研究的"哈斯学者计划"、资助优秀本科生原创性研究的"校长本科生研究奖学金"资助低收家庭本科生科研的"迈克奈尔学者计划"和鼓励没有科研经历的低年级本科生加入的"良师益友计划"等。

在团队科研经费上，发达国家的高校普遍与社会团体或企业建立联系，并有各种私人基金的赞助，经费来源丰富，能够为大多数愿意体验的本科生提供相应的机会。周详的科研计划、合适的科研项目、专业的管理机构以及充足的科研经费为学生团队的建设提供了良好的保证，使得美国在学生科研和学生团队方面走在世界的前列，这些都是发展中国家应该学习的优秀经验。

中国大学也经历了与美国高校相似的经历。自 1999 年第 3 次全教会提出全面培养学生的综合素质为标志的素质教育大讨论，到《国家中长期科学和技术发展规划纲要（2006—2020 年）》的制定和建设创新型国家的提出，本科生科研工作得到了空前重视。1996 年，清华大学正式启动大学生研究训练计划，首次在国内提出了本科生研究计划。自 1998 年以来，北京大学陆续设立了三项"基金"，鼓励和引导学有余力的优秀本科生在导师的指导下参加科学研究活动，组织学生进行创新团队方面的建设。近年来，其他一些大学也纷纷推出一系列计划，鼓励学生科研团队的建设，取得了不错的效果。尽管近几年发展较快，但由于我国在组织本科生进行科学研究及团队建设方面起步较晚，尚没有形成一定的规模和成熟的运作模式，而且在学生团队建设的具体实施中，缺乏对教师激发性的举措，因此，对适合中国高校特点的大学生实践创新团队建设作进一步的理论和实践探索，丰富创造性人才的培养模式，仍具有十分重要的意义。

3. 基于实情建团队

与发达国家相比，发展中国家在大学生实践创新团队的建设方面，如资金和设备支持方面有一定差距。由于对工科学生开展实践创新活动的硬件条件保障非常重要，为了解决设备和场地问题，作者所在实验中心提出了 "时分复用法"：通过将三门及以上设备能共享的实验课程整合到同一房间，使实验设备和场地高效运行，从而调整出 70% 左右的实验设备和场地，面向学生全面开放，较好地解决了学生实践创新团队的硬件条件保障。

工科学生开展实践创新活动，除了场地和设备外，计算机和元器件是必备的。作者所在实验中心提出了集体和个人共同解决的办法，计算机由学生自己购买，基本的元器件由实验中心免费提供，特殊元器件由学生申请各类学生科研经费解决。

学生团队的建设和培育中，教师的指导是关键，由于教师的科研和教学任务普遍比较重，教师常常对学生的课外指导感到力不从心。针对这个问题，作者所在实验中心提出了 "梯队导师制"，并开展了一系列将教师科研、教学工作与学生课外指导有机结合的探索，使教师指导作用得到了良好的保证。团队建设有先进的经验可以借鉴，但不能照搬，河海大学通信电路与声学技术研究室近 8 年的实践体会是：只有充分根据国情和校情去分析和考虑问题，学生实践团队建设中遇到的问题才能得到良好的解决。

8.2.2　通过 "学生团队建设" 提高学生实践创新能力的探索

借鉴国际上优秀学生团队的经验，河海大学通信电路与声学技术研究室集思广益，不断发掘自身的优势，展开了一系列大胆尝试和改革，提出了按年级组建横向学习组、按项目组建纵向课题组的团队组建方式，在调动学生的积极性、增强合作意识和项目开发能力方面，以及在提高创新能力和就业能力方面都取得了良好的效果。

1. 按年级组建横向学习组，由易到难掌握 IT 技术

国际上优秀团队的经验表明，明确团队每个成员的任务及各成员之间的关系，使团队 "人人有事做，事事有人管" 是保证团队成员迅速成长的关键。

1）明确人事关系，以点带面使全体学生受益。为了加强对学生的管理和指导，提出了图 8.2.1 所示的团队成员承担任务及互相关系框图，图中对团队成员各自承担的任务以及互相之间的关系进行了明确的规定。教师及骨干研究生将主要精力放在大四及各年级代表身上。从大三暑假开始，教师给大四学生确定毕业设计课题，并拟定详细的工作计划，指导大四学生用一年时间完成好毕业设计。在指导好大四毕业设计的同时，教师带领研究生重点对非毕业班年级小组代表进行指导，非毕业班普通学生的指导再依靠年级代表去落实。年级代表由 1～2 名能力较强的学生担任。年级代表首先要学在他人之前，为普通学生实践创新当好表率，其次要负责小组的日常管理和计划实施进度的检查，在学生学习遇到困难时，组织小组讨论或是向高年级的学长请教，若学生内部无法解决再向导师请教。这样，教师可将大部分精力放在大四学生毕业设计和非毕业班骨干学生的指导上，通过每周交流再将骨干学生的进步传递给全体团队成员。

按年级组建学习小组有三个好处：一是教师有限的精力得到了科学的利用，重点放在最需要教师指导的大四学生身上，能确保大四学生毕业设计的质量；二是对非毕业班的低年级学生而言，由于各年级之间存在层次高低的差异，平时主要采取由高年级的学生指导低年级的学生，并定期参加导师组织的高年级学生汇报会，使低年级学生对将要学习的专业知识有一定的了解，并在高年级学生的指导下完成一些力所能及的实践任务，为非毕业班学生的毕业设计提前打下良好的基础；三是培养了不同层面学生团结协作的能力，通过以点带面的方式使全体学生的自学能力和实践动手能力都得到提高。

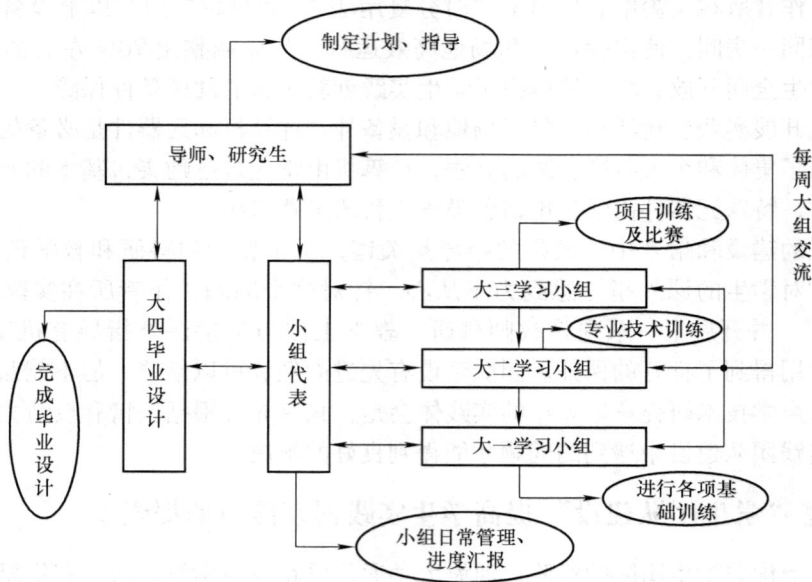

图 8.2.1　团队成员承担任务及互相关系框图

2）细化训练内容，由易到难学习基本 IT 技术。用人单位希望学生拥有项目研发经验和熟悉基本技术。在基本技术学习方面，团队采取由易到难、层层推进的方法。基本技术训练过程示意图如图 8.2.2 所示，分为基础训练、软硬件训练和项目训练三个阶段。在基础训练阶段，学生根据自己的实际情况，进行一些基本技能方面的学习。学习内容包括基本的实验理论与技能，要求学生掌握简单电路安装、调试技术，通过基本实验和参加学生团队的交流活动，练好应知应会的实践创新基本功；在学生有了一定的基础后，就可以进行一些比较专业的软硬件方面的学习。学生可根据兴趣爱好，选择主要学习内容。软件方面，除 C 语言、JAVE、.NET 等常用编程语言的学习外，还可以进行 Windows 系统编程技术、网络应用系统编程技术、现场总线与通信技术等方面的学习。

2. 按项目组建纵向课题组，培养项目开发能力

团队培养学生一方面是按年级组建学习小组，组织学习基本技术，另一方面是让不同年级的学生组建项目开发组，进行实际项目训练，因此，团队有横、纵两条线的培养机制。团队的每个项目均由教师、研究生以及大四到大一年级的学生组成课题组，不同年级的大学生在团队教师以及研究生的集体指导下，根据分工结合各自特长在团队中承担相应的子题目。硬件方面，主要借助开发器或实验箱学习单片机、CPLD/ FPGA，DSP、嵌入式等技术。学生具备一定的软、硬件动手能力后，便可以进行项目训练。项目的来源之一是直接向学校申请，学校主要资助的项目有大学生创新训练计划、学生科技基金项目、重大学科赛事备战项目等。除此之外，由于河海大学处于中国经济发达的长三角地区，企业非常重视科技创新和新产品的开发，因此学校鼓励学生牵头承接企业需求的一些小项目，在项目研发中培养能力。在经过一系列的训练之后，教师吸收学生参加国家自然科学基金等重大科研项目，用指导研究生的办法培养大学生的科研能力。虽然与学生训练的项目相比，教师的科研项目难度

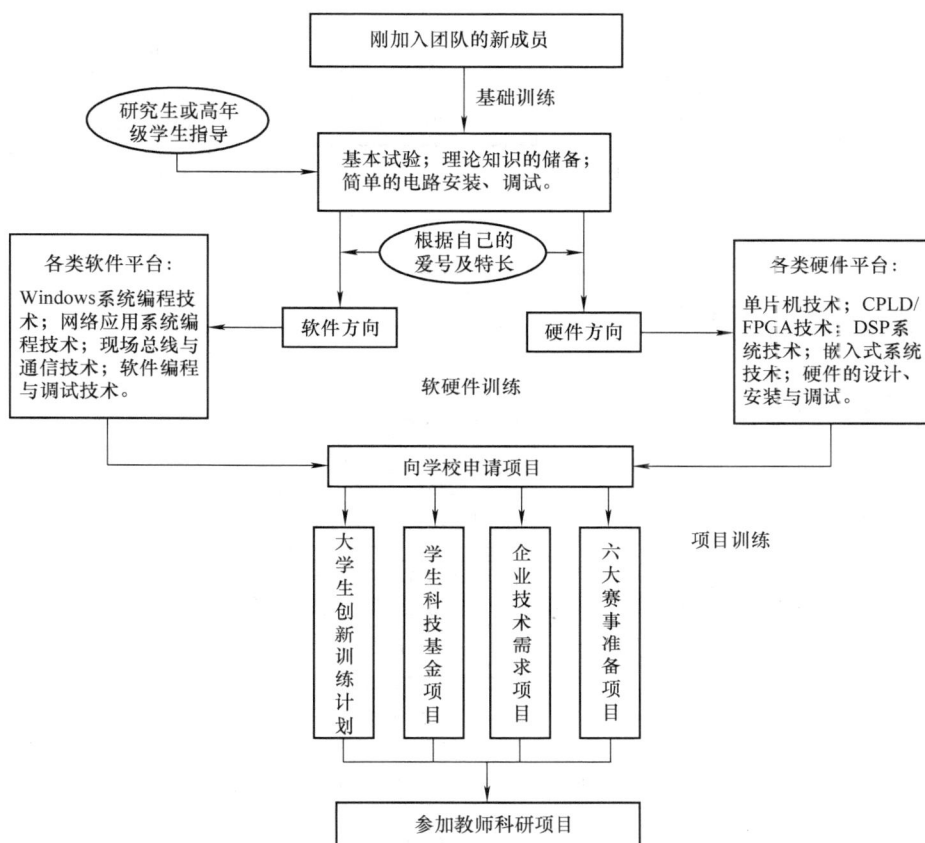

图 8.2.2　团队学生学习基本技术训练过程示意图

更大,知识面覆盖更广,挑战性更强,而且时间更紧,但由于学生在前期的基本训练中已积累了一定的经验,因此,他们在教师的科研项目中一般均能发挥良好的作用。在教师的科研项目的过程中,由于学生缺少经验,因此教师仍需要把握好任务的细化和质量的控制,精心组织项目的实施,包括项目各子课题的设计、项目的进度规划、项目实际实施效果检查等。例如,作者所在的研究团队近几年基于声学与电信技术开展的生态环境保护技术的研究,就取得了很好的效果。其中,单元电路和部分软件的设计课题多数是交给本科生进行预研,而且在遥控采集电路等五个方面取得了较好的研究进展;在本科生研究的基础上,由研究生对成果进行提升与完善,并面向实际应用开展研究,在基础应用研究和实际应用电路两个方面取得了不错的成绩;教师进一步对研究生及本科生的工作深入研究,在国家自然科学基金等项目的资助下,最后在超声水处理等三个领域取得了可喜的成绩。经验表明,通过组建团队,使科学研究、教书育人、服务社会三方面工作都得到了有机融合。该课题中,教师、研究生和本科生项目分工示意图如图 8.2.3 所示。

8.2.3　探索与实践小结

大学生是未来科技创新的希望,科技创新不仅需要有创新能力的个体,更需要有创新能力的团体。学生实践创新团队的建设不仅能培养学生的专业能力,还能有效增进团队意识和

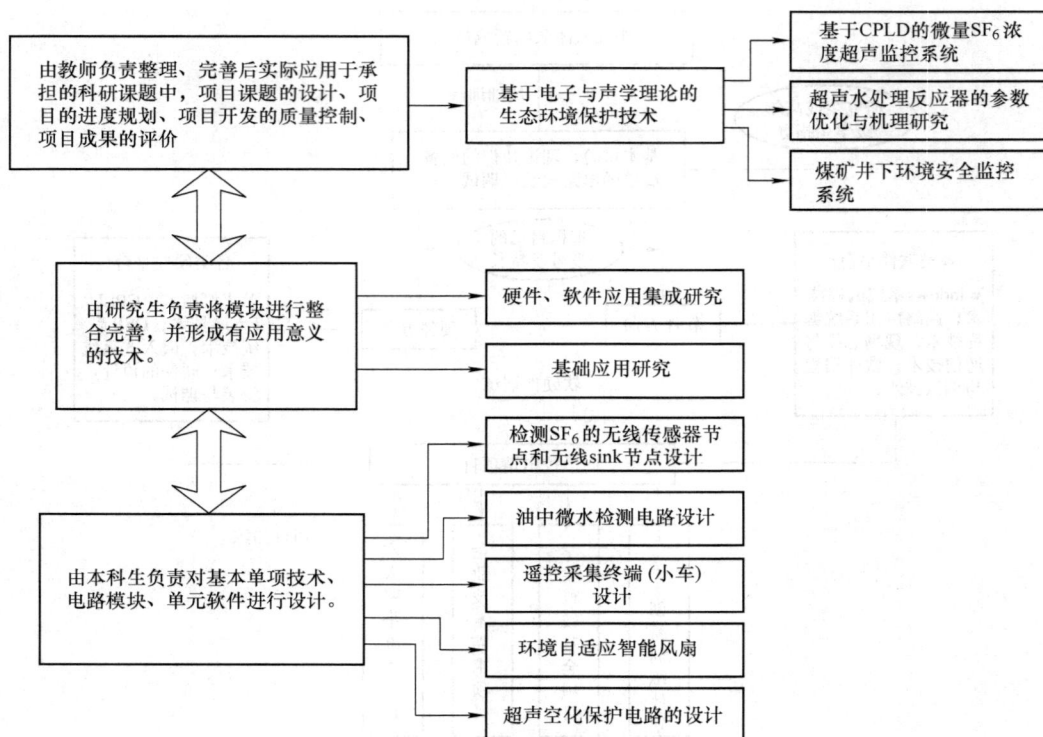

图 8.2.3 教师、研究生和本科生项目分工示意图

协作能力。同时能有效帮助教师将科研、育人和服务三大任务齐头并进，是高校发展的有效举措。

第9章 "电子工艺基础训练" 课后以点带面的探索与实践

9.1 借鉴"雁阵效应"提高大学生实践创新能力的探索与实践

2011 年中国教育部继续实施"基础学科拔尖学生培养试验计划"和"卓越工程师教育培养计划"等质量工程项目，旨在培养出服务基础研究、服务国家工业创新与创造事业的更多卓越人才。如何在高校教育教学实践中落实这些计划，克服教育中的"一枝独秀"，真正实现卓越人才的"群体齐飞"，成为广大高等教育工作者面临的重点与难点课题。

作者所在实验中心通过借鉴"雁阵效应"，在提高大学生实践创新能力的实践上进行了探索，思路如图 9.1.1 所示。通过对自然界中雁阵规律的分析和总结，引申出奉献精神、团队精神和扶助精神在大学生实践创新活动中具有非常重要的作用，三方面协调互补、共同作用，最终带动整个集体达到"群雁齐飞"的良性效果。

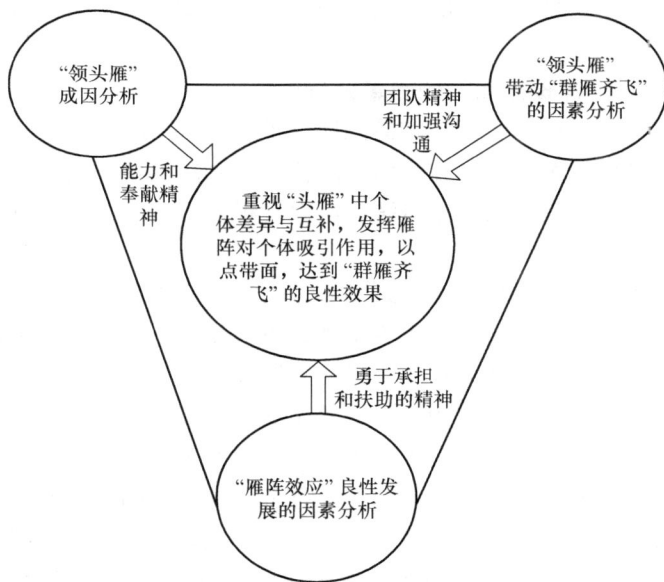

图 9.1.1 借鉴"雁阵效应"提高大学生实践创新能力的实践探索思路

9.1.1 "雁阵效应"的成因分析

雁群在天空中飞翔，一般都是排成人字阵或一字斜阵，并定时交换左右位置。生物专家们经过研究后得出结论，即雁群这一飞行阵势是它们飞得最快最省力的方式。管理专家们将这种有趣的雁群飞翔阵势原理运用于管理学的研究，形象地称之为"雁阵效应"。"雁阵效应"的重要作用在于：靠着头雁领队，团结协作，才使得候鸟凌空翱翔，完成长途迁徙。依靠"雁阵效应"的群体优势，使得在单个个体上相对弱小的大雁能够"群体齐飞"，完成个体所难以完成的南北飞行计划。在高校大学生的实践创新教育中，开展仿生学的相关研究，充分借鉴"雁阵效应"的种种优势，有益于实现大量卓越人才的群体成长和进步。

1. "领头雁"的成因分析

通过生物学家对雁阵的仔细观察和了解，雁阵中的领头雁毫无疑问是整个雁群的核心力量。科学研究表明，呈人字雁阵飞行，群体省力高效，但处于人字尖端的大雁任务最艰难，需要承受最大的空气阻力。领头雁首先担负着控制飞行高度、飞行速度、辨别方向的任务，同时，后面大雁的羽翼均能逐个向后借助前面大雁高速飞行时带动周围空气流速增加而导致的气压降低，省力飞行。研究表明，头雁以外的大雁在人字雁阵中飞行时比领头雁或单飞要省力70%。领头雁的产生，是在群雁成群飞行中自行产生的，是由一只强壮的成年大雁自觉主动地承担的，这源于一种生物进化过程中的生物自觉性，是一种大雁的生物本能。从人类团队的角度讲，"领头雁"的产生需要一定的客观条件，即个人才智能力的高低、专业水平的深浅，以及领导团队所需要的智商和情商等综合素质，也需要具有为团队勇于奉献、乐于建设团队的觉悟和奉献精神。

在大学生自主实践创新活动中，同学们习惯把能发挥辐射带动作用的学生称为"领头雁"，老师常把这样的同学树为"先进典型"。这些人往往超越时代或当前环境的局限，拥有高于普通人的综合素质，具有较强的活动能力，并对现实环境辐射出较大的影响，能够带动他人的学习积极性。

2. "领头雁"带动"群雁齐飞"的因素分析

科学研究表明：编队飞行的大雁能够借助团队的力量飞得更远。大雁的叫声充满热情，能给同伴以鼓舞，大雁用叫声鼓励飞在后面的同伴，使团队保持前进的节奏。当一只大雁脱离团队时，会立刻感到独自飞行的艰难迟缓，所以会很快回到队伍中，继续利用前一只大雁造成的低气压环境省力飞行。

当领队的头雁疲倦时，它会自动退居到侧翼，由另一只大雁接替。在这当中，最可取的是大雁的主动精神。具体一点说，就是头雁主动让位和另一只雁的主动承担的精神。而头雁之所以能主动让位，是因为它有全局观念；另一只雁之所以能主动承担，也是因为它有团队精神。人类在现实生活中，主动让位的不多，恋位不让的却不少；主动承担的不多，躲避承担的却不少。这当中，所缺少的正是全局观念，所缺乏的正是团队精神。

雁阵在飞行时，最后的两只大雁会不约而同有节律地发出叫声，其目的是为了跟前面的同伴和头雁保持沟通。它们的叫声既是对头雁的报告，又是对同伴的通报；既是对头雁的告慰，又是对同伴的激励。究其原因，沟通是雁阵飞行的需要，是"团体操作"的需要，没有沟通就会指挥失灵。人类活动中，要想干好事情，尤其要保持沟通。因为现实社会人员复杂，机构繁多，往往牵一发而动全身。只有加强沟通，才能交流信息，扩大了解，增进友谊；只有加强沟通，才能缩短彼此距离，保持和谐氛围，赢得全局胜利。人字雁阵的这种"团队轮换攻克艰难任务，同伴落后不停沟通鼓励"的团队合作与沟通精神值得人类借鉴。

3. "雁阵效应"良性发展的因素分析

1）"头雁"与"群英"没有级差。当领头的大雁累了，会退到队伍的侧翼，另一只大雁会取代它的位置，继续领飞。整个雁阵要飞得快飞得省力，必须依靠每个成员"位移"

和"对齐"的配合;整个雁阵飞得快飞得省力后,不断根据"体力"需求,及时、积极、灵活的变更领头雁。在团队中,仅仅强调"领头雁"的作用是不够的。领头雁的力量虽然强大,但作为个体其力量总是有限的,太重的负担会使"领头雁"形成"过劳",不利于整个"雁阵"团队的可持续发展。因此,在合理的团队建设中应该培养一批可以担任"领头雁"重任的团队骨干成员。从大学生实践创新团队的角度来看,应该培养和选拔一批富于才干的学生"小老师",由他们时刻准备好承担"领头雁"的职责。

2)"扬优"和"扶差"同等重要。在雁阵中,领头雁通过控制飞行节奏来保持队伍的飞行队列。越靠近飞行队列前方的,越需要付出较大的飞行体力;这样整个雁阵在飞行中自觉调整队列,那些强壮、体力充沛的大雁会逐渐居于飞行队列的前方,它们需要克服的空气阻力更大一些,同时也随时准备接替"领头雁"的位置;而同时,那些相对体力较差的大雁会居于队伍的后列。前后的大雁通过高亢的鸣叫声进行相互的呼应,会促使后面的大雁奋力跟进,不至于掉队;如果有大雁因为体力不支或者受伤而掉队,会有一两只强壮的大雁陪同它降落在水草丰茂的湿地暂时栖息养伤,然后一同返队。在人类的团队中,也必然出现类似的情况。同一个团队中,由于个体间必然存在的差异,会产生类似的分化现象。一部分较为优秀和突出的人员脱颖而出,就应该让他担当一定的任务和职责,发挥他的才智和潜力;而对另一部分相对吃力的人员,也应该注意好对他们的"扶差"问题。只有兼顾了"扬优""扶差"双方面的问题,才称得上是一个好的"雁阵"团队。

9.1.2 仿效"雁阵效应"提高大学生实践创新能力的实践探索

1. "领头雁"的培养方法实践探索

从前面的分析可知:"领头雁"应当具备两个方面的素质:

1)能力。这点是毫无疑问的,能力包括基本素质、理解能力、知识面、思考力、分析能力、逻辑思维能力、创新精神、沟通能力、语言水平等方方面面。能力是一个人能够主动判断形势、理解现状、积累知识与经验、寻找机会、调节自己、摸索可能性、改变现状等的本领,这是成为领头雁的必要条件。

2)公共意识和奉献精神。即团队中所有成员的科研活动都要大体符合整个团队的发展方向,这样才能使个人的力量和团队的愿景产生良好的契合,真正发挥"雁阵"的作用。

在仿效"雁阵效应",提高大学生实践创新能力的实践探索中,作者所在实验中心充分认识到培养领头雁的重要性,实验中心为一切有意愿到实验中心"安家落户"开展实践创新活动的同学提供良好条件,并将他们作为"领头雁"进行培养。在实际操作中首先就是进行创新能力的培养:

1)训练学生的发散思维,培养创新能力。发散思维是根据已有信息,从不同角度、不同方向思考问题、从多方面寻求多样性的答案的一种思维形式,是创造性思维的核心。为走出传统教学中重求同、忽视求异,重集中思维训练、忽视发散思维训练的泥潭,应转变观念,以任务驱动学习,将学习动力权交给学生,引导学生进行发散思维,以此培养学生发现问题、解决问题的能力。例如在元器件的典型应用培训中,首先将元器件特性进行分析介绍,然后拿出实物,引导对整机中的元器件进行识别,让学生根据所学基础知识,从多个角度、多种方法思考这个问题,并提出方案进行逐一检验。

2)理论联系实际,培养创新能力。鼓励、指导学生大胆、灵活地运用已学知识,解决实际问题。作者所在实验中心鼓励学生将个人的创新思想带到实验中心进行试验，并给予一定经费支持和指导，待研究取得一定进展后支持申报国家创新训练计划项目，并为学生成果实际运用提供多种便利条件。

3）创设创新的实践舞台，激发学生的创新能力。创新不仅是一种复杂的思维活动，而且是一种需要创新技能的实践活动，因此，要培养学生的创新能力，必须为学生提供创新技能的实践舞台。经过多方验证，举行竞赛是激发学生观察、思考、尝试、创新等能力的最好途径。作者所在实验中心为学生参加教育部组织的六大信息学科赛事构筑了良好的平台，并不断探索"领头雁"的培养机制，坚持鼓励那些有真才实学、能力强的学生勇于担当"领头雁"的重任，培养他们乐于奉献的精神。同时，通过毛遂自荐或者投票的方式进行选举，让他们轮流担任领头雁的角色。

在电子通信领域，许多专业知识都是先导性的、积累性的，如果每次开展实践创新活动时，每个同学都要自行摸索、"从零开始"，那么不仅耗时耗力，而且花费大量时间在做一些"无用功"。要使同学们明白，通信技术之所以由简单的信号传输装置发展到今天"致广大而尽精微"的几乎无所不能的现代信息技术，所依赖的正是一代代科研工作者所奠定的宏伟大厦。在团队建设中，要充分发挥"领头雁"和"学长"的传、帮、带作用，横向按年级组建专项IT技术学习小组，纵向按产、学、研课题组建由不同年级共同参与的项目研发团队，横、纵两向均有负责同学。通过同学之间积极的互相交流，加之教师适时适当的点拨，使得创新实践达到了事半功倍的效果。

2. "雁阵效应"的可行方案实践探索

在通过"雁阵效应"提高大学生实践创新能力的实践探索中，作者认为以下两个方面的问题很重要：

1）团队精神。所谓团队精神，简单来说就是大局意识、协作精神和服务精神的集中体现。团队精神的基础是尊重个人的兴趣和成就，核心是协同合作，最高境界是全体成员的向心力、凝聚力强，反映的是个体利益和整体利益的统一，并进而保证组织的高效率运转。例如，在暑假的电子设计大赛培训中，教师指定了几个知识和经验都很丰富的大四学生担任领头雁的任务，让他们分时协调管理整个团队，保证大家共同进步，效果良好。

2）加强沟通。沟通是人与人之间、人与群体之间思想与感情的传递和反馈的过程，以求思想达成一致和感情的通畅。良好地进行交流沟通是一个双向的过程，它依赖于您能抓住听者的注意力和正确地解释您所掌握的信息。在平时繁忙的学习中，实验中心要求每个实践创新团队每周必须组织老师和学生进行一周进展交流，学生把自己本周进展、下周计划、所遇困难向大家总结汇报，然后教师和同学对此提出自己建议，集思广益、共同提高。

美国著名的心理学家卡耐基说："一个人事业上的成功只15%基于他的专业知识，85%要靠人际关系即与人相处和与人合作的品德能力"。合作学习有利于培养学生的协作精神、团队观念和交流能力，并在思想的碰撞中迸发出创新的火花。在电子设计大赛培训中，实验中心坚持组织学生以小团队的形式进行学习，每次的任务都由小组成员自行分工，协作完成，然后再把他们个人的智慧集中起来，完成从个人创新到集体创新的过程。在解决实际问题的过程中，组织学生进行自由辩论，互相交流方法，互相启发思路，以实现解决实际问题与培养创新能力的有机统一。在与别人的相处中，学生可以感知周围环境的平均水平，知道自己的优点与不足，从而提高自己的学习动力。在这个过程中每个学生有更多的机会发挥自己所长，吸收别人之所长，再进行交流、切磋，使他们的思考水平同时得到提高，创新能力也自然得到提高。

3. "雁阵效应"的良性发展机制实践探索

实践教学的目标是培养学生的创新精神与工程能力。实践教学的功能是培养学生通过实践发现、分析、解决问题的能力，培养学生严谨的科学作风，培养初步的科学能力。实践探索表明，要使"雁阵效应"在提高大学生实践创新能力的过程中良性发展，应当注重以下两个方面问题：

1）培养"领头雁"骨干成员。在合理的团队建设中应该培养一批可以担任"领头雁"重任的团队骨干成员，由他们轮流担负整个团队的"领头雁"的重任，如具有临时出差任务或者有紧急的事情要处理，其他的骨干成员可以顶上去，带领团队稳步前进。在"领头雁"的培养过程中，必须明确：领头雁代表的不是位置，而是责任。"领头雁"角色不是固定和僵化不变的，而是因时因地发生着人选变化的。在大学生实践团队中，因为学生中在专业基础、知识结构等方面存在着客观差异，必然会有一部分同学从选拔中脱颖而出，先行成为"领头雁"。但是，这并不代表其他同学之中没有更加优异、更加杰出的。"闻道有先后，术业有专攻"，在实践团队中，每个同学都会在定期的实践创新活动中担任主持，担任一定时期的示范角色。

2）加强对弱者的扶助。任何一个团队中，其个体间的能力都是有差距的，相互比较之下必然会有强弱之分，但他们之间不存在级差的关系，要发挥骨干成员的辐射作用，促进其他同学学习，带动并提高他们的实践创新能力。无论是电子设计竞赛，还是大学生科协日常活动，实验中心都非常重视对有困难的同学进行个别辅导，他们可以向同级的同学请教，也可以向学长甚至教师寻求帮助，凡是能者，都会一丝不苟地进行耐心指导，直到他们没有疑问为止。

实践是大学生提高创新实践能力培养的一个十分重要的环节，不仅仅要让学生参加实践，还要引导学生对实践产生兴趣，让他们及时了解先进同学的事迹，并无形中对先进的同学产生敬仰和学习的心理，从而在实践中，在从众心理的驱使下，积极学习，缩小自己与先进同学的差距。先进的同学要充分发挥自身的指导性作用，尽量让每个问问题的同学能够得到满意的答复，对于不会的问题通过查阅资料，相互讨论，最终达到共同进步的目的。另外，在实践创新过程中，不一定先进同学的想法就一定是好的，还应随时对其他学生头脑中产生的创新思想火花及时给予肯定与鼓励，努力营造不拘泥传统形式、不呆板思维，人人都有事情可做，人人都有自己的兴趣所在，人人都能学到本领的开放氛围，使每个学生都真正成为实践创新活动的主人。在作者所在高校的大学生实践创新团队建设中，以上述雁阵效应发展的团队构建模式已经得到多年的持续探索，雁阵效应正以实实在在的形式得到了躬行践履。其中，教师、研究生、本科学生构成了紧密有序的"雁阵"型实践创新团队；团队中的教师和高年级的研究生同学轮流构成了"头雁"的角色；低年级的研究生以及本科生，在每周一次的团队交流中，也会得到主报告的机会，教师和学长会进行点评，帮助幼雁成长，使他们逐渐成熟，能胜任"头雁"的角色。薪火相传，使得"头雁"的角色和责任像接力棒一样传承下去，从而使得整个实践创新团队的发展具备良好的可持续性。

9.1.3　探索与实践小结

上述探索与实践对雁阵效应成因进行了分析，对实验中心借鉴"雁阵效应"提高学生实践创新能力的做法进行了介绍。通过雁阵效应发挥"领头雁"与群体的协同作用，促进共同进步。重视"领头雁"中的个体差异与互补，发挥雁阵对个体的吸引作用，揭示出团队扶助、主动沟通在实践创新活动中的作用，通过以点带面，带动整个集体达到"群雁齐飞"。

9.2　有效利用从众心理开展大学生实践创新能力培养的探索与实践

9.2.1　从众心理的成因及其负面影响

1. 从众心理的成因

"从众"这个概念最初是由美国社会心理学家 S・E・阿施提出的，是指个体对社会群体压力的服从。"从众心理"是一种普遍的社会心理现象，是个体受到外界人群行为的影响，而在自己的知觉、判断、认识上表现出符合于公众舆论或多数人的一种行为方式。一般说来，群体成员的行为，通常具有跟从群体的倾向，当他发现自己的行为和意见与群体不一致，或与群体中大多数人有分歧时，会感受到一种压力，这种趋向于与群体一致的现象，叫做从众行为。有数据表明，2/3 以上的人群发生过从众行为。从众行为与群体性质、群体规模、个体在群体中的地位以及个体的年龄、需要、情绪、智力、自尊心等因素有密切的关系。从众是个性的基本特性，是社会适应和社会认知的最重要机制之一，是个体在日常行动水平上实行自我调节的一种特殊方法，也是个体不愿遭到社会否定、制裁的一种防卫反应。从众性是与独立性相对立的一种意志品质。从众性强的人往往缺乏主见，易受暗示，容易不加分析地接受别人的意见并付诸实行。

产生从众心理的原因是多方面的。从心理学理论上进行分析，人是社会的人，人的社会性在个人的属性中起着主导作用。个体所处的群体所共有的行为方式、个性特征、处世态度都会对个体产生强大的"同化"作用，尤其在深受儒家文化濡染的中国社会，这种从众心理表现得更为明显。中国文化主张"中庸之道"，所谓"木秀于林，风必摧之；堆高于岸，流必湍之"，所以人们往往以"随大流"为处世之道。在一个平和的时代或者群体中，人们的行为方式往往也比较温和，反之，在一个相对激进的时代或群体内，人们也往往会表现出激进的行为。这其中深层次的社会文化渊源且不必去深究，但是如若在大学生教育中能够将这种从众心理加以巧妙的运用，规避它的负面效应，最大限度地发挥它的积极作用，就会取得意想不到的正面效果。

2. 对实践创新能力培养的负面影响

从众心理与从众行为，在大学校园里也是司空见惯的一种现象，表现在多方面：学习从众，消费从众，恋爱从众，作弊从众，入党从众，择业从众……，不一而足。

新生入学后，都在探索新的学习方法，寻求新的学习动力。班级、宿舍每个成员的学习态度、学习方法、学习成绩以及平时学习时间的利用、课余时间的安排等都成了其他成员最直接的"参照物"。他们在形成自己学习特点的同时，在某些方面也不同程度地与班级、宿舍大多数人保持一致。不仅如此,作息习惯、生活情趣、业余爱好也易趋同和从众。从众于老生、老乡也是新生中较为普遍的现象。新生涉世不深、情况不熟,极易简单模仿和随从于他人的行为,盲目从众。大学生从众行为的过分普遍,反映出了部分大学生自我意识弱化,独立性较差,缺乏个体倾向性的世界观、人生观、价值观。这种从众心理及从众行为的消极性,很大程度窒息了个体思维的独创性、深刻性,抑制了个体个性的形成和发展,不利于学生实践创新能力的培养,也对高校创新型人才塑造带来最直接的负面影响。

从众心理与从众行为也有它积极的一面,能通过群体的良好行为来影响和改变个体的不良行为,促使个体行为健康发展。一个良好的班风、舍风则共同合成对班级、宿舍成员的鞭策力,其潜在作用不可小觑。因此,正确的导向将对学生的思想、行为产生积极的影响。学校可以利用从众心理的积极因素对学生的四年本科学习生活进行有益的引导,将学生的注意力、课余时间吸引到有意义的活动中来,在大学生中树立良好的学习、研究、创新实践风气。

9.2.2 克服从众心理负面影响的实践研究

1. 实践课内强化过程管理,发挥学生的主动性

不论是学生还是任何其他人,由于习惯的影响,从众心理的作祟,都存在学习惰性,都缺乏主动创新意识,因此,教育必须有意识地积极引导并发掘出学生的主观能动性,通过强化过程管理,去规避这种负面影响。

实践课是大学生创新能力培养的一个十分重要的环节,但是往往由于学生缺乏认识而不予重视。很多学生仅仅是为了完成学分才参加实践课,课前没有预习,资料搜寻、相关知识的储备也不够,课上也不积极主动参与,课后更谈不上实践的体会及对问题的探讨。即便有些学生做了预习,上课也认真完成了实践内容,也有一份合格的报告,但只是"完成了",仅此而已。作为教育者,教师们不仅仅要让学生参加实践,还要引导学生对实践产生兴趣,从实践中得到乐趣,让学生从实践中获得一种本领,能够理论联系实际、举一反三、触类旁通,改革创新、创造发明。为此,不能放任学生的仅仅是完成学分的消极"从众行为",而是要通过各种途径让学生真正从实践环节获得真才实学。多年的实践教育探索,作者总结了一套实践课"五环"管理办法,引导学生一步一步地进入实践探索的境界。每个环节都有不同的要求与严格的检查,并且还采用了"小老师"的办法,一方面解决了教师因对每个学生均严格把关而带来的人手不够的问题,另一方面极大地提高了学生学习、研究、探索、总结、解决问题的能力。每个学生都有机会当小老师。要当好这个小老师必须自己首先吃透实践内容,还要把相关的知识系统地联系、应用起来,这对学生本身就是一个非常好的能力培养与锻炼。另外,在实践过程中,随时对学生产生的创新思想火花及时给予肯定与鼓励,努力营造不拘泥传统形式、不呆板思维、开放型的、活跃的创新实践氛围,让学生真正成为实践创新活动的主人。

2. 课外发挥学生科协的主体作用

除了课内的一些实践教育活动外,学生创新能力培养另一个平台是大学生科协。大学生科协在促进校园科技创新、营造校园科技氛围、培养学生创新思维、提高学生动手能力、搭建学生科技平台、繁荣校园科技文化等方面发挥着积极的作用。作为大学生科技活动的主力军和主营地,大学生科协通过组织各类讲座,组建各种科技小组,举行科技竞赛,为在校大

学生学习科技知识、锻炼动手能力、培养创新意识营造了一个非常良好的群体氛围，对于带动大多数学生的积极从众心理也起到了很好的作用。

学生作为科技活动的主体，他们在实践活动中主动性更强，涉猎的知识面更广，创新思维更活跃，一批优秀人才正在各种竞赛、大赛中脱颖而出。大学生科协的影响越来越大，它的发展正在激励和影响着一大批人，逐渐成为大学生积极的从众目标。

3. 平常抓实创新实践团队的传帮带作用

创新实践团队制度建立多年来，在学生中一直具有良好的口碑。有幸能选拔进入团队的学生，能有丰富的实践机会，不断参加各种专业设计活动，包括全国大学生电子设计大赛等。学生经过几年的实践锻炼，最终都使自己的专业能力得到良好的强化和提高。在本科毕业之际，他们要么在知名的大企业谋到理想的职位，要么能够顺利地进入重点高校继续深造攻读研究生。因而能够进入创新团队实验室，对学生而言是一件非常幸运的事情，甚至同学之间相互介绍时，都会有"他是学校创新实验室团队的，专业能力很强"这类介绍话语。学生不仅能积极、主动地投身到实验室团队的工作中去，而且还能带动自己的同学、室友也向加入实验室团队而努力。这就是"从众心理"的积极作用的体现。当然，加入创新实验室团队也会给学生心理上带来压力，那就是加入团队如果不能做出像样的成绩怎么办，不能适应团队的工作体制而放弃退出怎么办。这种压力增进了学生群体向上的动力。进入团队一定要刻苦成为专业上的佼佼者，半途而废，在同学和朋友之间是一件很丢脸的事。在一种良性的状态下，压力是能够转化为动力的。

这种以导师为核心的创新实践团队，其传帮带效用极其明显。导师在团队中起着学术指导与团队协调作用。团队定期进行学术、实践交流等活动。中、高年级的学生在学习了相关理论知识后，进行各类实践活动，低年级的学生就参与其中，虽然开始什么都不懂，什么也不会，但是团队里的人个个有事做，人人很努力，谁也不甘落后。耳濡目染这种团队的精神，自然就激发了他们强烈的求知欲，通过参与实践及团队成员之间的交流讨论，逐渐体会涉及那些相关理论知识，由于专业相近，对于他们明白所学课程的作用、学习兴趣的激发极有裨益。如此，高年级的学生带动低年级的学生，一届一届，形成良性循环，不仅倡导了校园内学习、研究、实践、探索的主流风气，也巧妙地引导了大学生积极的从众心理，更在广泛的层面上实现了使全体学生受益的教育主旨。

9.2.3 探索与实践小结

受中国传统文化的影响，中国学生很善于接受理论知识，他们在学习上的吃苦耐劳、坚韧毅力令国内外学者赞叹，然而，他们在独创性与开拓方面的循规蹈矩则使自己的实践创新能力与国外学生产生了很大的距离。国家教育机构目前正致力于学生全方位的素质教育，特别是大学生的实践创新能力的培养，不但在教育经费上加大了对大学生实践环节的投入（省、国家级的实验示范中心，重点实验室等），更是频繁举办了各级各类的大学生创新设计竞赛，旨在改变学生墨守成规、不求改变的固有从众心理，发掘学生潜在的创新意识，激励学生锐意进取，大胆实践。作为高等教育工作者，更应为创新型人才的培养殚精竭虑，深入研究大学生的从众心理和从众行为，采取各种有效措施，克服不良从众心理的影响，化消极为积极因素，因势利导，使从众心理在实践创新能力培养中发挥出积极作用。

9.3 团队模式下培养本科生科技创新能力的探索与实践

党的十八大报告提出,要努力办好人民满意的教育。高校需要全面实施素质教育,着力提高教育质量,培养学生创新精神,落实立德树人的根本任务。2010—2020 年中国中长期教育改革和发展规划纲要特别强调,高等教育要支持学生参与科学研究、强化实践教学环节、加强就业创业教育和就业指导服务,创立高校与科研院所、行业、企业联合培养人才的新机制。为了培养本科生的科技创新能力,高校不但要实施好"本科教学工程",建设国家级教师教学发展示范中心、大学生校外实践教育基地、实验教学示范中心、精品视频公开课和精品资源共享课,实施好"大学生创新创业训练项目",更需要组织实施好"科教协同育人行动计划",有序推进"高等学校创新能力提升计划",积极推进高等院校教育资源开放联盟、大学与企业联盟、大学与城市联盟的建设。河海大学的朱昌平、范新南、陈秉岩、单鸣雷、张学武、沈金荣等教师,历经 10 年构建师生团队,以"让学生做更好的自己,在和谐进取的学习氛围中锻炼过硬的创新、就业、创业能力,提升综合素质"为宗旨,形成了可持续发展的本科生科技创新能力培养体系,取得了一系列实践研究成果。

9.3.1 持之以恒,建设培养体系,构建交流互动机制

1. 团队培养体系及交流机制

10 年来,团队立足"教书育人、科研育人和服务育人"的本科生培养理念。以"知识学习—学科竞赛—科研项目—社会服务"为主线,建设本科生科技创新实践平台和师生交流互动机制,完善了以团队为载体的创新培养体系,形成了"一线教师、两类团队、三个层面"的本科生科技创新培养模式。即来自教学科研一线的指导教师;团队成员包括教师和本科生;建立了"规划决策、过程管理、组织实施"三个层面的交流互动机制。

教授领衔"规划决策"层,负责团队发展规划;骨干教师组成"过程管理"层,负责过程控制与细化管理;优秀学生带领跨年级和跨专业的 4~5 名本科生研究小组构成"组织实施"层,并设负责人 1~2 名、指导教师 1~2 名,承担具体的科技创新项目。团队纵向以项目进行培养,横向按年级进行培养,整体行为呈现"雁阵效应"。

师生共同在前沿交叉学科领域探索,团队每周开展三个层面的交流会,检查项目实施进度、研讨共性问题、部署工作计划。各本科生团队每周分层次交流,保证团队研究方向和内容的连贯性和一致性。师生分工明确、良性互动、工作有序。

2. 团队人才培养体系建设成效

经过 10 年的努力,团队经历了从无到有、从小到大的发展历程,先后建成"声电科技创新实验室"、"物理科技创新实验室"、"嵌芯科技创新实验室"、"雏鹰工作室"和"嵌入式检测控制技术创新实验室(EC 实验室)",总面积达到 500m^2。还建成"河海大学 – 江苏国光信息产业股份有限公司工程实践教育中心(国家级)""河海大学 – 广州周立功单片机科技有限公司工程实践教育中心(国家级)""江苏省输配电装备技术重点实验室""江苏省电动汽车电池充电设备工程技术研究中心"和"河海大学 – COMSOL 联合实验室"等 5 个产学研合作本科生创新平台。

团队长期保持指导教师近 30 人,他们来自电路与系统、声学技术与应用、电气工程等

10 多个学科方向。其中，高级职称 15 人，博士生导师 2 人，博士研究生学历占 70%。团队常年拥有本科生梯队约 150 人，他们分别来自通信工程、物联网工程、自动化等 10 多个专业，构成 30 多个跨年级跨专业的研究小组，在导师指导下承担相应的科研课题。

10 年来，团队培养了优秀本科毕业生 419 人，其中 216 人继续研究生学习。继续研究生学习的学生，大部分在中国科学院、浙江大学、中国科学技术大学等知名单位深造，他们凭借在团队中培养出的较高综合素质，成绩优秀，获得了导师的好评。从团队毕业的本科生，大部分就职于中国科学院、华为、现代重工等单位，用人单位高度评价了他们拥有的全面知识体系、丰富工程实践经验和较强科技创新能力，部分学生快速成长为技术总工程师、技术主管等。

经过 10 年的精心构建与实践，团队在组织本科生学科赛事、毕业设计、教学学术研究、课程建设等方面，获得部、省级集体奖励与荣誉 8 项，团队教师有 32 人次获得江苏省教学名师、宝钢教育奖、学科竞赛优秀指导教师等个人奖励与荣誉。例如，2011 年河海大学获得教育部高等教育司颁发的全国大学生节能减排竞赛"优秀组织单位奖"；朱昌平、范新南教授分别获得江苏省教学名师奖、宝钢优秀教师奖；陈秉岩、朱昌平、单鸣雷等教师获得国家级学科竞赛"优秀指导教师奖"等。团队所构建的创新培养体系和交流互动机制，不但培养了一大批优秀的本科生，也培养了教师本身。

9.3.2 倾情投入，引导学生科研，培养创新能力

1. 本科生科技创新组织模式

团队引导本科生直接参与教师承担的科研项目，以教师科研项目子课题作为学生科技创新能力培养的基础和驱动力，并形成团队培养学生创新能力的必备程序和制度。10 年来，团队教师主持"863"、国家自然科学基金等纵向科研项目 28 项，累计经费 1209.5 万元。教师将这些科研项目加以转化，形成了几十个本科生能够承担的子课题，配给相应经费，并由教师的指导，本科生研究小组根据自身实际情况，承接不同的子课题，开展研究。

在本科生承担科研项目子课题的过程中，教师鼓励他们创新思考。当学生有创新点子时，教师指导他们进一步完善和整理创新点，申报学生科技创新项目，并认真付诸实施。2007 年以来，团队本科生申报成功各类科技创新项目 100 多项，累计经费 70 多万元，其中，国家和省级大学生创新项目 26 项，经费 50.6 万元，校级大学生科技项目 80 多项，经费近 20 万元。

2. 本科生科研创新培养成效

依托各类科技项目，团队本科生在专利申请、论文发表和软件著作权登记等方面成绩卓著。近 5 年结项的国家和省级大学生创新项目的优秀率超过 65%，本科生为主完成的专利申请、研究论文发表和软件著作权等成果 100 多项。其中，本科生为第一完成人发表科研论文 11 篇（EI 检索 2 篇）、申请专利 16 项（发明 8 项）、登记软件著作权 8 件。另外，本科生为主，与教师共同完成的第二、三作者的专利、论文和软件著作权 70 多项。

教师在指导本科生开展科技创新活动的过程中，倾注了大量的时间和精力，这种师生互动的科技创新思路交流形成了"教、学、研"的良性互动，也为教师从事科学研究提供了新的思想源泉。团队的这些做法得到了学生和家长的广泛认可与好评。

9.3.3 学以致用，实施校企合作，提升工程实践素养

1. 校企合作培养学生的组织模式

为培养本科生科技创新能力，团队教师积极开展"产、学、研"合作，创建校企合作本科生实践创新培养平台，有效利用社会资源办学。团队先后与中国科学院等离子体物理研究所、安徽循环经济技术工程院、常州太平洋电力设备（集团）有限公司等20多家单位建立了稳定的校企"产、学、研"合作关系。

团队的朱昌平、范新南、陈秉岩、张学武、单鸣雷、沈金荣等10多位教师长期被校企合作单位聘请为高级技术专家和顾问，拥有丰富的工程实践经验。10年来，团队在企业建立了联合实验室、大学生实践基地、工程训练中心等5个本科生科技创新实践培养平台。

团队倡导"学以致用"，借助"产、学、研"合作平台，教师带领本科生深入企业，解决实际工程技术问题或进行技术攻关，充分服务社会，充分利用社会资源培养本科生的科技创新能力，不断提升团队师生的工程实践素养。

2. 校企合作培养学生的成效

10年来，教师带领本科生为企业完成了107项新产品研发。其中，团队本科生独立完成32项。例如，本科生周元伟同学带领的研究小组，帮助"常州市伟通机电制造有限公司"研发成功多个系列产品，公司总经理刘伟给予了高度评价；本科生张三清，在"常州市凯森光电有限公司"承担无极灯优化设计、LED投光灯、电光源CE认证试验等6个项目，积累了丰富的工作经验，毕业时到"苏州美华UL认证有限公司"从事电光源的UL认证测试工作，已成为技术中坚力量。在实施校企合作、提升本科生工程实践素养的过程中，也进一步拓展了团队的科技创新资源，取得了一定的成果。团队在为企业完成新产品研发或技术改进工作的同时，与企业联合申报各类纵向课题。近3年与常州市太平洋电力设备（集团）有限公司、常州市良久机械制造有限公司、常州市巨泰电子有限公司、江苏金海环保工程有限公司等共同申报成功纵向课题6项，与企业共同申请发明专利8项、发表科研论文3篇。团队积极开展"产、学、研"合作，通过校企平台培养本科生，提升团队的工程实践素养、培养服务社会意识，这些做法得到了企业的一致好评。

9.3.4 精心组织，指导学科竞赛，增强学生综合素质

1. 学科竞赛的组织实施模式

教育部、财政部2007年1号文件明确地把学科竞赛作为重要工作纳入"实践教学与人才培养模式改革"中，提出"继续开展大学生竞赛活动，重点资助在全国具有较大影响和广泛参与面的大学生竞赛，激发大学生的兴趣与潜能，培养大学生的团队协作意识和创新精神"。组织本科生参加学科竞赛，是激发学生创新思维的重要途径，是培养学生创新能力的重要载体，是培养创新型人才的重要手段，也是构建学生创新平台的重要组成部分。

10年来，团队始终强调将本科生的科研创新项目和"产、学、研"合作与学科竞赛相结合，通过学科竞赛，增强学生团队协作精神和竞争意识，提升综合素质。精心组织本科生将各类科技创新项目加以转化、提炼和完善，参加教育部主导的有较大影响和广泛参与面的学科竞赛，与来自国内外一流高校代表队同台竞技，注重与其他高校参赛代表队进行广泛而深入的交流，达到增进院校间的相互了解、增进友谊、提高团队影响力的作用。

2. 学科竞赛培养学生科技创新的成效

10 年来，团队的本科生在全国大学生"挑战杯"科技竞赛、全国大学生节能减排社会实践与科技竞赛、全国大学生电子设计竞赛等教育部主导的高水平学科竞赛中，累计获得 141 项国家和省级奖。其中，国家级一等奖 5 项、二等奖 9 项、三等奖 2 项；省级特等奖 1 项、一等奖 35 项、二等奖 62 项。获奖本科生超过 600 人次。团队组织的高水平学科竞赛及主要成效如下：

1）"挑战杯"全国大学生课外学术科技作品竞赛，是由国内著名大学和新闻单位联合发起，国家教育部支持下组织开展的一项具有导向性、示范性和权威性的全国性的竞赛活动，被誉为中国大学生学术科技"奥林匹克"。2007 年，团队"嵌芯实验室"的张学武老师指导章小华等学生完成的作品"综合多业务矿井安全监控终端"获全国一等奖，为学校重返挑战杯发起单位作出了贡献。

2）全国大学生节能减排社会实践与科技竞赛，以"节能减排、绿色能源"为主题，紧密围绕国家能源与环境政策、重大需求，是一项具有导向性、示范性和群众性的全国大学生竞赛。团队"物理科技创新实验室"获得该竞赛的全国一等奖 1 项、二等奖 2 项。2012 年，陈秉岩、朱昌平老师指导吴亭苇等学生完成的作品"LED 光伏一体智能照明系统"，在最具"低碳、高效、节能"理念的决赛中，进入 2059 件参赛作品的前 1% 排名，获全国一等奖；2010 年和 2011 年，陈秉岩、朱昌平、单鸣雷老师指导罗正亮、陈玲等本科生获 2 项全国二等奖；河海大学获 2011 年度"优秀组织单位奖"。中国新闻网、中国大学在线、中国高校导航等媒体多次报道了团队的优越成绩，提高了学校的知名度。

3）全国大学生电子设计竞赛——嵌入式系统专题邀请赛（Intel 杯），其影响力已经扩展到全球，成为一项中国举办的国际大学生赛事。"嵌心实验室"在该竞赛中获全国一等奖 1 项、二等奖 1 项、三等奖 1 项。2006 年，张学武老师指导张家华等学生完成的作品"基于 GIS 和多媒体通信技术的嵌入式矿井安全监测系统"获全国一等奖；2010 年和 2012 年，张学武、奚吉老师所指导本科生孙浩、周卓赟等，获全国二等奖和三等奖各 1 项。新华日报、扬子晚报、中国科学网、中国教育网等媒体，对团队在该竞赛中获得的优秀成绩进行了大量报道，提高了学校和团队的知名度。

4）全国大学生"飞思卡尔"杯智能汽车竞赛，以"立足培养，重在参与，鼓励探索，追求卓越"为指导思想，培养大学生的综合知识运用能力、工程实践能力、创新意识和团队精神，促进高等教育教学改革和素质教育。2009 年和 2011 年，"雏鹰工作室"的沈金荣、蔡昌春、倪建军老师指导的"水之子"和"雏鹰"代表队，获全国一等奖；2009 年和 2010 年，"EC 实验室"的范新南、金纪东老师指导曹腾、张浩、张正文等学生，获全国二等奖。另外，团队师生还获得该竞赛的赛区一等奖和二等奖 9 项。

5）全国大学生电子设计竞赛，是面向全国大学生的群众性科技活动，目的在于推动高等学校促进信息与电子类学科课程体系和课程内容的改革。竞赛的组织运行模式为："政府主办、专家主导、学生主体、社会参与"。10 年来，团队的朱昌平、单鸣雷、沈金荣、李书旗、范新南、陈秉岩等教师，指导本科生获得该竞赛国家二等奖 4 项，赛区一等奖和二等奖 50 多项。

团队在组织本科生参加有较大影响力的国家级学科竞赛的同时，还积极参加省教育厅主导的"江苏省高校大学生物理及实验科技作品创新竞赛"、"江苏省普通高等学校本专科优秀毕业设计（论文）评选"等。获得省级特等奖 1 项、一等奖 14 项、二等奖 22 项、三等奖 27 项。5 次获得"优秀组织单位奖"和"优秀毕业设计团队奖",20 多人次获得学科竞赛"优秀指导教师奖"。

团队依托学科竞赛培养本科生科技创新能力,认真组织策划,参与各类有影响力的高水平学科竞赛,培养了一大批优秀的本科生。新闻媒体和同行对团队取得的成绩给予了广泛关注和认可。

9.3.5 坚持不懈,潜心教学研究,共享教书育人成果

1. 积极争取教育教学资源,创建品牌教育

团队主持了 6 项教育教改研究课题,对"培养本科生科技创新能力"进行实践研究。即全国教育科学"十一五"规划 2009 年度教育部重点课题"利用'六大学科赛事'提高 IT 大学生实践创新能力研究"(DCA090201);江苏省教育教改研究课题"高校有效教学的跨学科研究"(2011JSJG109);"卓越计划"课堂有效教学方法的研究(KT2011174);电气信息类学科"五位一体"学生实践创新体系的构建研究(苏高教会〔2006〕12 号);创新实践梯队导师制与学生创新实践能力的培养(苏教高〔2005〕27 号),以学为主的"产、学、研"合作平台机制研究(D2011-03-009)。团队还主持了 3 项国家特色专业建设项目、4 项江苏省品牌专业或人才培养基地建设项目,即物联网工程国家第 7 批特色专业建设(2011);通信工程国家高等学校"专业综合改革试点"(2011);通信工程国家第 6 批特色专业建设(2010);江苏省高等教育人才培养模式创新实验基地建设"电气信息类工程型人才立体化培养模式创新实验基地"(2010);江苏省重点专业计算机类中的物联网工程专业建设(2012);通信工程江苏省品牌专业建设(苏教高〔2008〕32 号);江苏省基础实验教学示范中心建设,全省首批通过验收(苏教高〔2007〕39 号)。

2. 开展课程与教材建设,增强教育内涵

为了使更多的学生获益,团队教师坚持将团队本科生和教师的科研成果及时引入课堂,积极改革课程内容和教学方法,促进课程和教材建设。团队负责的"高频电子线路"和"微机原理与接口技术"课程,分别被评为江苏省和河海大学精品课程;团队教师为广大本科生开设的"多学科交叉创新及其项目实践 A&B"和"新生研讨课",受到学生的广泛欢迎和一致好评。

团队教师近 5 年来出版教材 5 部,其中:国家"十一五"规划教材 1 本,即《高频电子线路》;专著 2 本,即《水声通信基本原理与应用》和《视觉检测技术及智能计算》;编著教材 2 本,即 21 世纪高等院校物理实验教学改革示范教材《大学物理实验(工科)》和《计算机文化习题与上机实践》。

3. 总结凝练,发表研究论文,分享教学学术研究

团队坚持科研与教研相互促进,凝练成一批团队培养模式理论成果。10 年来,形成了"团队培养机制与实践平台建设、技术学习与综合教改、学科赛事与对外交流、科研与服务社会育人、课程建设"五大系列的教学研究成果,在国家核心期刊(北大版)发表了教研论文 60 余篇。这些论文被累计下载 7712 次,被引用 488 次。其中,单篇被下载 880 次,被引用 50 次。团队的教学学术研究论文,产生了较为广泛的影响,提升了团队教学成果的学术价值,为同行提供了理论参考与实践借鉴意义,赢得了校外同行、专家、社会团体和新闻媒体的高度评价。

9.3.6 探索与实践小结

本科生科技创新能力的培养不是课堂教学能完成的，也不是仅仅利用高校内的资源就足够的。必须有一批稳定的高素质教师队伍专门从事本科生科技创新能力培养，不断探索和完善创新教育运作机制，形成教育教学理论；坚持深入了解社会需求，不断开拓新的研究领域，带领学生从事科技创新实践，培养学生的创新创造能力；充分利用校内外资源，坚持"政、产、学、研"协同创新，"四轮驱动"培养本科生的科技创新能力，提升本科生的工程实践素质；紧扣国家的创新教育指导方针，精心组织本科生参与具有较大影响力的学科竞赛，培养协作精神和竞争意识，增强综合素质；教师应该及时总结本科生科技创新教育的成功经验，凝练成教学学术成果，与同行分享和交流。

附　　录

附录 A　安全常识

A. 1　安全用电

1. 安全用电的概念

通俗来说,安全用电就是在用电的时候,按照一定的规范操作,避免发生人身伤亡等事故。国家标准 GB 3805—1993《特低电压(ELV)限值》规定我国安全电压额定值的等级为 42V、36V、24V、12V 和 6V,应根据生产和作业场所的特点,采用相应等级的安全电压,防止发生触电伤亡事故。

规程规定:250V 以上的设备为高压设备,250V 以下的设备为低压设备。人们与高压设备接触较少,而且思想上较为重视,因此高压触电事故反而比低压触电事故少。

2. 安全用电的原则

1)不靠近高压带电体(室外高压线、变压器旁),不接触低压带电体。

2)不用湿手扳开关,插入或拔出插头。

3)禁止用铜丝代替熔断器,禁止用橡皮膏胶布代替电工绝缘胶布。

4)在电路中安装触电保护器,并定期检验其灵敏度。

5)使用试电笔不能接触笔尖的金属部分。

6)功率大的用电器一定要接地线。

7)不能用身体连通相线和地线。

8)使用的用电器总功率不能过高,否则引起电流过大而引发火灾。

A. 2　触电及防护

1. 触电的概念

生物体是可以导电的。

当生物体直接接触带电体,或间接接触带电体(包括带电体与生物体之间闪击放电,电弧触及生物体),以及跨步电压情况下,有电流通过生物体进入大地或其他导体,形成导电回路,这就是触电。

2. 触电的几种情况

按照生物体触及带电体的方式和电流通过生物体的途径,触电可分为四种情况:

1)单相触电。单相触电是指在地面上或其他接地导体上,生物体某一部位触及一相带电体的触电事故,如图 A. 2. 1 所示。

对于高压电,生物体虽然没有触及,但若超过了安全距离,高电压对生物体产生电弧,也属于单相触电。

单相触电的危险程度与电网运行方式有关,一般情况下,接地电网的单相触电比不接地电网的危险性大。

2) 两相触电。两相触电是指人体两处同时触及两相带电体而发生的触电事故。无论电网的中性点接地与否,其危险性都比较大,如图 A.2.2 所示。

3) 跨步电压触电。当电网或电气设备发生接地故障时,流入地中的电流在土壤中形成电位,地表面也形成以接地点为圆心的径向电位差分布。如果人行走时前后两脚间(一般按 0.8m 计算)电位差达到危险电压,就会造成触电,称为跨步电压触电,如图 A.2.3 所示。

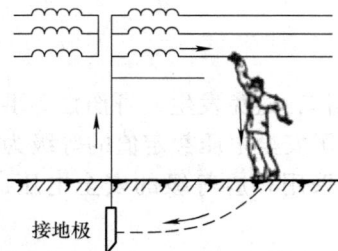

图 A.2.1 单相触电   图 A.2.2 两相触电   图 A.2.3 跨步电压触电

4) 静电触电。静电触电是由静电电荷或静电场能量引起的。在生产、操作过程中,材料的相对运动、接触、分离导致正负静电荷积累,或电气设备中存在高压大容量的电容,当电气设备断开电源后,电容储存电荷,产生静电。

静电既看不见又摸不着,它附着于物体表面,在与其他物体相互作用时才会释放能量。当感觉到电击时,人身上的静电电压已超过 2000V;当看到放电火花时,身上的静电电压已经超过 3000V,这时手指会有针刺般的痛感;当听到放电的"啪啪"声音时,身上的静电电压已高达 7000 ~ 8000V。

3. 触电对人体危害的影响因素

1) 通过人体的电压。触电伤亡的直接原因在于电流在人体内引起生理病变。人体在通电时,由于人体电阻随着作用于人体的电压升高呈非线性下降趋势,致使通过人体的电流显著增大,使得电流对人体的伤害更严重。

作用于人体而没有引起任何伤害事故的电压称为安全电压。它的大小取决于人体允许通过的电流和人体电阻。

从人触碰的电压情况来看,一般除 36V 以下的安全电压外,高于这个电压人触碰后都将是危险的。36V 大体相当于人体允许电流为 30mA,人体电阻为 1200Ω 的情况,即相当于危险情况下的安全电压。

安全电压是对人体皮肤干燥时候而言的。

对于潮湿而触电危险性较大的环境(如金属容器、管道内施焊检修),安全电压规定为 12V。

2) 通过人体的电流。人体内存在生物电流。

人体能感觉到的最小电流值,称为感知电流,交流为 1mA,直流为 5mA。

一定限度的电流不会对人造成伤害。1 ~ 3mA 的电流使人体有刺激感觉,电疗仪器就是取此电流，利用电流刺激达到治疗的目的。

人触电后能自己摆脱的最大电流称为摆脱电流，交流为 10mA，直流为 50mA。此时手摆脱电极已感到困难，手指关节有剧痛感。

超过摆脱电流，就会有生命危险。电流对人体的伤害与作用时间密切相关：电流通过人体时间越短，获救的可能性越大。时间越长，电流的热效应和化学效应将会使人出汗和组织电解，从而降低人体的电阻，使流过人体的电流逐渐增大，电流对人体的机能破坏越大，获救的可能性也就越小。

在较短的时间内危及生命的电流称为致命电流，例如 100mA 的电流通过人体 1s，足以致命。

在有防止触电保护装置的情况下，人体允许通过的电流一般可按 30mA 考虑，国家规定的人体流过安全电流（50Hz 工频）也就是这个值。

常用电击强度（电流与时间的乘积）表示电流对人体的危害。它是触电保护器设计的主要参考指标，当触电保护器的额定断开时间与电流乘积小于 30mA·s 时，可以有效防止触电事故。

3）人体的电阻。人体是导体。

人体电阻包括皮肤电阻和体内电阻。

人体的电阻一般以 1000~2000Ω 计算，安全电压范围是 30~60V。规定适用于一般环境的安全电压为 36V。

影响人体电阻的因素很多，如皮肤潮湿出汗、带有导电性粉尘、加大与带电体的接触面积和压力，以及衣服、鞋、袜的潮湿油污等情况，均能使人体电阻降低，可降到 1kΩ 以下。

人体还是一个非线性电阻，随着电压升高，电阻值减小。

所以通常流经人体电流的大小是无法事先计算出来的。

4. 触电防护

（1）防止触电的主要技术

包括：绝缘防护、保护接地、漏电保护、过限保护。

1）绝缘防护：使用绝缘材料将带电导体封护和隔离起来，使电器设备及线路能正常工作，防止人身触电，这就是绝缘防护。

2）保护接地：为防止人身因电气设备绝缘损坏而遭受触电，将电气设备的金属外壳及与外壳相连的金属构架与大地可靠地连接起来，以保证人身安全的保护方式，叫做保护接地，简称接地，如图 A.2.4 所示。

接地电阻越小，保护效果越好，应保证接地电阻小于 4Ω。在中性点不接地的配电系统中，电气设备适合采用保护接地。这里的"地"，不是电子电路中的公共参考电位"零点"，而是真正地**接大地**。

图 A.2.4 保护接地

采用接地保护后，可使人体触及漏电设备时的接触电压明显降低，因而大大地减弱了人体触电事故的发生。

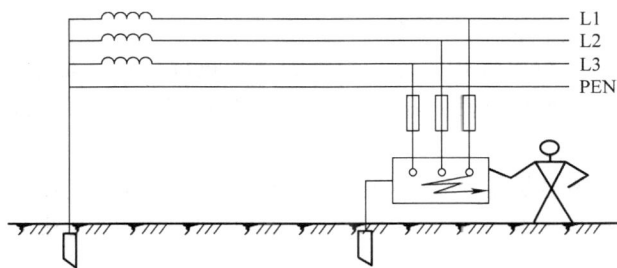

3）漏电保护：漏电保护器，又叫剩余电流断路器，俗称漏电（触电）保护开关。它的作用是：①当电气设备发生漏电或接地故障时，能在人尚未触及之前就把电源切断；②当人体触及带电体时，能在0.1s内切断电源，从而减轻电流对人体的伤害程度。此外，剩余电流断路器还可以作为三相电动机的断相保护，防止漏电引起的火灾事故。它有单相的，也有三相的。

漏电保护作为防止低压触电伤亡事故的后备保护，已被广泛的应用在低压配电系统中。

4）过限保护：上述三种保护措施主要针对电器外壳漏电及意外触电问题。

有一类故障是由于电器内部元器件、零部件故障，或是因为电网电压升高引起的，表现为：电器电流增大，温度升高，当超过一定限度时，电器损坏，甚至引起电气火灾等严重事故。

对这种故障目前常用自动保护装置，包括过电压保护装置、过电流保护装置、温度保护装置及智能保护装置。

① 过电压保护装置。包括集成过电压保护器和瞬变电压抑制器。

集成过电压保护器是一种安全限压自控部件，使用时并联于电源电路中。当设备电源失常或失效超过保护阈值，保护器工作，切断设备电源，保护设备免受损失。

例如，美信公司（Maxim Integrated Products）推出的适用于存在瞬态高压的汽车和工业应用的过电压保护器——MAX6397/MAX6398/MAX6399，可工作于5.75~72V电压下。它们既可配置为开关控制器，在过电压状态关断外部N沟道开关；也可配置为限压控制器，调节输出电压，以保证设备连续工作。

瞬态电压抑制器（Transient Voltage Suppressor，TVS），是一种二极管形式的高效能保护器件。

当TVS二极管的两极受到反向瞬态高能量冲击时，它能以10^{-12}s（ps级）速度，将其两极间的高阻抗变为低阻抗，吸收高达数千瓦的浪涌功率，使两极间的电压钳位于一个预定值，有效地保护电子线路中的精密元器件，免受各种浪涌脉冲的损坏。由于具有响应时间快、瞬态功率大、漏电流低、击穿电压偏差小、钳位电压较易控制、无损坏极限、体积小等优点，因此TVS已广泛应用于计算机系统、通信设备、交/直流电源、GSM、数字照相机的保护，共模/差模保护，RF耦合/IC驱动接收保护，电机电磁波干扰抑制，以及声频/视频输入、传感器/变速器、工控回路、继电器、接触器噪声的抑制等各个领域。

② 温度保护装置。电器温度超过设计标准是造成绝缘失效，引起漏电、火灾的关键。

温度保护装置除传统的温度继电器外，还有一种新型有效而且经济实用的元件——热熔断器。

热熔断器的外形如同一只电阻器，可以串接在电路，置于任何需要控制温度的部位，正常工作时相当于一只阻值很小的电阻，一旦电器温升超过阈值，立即熔断从而切断电源回路。

③ 过电流保护装置。用于过电流保护的装置和元件主要有熔断丝、电子继电器及聚合开关，它们串接在电源回路中以防止意外电流超限。

熔断丝用途最普遍，主要特点是简单、价廉；不足之处是反应速度慢而且不能自动恢复。

电子继电器过电流开关，也称电子熔断丝，反应速度快、可自行恢复，但较复杂、成本高，在普通电器中难以推广。

聚合开关实际上是一种阻值可以突变的正温度系数电阻器。当电流在正常范围时呈低阻（一般为 $0.05 \sim 0.5\Omega$），当电流超过阈值后，阻值很快增加几个数量级，使电路电流降至数毫安。一旦温度恢复正常，电阻又降至低阻，故其有自锁及自恢复特性。由于其体积小，结构简单，工作可靠且价格低，故可广泛用于各种电气设备及家用电器。

④ 智能保护。随着配电、输电及用电系统的日益复杂庞大，上述保护方法已无法完全满足实际需求。电子信息技术的飞速发展，传感器技术、计算机网络技术、自动化技术、通信技术的日趋完善，使得用综合性智能保护成为可能。利用各种传感器（温度、电压、电流、烟雾、红外线等）和监测装置将采集到的信息以有线或无线的方式传输，进行智能处理，对异常进行判断，发布指令控制，启动报警或应急处理，是今后安全技术发展的方向。

（2）触电急救

遇到触电情况时，首先要使触电者尽快脱离电源。

依次可以采取的方法是：

1）断开电源，即拉下闸刀或拔掉插头。

2）用绝缘物（有干燥木柄的工具、竹竿、硬塑料管等）移开或砍断电线。

3）用几层干燥的衣服将手包裹好，站在干燥木板上，拉触电者的衣服，使其脱离电源。

对高压触电，应立即通知有关部门停电；或迅速拉下开关；或由有经验的人采取特殊措施切断电源。

注意：一要确保自己安全；二要快。

然后根据具体情况，进行相应的救治。

A. 3　电子制作过程中的安全防护

电子信息类实验、电装实习、电子制作、电子产品研制、电器维修等电子装接工作，通常称为"弱电"工作。但是期间不可避免地要接触"强电"，如电烙铁、电钻、电热风机等电子制作工具，示波器、稳压电源、信号发生器等仪器设备，都需要接市电工作。因此安全防护也是电子装接工作需要关注的。

1. 树立安全意识

树立安全意识，增强安全观念，是安全用电的根本保证。

在工厂企业、科研院所、实验室等一切用电场所工作时，首先要关注安全用电制度。制度中很多的条文是实际经验和教训的总结。

没有任何一种措施或一种保护器是万无一失的。

2. 基本安全措施

1）工作场所电源符合电气安全标准。

2）工作场所总电源上装有剩余电流断路器。

3）使用符合安全要求的低压电器，包括开关、电源插座、电线、电动工具、仪器仪表等，且绝缘良好。

4）工作场所或操作台上有便于操作的电源开关，手上潮湿时不接触电线插销。

5）烙铁头等高温器具不要靠近电线，以免电线被烤焦而埋下隐患。

6）不要乱拉乱接电线，以防触电或发生火灾。

7）熔断器选用要合理，切忌用铜丝、铝丝或铁丝代替，以防发生火灾。

3. 电子制作中可能出现的伤害

电装过程中会用到电钻、电烙铁、螺钉旋具等工具，违反安全规程，使用操作不当，会给人体带来伤害。

（1）机械损伤

用螺钉旋具紧固螺钉会打滑，有时会伤及手；印制电路板上的元器件引脚剪断时，引线会飞出，有时会打伤眼睛；披散的长发挥卷入钻具，会造成严重伤害。

（2）烫伤

造成烫伤的主要原因及预防措施如下：

1）焊接工具（电烙铁、电热风枪）：烙铁头表面温度可达 400 ~ 500℃，远超过人体耐受温度（50℃）。

应采用烙铁头熔化松香的办法来判断烙铁头是否热了，不要用手触摸烙铁头来感知温度。

2）发热的电子元器件（变压器、功率器件、电阻、散热片）：电路出现故障时，有些器件发热，温度可达几百摄氏度，触及后会造成烫伤，甚至触电。

3）高温液体（熔化的焊锡、加热的腐蚀液）。

4）电弧烫伤：电弧烫伤常发生在操作电气设备过程中。当较大功率电器设备直接接到刀开关上，不通过起动装置时，若用手去拉开刀闸，电路中的感应电动势会在刀闸间产生瞬时上万伏特的高压，进而击穿空气产生强烈电弧，烧伤操作人员。

附录 B　二极管的主要参数

B.1　常用二极管的主要参数

表 B.1.1　常用二极管的主要参数

类型	型号	最大整流电流/A	正向电流/A	正向压降（在左栏电流值下）/V	反向击穿电压/V	最高反向工作电压/V	反向电流/μA	零偏压电容/pF	反向恢复时间/ns
普通检波二极管	2AP9	≤16	≥2.5	≤1	≥40	20	≤250	≤1	f_H(MHz)150
	2AP7		≥5		≥150	100			
	2AP11	≤25	≥10	≤1		≤10	≤250	≤1	f_H(MHz)40
	2AP17	≤15	≥10			≤100			
锗开关二极管	2AK1		≥150	≤1	30	10		≤3	≤200
	2AK2				40	20			
	2AK5		≥200	≤0.9	60	40		≤2	≤150
	2AK10		≥10	≤1	70	50			
	2AK13		≥250	≤0.7	60	40		≤2	≤150
	2AK14				70	50			

（续）

类型	参数＼型号	最大整流电流/A	正向电流/A	正向压降(在左栏电流值下)/V	反向击穿电压/V	最高反向工作电压/V	反向电流/μA	零偏压电容/pF	反向恢复时间/ns
硅开关二极管	2CK70A~E		≥10	≤0.8	A≥30 B≥45 C≥60 D≥75 E≥90	A≥20 B≥30 C≥40 D≥50 E≥60		≤1.5	≤3
	2CK71A~E		≥20						≤4
	2CK72A~E		≥30					≤1	
	2CK73A~E		≥50	≤1					≤5
	2CK74A~D		≥100						
	2CK75A~D		≥150						
	2CK76A~D		≥200						
整流二极管	2CZ52B~H	2	0.1	≤1		25~600			同2AP普通检波二极管
	2CZ53B~M	6	0.3	≤1		50~1000			
	2CZ54B~M	10	0.5	≤1		50~1000			
	2CZ55B~M	20	1	≤1		50~1000			
	2CZ56B~B	65	3	≤0.8		25~1000			
	1N4001~4007	30	1	1.1		50~1000	5		
	1N5391~5399	50	1.5	1.4		50~1000	10		
	1N5400~5408	200	3	1.2		50~1000	10		

B.2　常用整流桥的主要参数

表 B.2.1　几种单相桥式整流器的参数

参数＼型号	不重复正向浪涌电流/A	整流电流/A	正向电压降/V	反向漏电流/μA	反向工作电压/V	最高工作结温/℃
QL1	1	0.05	≤1.2	≤10	常见的分档为25,50,100,200,400,500,600,700,800,900,1000	130
QL2	2	0.1				
QL4	6	0.3				
QL5	10	0.5				
QL6	20	1				
QL7	40	2		≤15		
QL8	60	3				

B.3 常用稳压二极管的主要参数

表 B.3.1 部分稳压二极管的主要参数

测试条件 / 参数型号	工作电流为稳定电流 / 稳定电压 /V	稳定电压下 / 稳定电流 /mA	环境温度 <50℃ / 最大稳定电流 /mA	反向漏电流 /μA	稳定电流下 / 动态电阻 /Ω	稳定电流下 / 电压温度系数 /(10^{-4}/℃)	环境温度 <10℃ / 最大耗散功率 /W
2CW51	2.5~2.5		71	≤5	≤60	≥-9	
2CW52	2.2~4.5		55	≤2	≤70	≥-8	
2CW53	4~5.8	10	41	≤1	≤50	-6~4	
2CW54	5.5~6.5		38		≤30	-3~5	
2CW56	7~8.8		27		≤15	≤7	0.25
2CW57	8.5~9.8		26	≤0.5	≤20	≤8	
2CW59	10~11.8	5	20		≤30	≤9	
2CW60	11.5~12.5		19		≤40	≤9	
2CW103	4~5.8	50	165	≤1	≤20	-6~4	
2CW110	11.5~12.5	20	76	≤0.5	≤20	≤9	1
2CW113	16~19	10	52	≤0.5	≤40	≤11	
2CW1A	5	30	240		≤20		1
2CW6C	15	30	70		≤8		1
2CW7C	6.0~6.5	10	30		≤10	0.05	0.2

附录 C 晶体管和场效应晶体管的主要参数

C.1 3AX51(3AX31)型 PNP 型锗低频小功率晶体管的主要参数

表 C.1.1 3AX51(3AX31)型锗低频小功率晶体管的参数

原型号		3AX31				测试条件
	新型号	3AX51A	3AX51B	3AX51C	3AX51D	
极限参数	P_{CM}/mW	100	100	100	100	$T_a = 25℃$
	I_{CM}/mA	100	100	100	100	
	T_{jM}/℃	75	75	75	75	
	BV_{CBO}/V	≥30	≥30	≥30	≥30	$I_C = 1mA$
	BV_{CEO}/V	≥12	≥12	≥18	≥24	$I_C = 1mA$
直流参数	I_{CBO}/μA	≤12	≤12	≤12	≤12	$V_{CB} = -10V$
	I_{CEO}/μA	≤500	≤500	≤300	≤300	$V_{CE} = -6V$
	I_{EBO}/μA	≤12	≤12	≤12	≤12	$V_{EB} = -6V$
	h_{FE}	40~150	40~150	30~100	25~70	$V_{CE} = -1V$ $I_C = 50mA$

（续）

原型号	3AX31				测试条件
新型号	3AX51A	3AX51B	3AX51C	3AX51D	
交流参数 f_α/kHz	≥500	≥500	≥500	≥500	$V_{CB} = -6V$　$I_E = 1mA$
N_F/dB	—	≤8	—	—	$V_{CB} = -2V$　$I_E = 0.5mA$　$f = 1kHz$
h_{ie}/kΩ	0.6~4.5	0.6~4.5	0.6~4.5	0.6~4.5	$V_{CB} = -6V$　$I_E = 1mA$　$f = 1kHz$
h_{re}/×10	≤2.2	≤2.2	≤2.2	≤2.2	
h_{oe}/μs	≤80	≤80	≤80	≤80	
h_{fe}	—	—	—	—	
h_{FE}色标分档	（红）25~60；（绿）50~100；（蓝）90~150				
管　脚					

C.2　3AX81 型 PNP 型锗低频小功率晶体管的主要参数

表 C.2.1　3AX81 型 PNP 型锗低频小功率晶体管的参数

型　号		3AX81A	3AX81B	测试条件
极限参数	P_{CM}/mW	200	200	
	I_{CM}/mA	200	200	
	T_{jM}/℃	75	75	
	BV_{CBO}/V	-20	-30	$I_C = 4mA$
	BV_{CEO}/V	-10	-15	$I_C = 4mA$
	BV_{EBO}/V	-7	-10	$I_E = 4mA$
直流参数	I_{CBO}/μA	≤30	≤15	$V_{CB} = -6V$
	I_{CEO}/μA	≤1000	≤700	$V_{CE} = -6V$
	I_{EBO}/μA	≤30	≤15	$V_{EB} = -6V$
	V_{BES}/V	≤0.6	≤0.6	$V_{CE} = -1V$　$I_C = 175mA$
	V_{CES}/V	≤0.65	≤0.65	$V_{CE} = V_{BE}$　$V_{CB} = 0$　$I_C = 200mA$
	h_{FE}	40~270	40~270	$V_{CE} = -1V$　$I_C = 175mA$
交流参数	f_β/kHz	≥6	≥8	$V_{CB} = -6V$　$I_E = 10mA$
h_{FE}色标分档		（黄）40~55（绿）55~80（蓝）80~120（紫）120~180（灰）180~270（白）270~400		
管　脚				

C.3 3BX31 型 NPN 型锗低频小功率晶体管的主要参数

表 C.3.1 3BX31 型 NPN 型锗低频小功率晶体管的参数

型 号		3BX31M	3BX31A	3BX31B	3BX31C	测试条件
极限参数	P_{CM}/mW	125	125	125	125	$T_a = 25℃$
	I_{CM}/mA	125	125	125	125	
	T_{jM}/℃	75	75	75	75	
	BV_{CBO}/V	−15	−20	−30	−40	$I_C = 1mA$
	BV_{CEO}/V	−6	−12	−18	−24	$I_C = 2mA$
	BV_{EBO}/V	−6	−10	−10	−10	$I_E = 1mA$
直流参数	I_{CBO}/μA	≤25	≤20	≤12	≤6	$V_{CB} = 6V$
	I_{CEO}/μA	≤1000	≤800	≤600	≤400	$V_{CE} = 6V$
	I_{EBO}/μA	≤25	≤20	≤12	≤6	$V_{EB} = 6V$
	V_{BES}/V	≤0.6	≤0.6	≤0.6	≤0.6	$V_{CE} = 6V$ $I_C = 100mA$
	V_{CES}/V	≤0.65	≤0.65	≤0.65	≤0.65	$V_{CE} = V_{BE}$ $V_{CB} = 0$ $I_C = 125mA$
	h_{FE}	80~400	40~180	40~180	40~180	$V_{CE} = 1V$ $I_C = 100mA$
交流参数	$f_β$/kHz	—	—	≥8	$f_α ≥ 465$	$V_{CB} = −6V$ $I_E = 10mA$
h_{FE}色标分档		(黄)40~55(绿)55~80(蓝)80~120(紫)120~180(灰)180~270(白)270~400				
管 脚						

C.4 3DG100（3DG6）型 NPN 型硅高频小功率晶体管的主要参数

表 C.4.1 3DG100（3DG6）型 NPN 型硅高频小功率晶体管的参数

原 型 号		3DG6				测试条件
新 型 号		3DG100A	3DG100B	3DG100C	3DG100D	
极限参数	P_{CM}/mW	100	100	100	100	
	I_{CM}/mA	20	20	20	20	
	BV_{CBO}/V	≥30	≥40	≥30	≥40	$I_C = 100μA$
	BV_{CEO}/V	≥20	≥30	≥20	≥30	$I_C = 100μA$
	BV_{EBO}/V	≥4	≥4	≥4	≥4	$I_E = 100μA$
直流参数	I_{CBO}/μA	≤0.01	≤0.01	≤0.01	≤0.01	$V_{CB} = 10V$
	I_{CEO}/μA	≤0.1	≤0.1	≤0.1	≤0.1	$V_{CE} = 10V$
	I_{EBO}/μA	≤0.01	≤0.01	≤0.01	≤0.01	$V_{EB} = 1.5V$
	V_{BES}/V	≤1	≤1	≤1	≤1	$I_C = 10mA$ $I_B = 1mA$
	V_{CES}/V	≤1	≤1	≤1	≤1	$I_C = 10mA$ $I_B = 1mA$
	h_{FE}	≥30	≥30	≥30	≥30	$V_{CE} = 10V$ $I_C = 3mA$

（续）

原　型　号		3DG6			测试条件
新　型　号		3DG100A	3DG100B	3DG100C	3DG100D	
交流参数	f_T/MHz	≥150	≥150	≥300	≥300	$V_{CB}=10V$　$I_E=3mA$　$f=100MHz$　$R_L=5\Omega$
	K_P/dB	≥7	≥7	≥7	≥7	$V_{CB}=-6V$　$I_E=3mA$　$f=100MHz$
	C_{ob}/pF	≤4	≤4	≤4	≤4	$V_{CB}=10V$　$I_E=0$
h_{FE}色标分档		（红）30～60　　（绿）50～110　　（蓝）90～160　　（白）>150				

管　脚

C.5　3DG130（3DG12）型 NPN 型硅高频小功率晶体管的主要参数

表 C.5.1　3DG130（3DG12）型 NPN 型硅高频小功率晶体管的参数

原　型　号		3DG12			测试条件
新　型　号		3DG130A	3DG130B	3DG130C	3DG130D	
极限参数	P_{CM}/mW	700	700	700	700	
	I_{CM}/mA	300	300	300	300	
	BV_{CBO}/V	≥40	≥60	≥40	≥60	$I_C=100\mu A$
	BV_{CEO}/V	≥30	≥45	≥30	≥45	$I_C=100\mu A$
	BV_{EBO}/V	≥4	≥4	≥4	≥4	$I_E=100\mu A$
直流参数	I_{CBO}/μA	≤0.5	≤0.5	≤0.5	≤0.5	$V_{CB}=10V$
	I_{CEO}/μA	≤1	≤1	≤1	≤1	$V_{CE}=10V$
	I_{EBO}/μA	≤0.5	≤0.5	≤0.5	≤0.5	$V_{EB}=1.5V$
	V_{BES}/V	≤1	≤1	≤1	≤1	$I_C=100mA$　$I_B=10mA$
	V_{CES}/V	≤0.6	≤0.6	≤0.6	≤0.6	$I_C=100mA$　$I_B=10mA$
	h_{FE}	≥30	≥30	≥30	≥30	$V_{CE}=10V$　$I_C=50mA$
交流参数	f_T/MHz	≥150	≥150	≥300	≥300	$V_{CB}=10V$　$I_E=50mA$　$f=100MHz$　$R_L=5\Omega$
	K_P/dB	≥6	≥6	≥6	≥6	$V_{CB}=-10V$　$I_E=50mA$　$f=100MHz$
	C_{ob}/pF	≤10	≤10	≤10	≤10	$V_{CB}=10V$　$I_E=0$
h_{FE}色标分档		（红）30～60　　（绿）50～110　　（蓝）90～160　　（白）>150				

管　脚

C.6 9011~9018 型塑封硅晶体管的主要参数

表 C.6.1 9011~9018 型塑封硅晶体管的参数

	型 号	(3DG) 9011	(3CX) 9012	(3DX) 9013	(3DG) 9014	(3CG) 9015	(3DG) 9016	(3DG) 9018
极限参数	P_{CM}/mW	200	300	300	300	300	200	200
	I_{CM}/mA	20	300	300	100	100	25	20
	BV_{CBO}/V	20	20	20	25	25	25	30
	BV_{CEO}/V	18	18	18	20	20	20	20
	BV_{EBO}/V	5	5	5	4	4	4	4
直流参数	I_{CBO}/μA	0.01	0.5	0,5	0.05	0.05	0.05	0.05
	I_{CEO}/μA	0.1	1	1	0.5	0.5	0.5	0.5
	I_{EBO}/μA	0.01	0.5	0,5	0.05	0.05	0.05	0.05
	V_{CES}/V	0.5	0.5	0.5	0.5	0.5	0.5	0.35
	V_{BES}/V	1	1	1	1	1	1	1
	h_{FE}	30	30	30	30	30	30	30
交流参数	f_T/MHz	100			80	80	500	600
	C_{ob}/pF	2.5			2.5	4	1.6	4
	K_P/dB							10
h_{FE} 色标分档		(红)30~60 (绿)50~110 (蓝)90~160 (白)>150						
管 脚		E B C						

C.7 常用场效应晶体管的主要参数

表 C.7.1 常用场效应晶体管主要参数

参数名称	N 沟道结型				MOS 型 N 沟道耗尽型		
	3DJ2	3DJ4	3DJ6	3DJ7	3D01	3D02	3D04
	D~H	D~H	D~H	D~H	D~H	D~H	D~H
饱和漏源电流 I_{DSS}/mA	0.3~10	0.3~10	0.3~10	0.35~1.8	0.35~10	0.35~25	0.35~10.5
夹断电压 V_{GS}/V	<|1~9|	<|1~9|	<|1~9|	<|1~9|	≤|1~9|	≤|1~9|	≤|1~9|
正向跨导 g_m/μV	>2000	>2000	>1000	>3000	≥1000	≥4000	≥2000
最大漏源电压 BV_{DS}/V	>20	>20	>20	>20	>20	>12~20	>20
最大耗散功率 P_{DNI}/mW	100	100	100	100	100	25~100	100
栅源绝缘电阻 r_{GS}/Ω	≥10^8	≥10^8	≥10^8	≥10^8	≥10^8	≥10^8~10^9	≥100
管脚	G S D D 或 D S G						

附录 D　IC 型号命名方法

1. MAXIM 专有 IC 型号命名

$$\underset{1}{\text{MAX}}\quad \underset{2}{\text{XXX}}\quad \underset{3}{\text{(X)}}\quad \underset{4}{\text{X}}\quad \underset{5}{\text{X}}\quad \underset{6}{\text{X}}$$

名称各部分说明：

1：前缀：MAXIM 公司产品代号。

2：产品系列编号：

编号范围	芯片类型	编号范围	芯片类型	编号范围	芯片类型
100～199	模/数转换器	400～499	运算放大器	700～799	微处理器 外围显示驱动器
200～299	接口驱动器/接受器	500～599	D/A 转换器	800～899	微处理器、监视器
300～399	模拟开关 模拟多路调制器	600～699	电源产品	900～999	比较器

3：指标等级或附带功能：A 表示 5% 的输出精度，E 表示防静电。

4：温度范围：

符号	温度范围	用途	符号	温度范围	用途
C	0～70℃	商业级	－E	－40～+85℃	扩展工业级
I	－20～+85℃	工业级	M	－55～+125℃	军品级
A	－40～+85℃	航空级			

5：封装形式：

符号	封装	符号	封装	符号	封装
A	SSOP（缩小外形封装）	K	TO-3 塑料接脚栅格阵列	T	TO5，TO-99，TO-100
B	CERQUAD9	L	LCC（无引线芯片承载封装）	U	TSSOP，μMAX，SOT
C	TO-220，TQFP（薄型四方扁平封装）	M	MQFP（公制四方扁平封装）	W	宽体小外形封装（300mil）
D	陶瓷铜顶封装	N	窄体塑封双列直插	X	SC-70（3 脚，5 脚，6 脚）
E	四分之一大的小外形封装	P	塑封双列直插	Y	窄体铜顶封装
F	陶瓷扁平封装	Q	PLCC（塑料式引线芯片承载封装）	Z	TO-92MQUAD
H	模块封装，SBGA	R	窄体陶瓷双列直插封装（300mil）	/D	裸片
J	CERDIP（陶瓷双列直插）	S	小外形封装	/PR	增强型塑封
				/W	晶圆

6：引脚数量：

符号	引脚数	符号	引脚数	符号	引脚数	符号	引脚数	符号	引脚数	符号	引脚数	符号	引脚数
A	8	E	16	I	28	M	7,48	Q	2,100%	U	60	Y	8（圆形）
B	10,64	F	22,256	J	32	N	18	R	3,84	V	8（圆形）	Z	10（圆形）
C	12,192	G	24	K	5,68&	O	42	S	4,80	W	10（圆形）		
D	14	H	44	L	40	P	20	T	6,160	X	367		

MAXIM 公司网址：http：//www. maxim – ic. com

2. AD 常用 IC 型号命名

（1）单块和混合集成电路

6XX   XX   XX   XX   X

1   2   3   4   5

名称各部分说明：

1：前缀：AD—模拟器件，HA—混合集成 A/D，HD—混合集成 D/A。

2：器件型号。

3：一般说明：A—第二代产品，DI—介质隔离，Z—工作于 ±12V。

4：温度范围/性能（按参数性能提高排列）：

符号	温度范围	符号	温度范围	符号	温度范围
I、J、K、L、M	0 ~ 70℃	A、B、C	–25℃ 或 –40 ~ 85℃	S、T、U	–55 ~ 125℃

5：封装形式：

符号	封装	符号	封装	符号	封装
D	陶瓷或金属密封双列直插	M	陶瓷金属盖板双列直插	S	塑料四面引线扁平封装
E	陶瓷无引线芯片载体	N	塑料有引线芯片载体	ST	薄型四面引线扁平封装
F	陶瓷扁平封装	Q	陶瓷熔封双列直插	T	TO – 92 型封装
G	陶瓷针阵列	P	塑料或环氧树脂密封双列直插	U	薄型微型封装
H	密封金属管帽	R	微型"SQ"封装	W	非密封的陶瓷/玻璃双列直插
J	J 形引线陶瓷封装	RS	缩小的微型封装	Y	单列直插
				Z	陶瓷有引线芯片载体

（2）高精度单块器件

XXX   XXXX   BI   E   X   /883

1   2   3   4 5   6

名称各部分说明：

1：器件分类：

符号	芯片类型	符号	芯片类型	符号	芯片类型
ADC	A/D 转换器	LIU	串行数据列接口单元	REF	电压比较器
AMP	设备放大器	MAT	配对晶体管	RPT	PCM 线重复器
BUF	缓冲器	MUX	多路调制器	SMP	取样/保持放大器
CMP	比较器	OP	运算放大器	SW	模拟开关
DAC	D/A 转换器	PKD	峰值监测器	SSM	声频产品
JAN	Mil – M – 38510	PM	PMI 二次电源产品	TMP	温度传感器

2：器件型号。

3：老化选择。

4：电性能等级。

5：封装形式：

符号	封装	符号	封装	符号	封装
H	6 脚 TO – 78	Q	16 脚陶瓷双列直插	TC	20 引出端无引线芯片载体
J	8 脚 TO – 99	R	20 脚陶瓷双列直插	V	20 脚陶瓷双列直插
K	10 脚 TO – 100	RC	20 引出端无引线芯片载体	X	18 脚陶瓷双列直插
P	环氧树脂 B 双列直插	S	微型封装	Y	14 脚陶瓷双列直插
PC	塑料有引线芯片载体	T	28 脚陶瓷双列直插	Z	8 脚陶瓷双列直插

6：军品工艺。

AD 公司网址：http：//www. analog. com/

3. ALTERA IC 型号命名

$$\text{XXX}\quad \text{XXX}\quad \text{X}\quad \text{X}\quad \text{XX}\quad \text{X}$$
$$1\qquad 2\qquad 3\quad 4\quad 5\quad 6$$

名称各部分说明：

1：前缀：EP—典型器件。

　　　　　EPC—组成的 EPROM 器件。

　　　　　EPF—FLEX10K 或 FLFX6000 系列、FLFX8000 系列。

　　　　　EPM—MAX5000 系列、MAX7000 系列、MAX9000 系列。

　　　　　EPX—快闪逻辑器件。

2：器件型号。

3：封装形式：

符号	封装	符号	封装
D	陶瓷双列直插	Q	塑料四面引线扁平封装
P	塑料双列直插	R	功率四面引线扁平封装
S	塑料微型封装	T	薄型 J 形引线芯片载体
J	陶瓷 J 形引线芯片载体	W	陶瓷四面引线扁平封装
L	塑料 J 形引线芯片载体	B	球阵列

4：温度范围：C—0 ~ 70℃，I— – 40 ~ 85℃，M— – 55 ~ 125℃。

5：引脚数。

6：速度。

ALTERA 公司网址：http：//www. altera. com. cn/

4. ATMEL 产品型号命名

$$\text{AT}\quad \text{XX}\quad \text{X}\quad \text{XX}\quad \text{XX}\quad \text{X}$$
$$1\qquad 2\quad 3\quad 4\quad 5\quad 6$$

名称各部分说明：

1：前缀：ATMEL 公司产品代号。

2：器件型号。

3：速度。

4：封装形式：

符号	封装	符号	封装	符号	封装
A	TQFP 封装	J	塑料 J 形引线芯片载体	R	微型封装集成电路
B	陶瓷钎焊双列直插	K	陶瓷 J 形引线芯片载体	S	微型封装集成电路
C	陶瓷熔封	L	无引线芯片载体	T	薄型微型封装集成电路
D	陶瓷双列直插	M	陶瓷模块	V	自动焊接封装
F	扁平封装	N	无引线芯片载体，一次可编程	W	芯片
G	陶瓷双列直插，一次可编程	P	塑料双列直插	Y	陶瓷熔封
U	针阵列	Q	塑料四面引线扁平封装	Z	陶瓷多芯片模块

5：温度范围：C—0 ~ 70℃，I— – 40 ~ 85℃，M— – 55 ~ 125℃。

6：工艺：

空白	标准
/883	Mil – Std – 883，完全符合 B 级
B	Mil – Std – 883，不符合 B 级

5. BB（BURR – BROWN）产品型号命名

XXX XXX (X) X X XX XXX X
 1   2   3 4 5 6   7 8

名称各部分说明：

1：前缀：

符号	芯片类型	符号	芯片类型
ADC	A/D 转换器	MPY	乘法器
ADS	有采样/保持的 A/D 转换器	OPA	运算放大器
DAC	D/A 转换器	PCM	音频和数字信号处理的 A/D 和 D/A 转换器
DIV	除法器	PGA	可编程控增益放大器
INA	仪用放大器	SHC	采样/保持电路
ISO	隔离放大器	SDM	系统数据模块
MFC	多功能转换器	VFC	V/F、F/V 变换器
MPC	多路转换器	XTR	信号调理器

2：器件型号。

3：一般说明：

符号	说明	符号	说明	符号	说明	符号	说明
A	改进参数性能	Z	+12V 电源工作	L	锁定	HT	宽温度范围

4：温度范围：

符号	温度范围	符号	温度范围	符号	温度范围
H、J、K、L	0 ~ 70℃	A、B、C	– 25 ~ 85℃	R、S、T、V、W	– 55 ~ 125℃

5：封装形式：

符号	封装	符号	封装	符号	封装	符号	封装
L	陶瓷芯片载体	N	塑料芯片载体	H	普通陶瓷双列直插	U	微型封装
M	密封金属管帽	P	塑封双列直插	G	密封陶瓷双列直插		

6：筛选等级：Q—高可靠性，QM—高可靠性、军用。

7：输入编码：

输入编码	含义	输入编码	含义	输入编码	含义	输入编码	含义
CBI	互补二进制输入	CSB	互补直接二进制输入	COB	互补余码补偿二进制输入	CTC	互补的两余码

8：输出：V—电压输出，I—电流输出。

BB 公司网址：http：//www. burr – brown. com

6. CYPRESS 产品型号命名

$$\begin{array}{ccccccc} XXX & 7C & XXX & XX & X & X & X \\ 1 & & 2 & 3 & 4 & 5 & 6 \end{array}$$

名称各部分说明：

1：前缀：CY—Cypress 公司产品，CYM—模块，VIC—VME 总线。

2：器件型号：

符号	芯片类型	符号	芯片类型	符号	芯片类型	符号	芯片类型
7C128	CMOS SRAM	7C245	PROM	7C404	FIFO	7C9101	微处理器

3：速度。

4：封装形式：

符号	封装	符号	封装	符号	封装
A	塑料薄型四面引线扁平封装	L	无引线芯片载体	W	带窗口的陶瓷双列直插
B	塑料针阵列	N	塑料四面引线扁平封装	X	芯片
D	陶瓷双列直插	P	塑料	Y	陶瓷无引线芯片载体
E	自动压焊卷	Q	带窗口的无引线芯片载体	HD	密封双列直插
F	扁平封装	R	带窗口的针阵列	HV	密封垂直双列直插
G	针阵列	S	微型封装 IC	PF	塑料-扁平单列直插
H	带窗口的密封无引线芯片载体	T	带窗口的陶瓷熔封	PS	塑料-单列直插
J	塑料有引线芯片载体	U	带窗口的陶瓷四面引线扁平封装	PZ	塑料-引线交叉排列式双列直插
K	陶瓷熔封	V	J 形引线的微型封装		

5：温度范围：

符号	温度范围	符号	温度范围	符号	温度范围
C	民用（0～70℃）	I	工业用（−40～85℃）	M	军用（−55～125℃）

6：工艺：B—高可靠性。

CYPRESS 公司网址：http：//china. cypress. com/

7. ST 产品型号命名

（1）普通线性、逻辑器件

$$MXXX \quad XXXXX \quad XX \quad X \quad X$$
$$1 \qquad\quad 2 \qquad\quad 3 \quad\ 4\ \ 5$$

名称各部分说明：

1：产品系列：74AC/ACT—先进 CMOS，M74HC、HCF4XXX—高速 CMOS。

2：序列号。

3：速度。

4：封装：BIR、BEY—陶瓷双列直插，M、MIR—塑料微型封装。

5：温度。

（2）普通存储器件

$$XX \quad X \quad XXXX \quad X \quad XX \quad X \quad XX$$
$$1 \quad\ 2 \qquad 3 \qquad 4 \quad 5 \quad 6 \quad 7$$

1：系列：

符号	含义	符号	含义	符号	含义
ET21	静态 RAM	TS27	EPROM	MK41	快静态 RAM
ETC27	EPROM	TS29	EEPROM	MK48	静态 RAM
MK45	双极端口 FIFO	ETL21	静态 RAM	S28	EEPROM

2：工艺：空白—NMOS，C—CMOS，L—小功率。

3：序列号。

4：封装：

符号	封装	符号	封装	符号	封装	符号	封装
C	陶瓷双列	J	陶瓷双列	N	塑料双列	Q	UV 窗口陶瓷熔封双列直插

5：速度。

6：温度：空白—0 ~ 70℃，E—25 ~ 70℃，V—－40 ~ 85℃，M—－55 ~ 125℃。

7：质量等级：空白—标准，B/B—MIL－STD－883B、B 级。

ST 公司网址：http：//www. stmicroelectronics. com. cn

8. HITACHI 常用产品型号命名

$$XX \quad XXXXX \quad X \quad X$$
$$1 \qquad 2 \qquad\ 3 \quad 4$$

名称各部分说明：

1：前缀：

符号	芯片类型	符号	芯片类型	符号	芯片类型
HA	模拟电路	HN	存储器（NVM）	HL	光电器件（激光二极管/LED）
HD	数字电路	HG	专用集成电路	HR	光电器件（光纤）
HM	存储器（RAM）	HB	存储器模块	PF RF	功率放大器

2：器件型号。

3：改进类型。

4：封装形式：

符号	封装	符号	封装	符号	封装
P	塑料双列	FP	塑料扁平封装	S	缩小的塑料双列直插
C	陶瓷双列直插	SO	微型封装	CG	玻璃密封的陶瓷无引线芯片载体
CP	塑料有引线芯片载体	PG	针阵列	G	陶瓷熔封双列直插

HITACHI 公司网址：http：//www. hitachi. com. cn/

9. NTERSIL 产品型号命名

XXX　XXXX　X　X　X　X
1　　2　　3　4　5　6

名称各部分说明：

1：前缀：

符号	芯片类型	符号	芯片类型	符号	芯片类型	符号	芯片类型
D	混合驱动器	AD	模拟器件	G	混合多路 FET	DG	模拟开关
ICL	线性电路	DGM	单片模拟开关	ICM	钟表电路	ICH	混合电路
IH	混合/模拟门	MM	高压开关	IM	存储器	NE/SE SIC	产品

2：器件型号。

3：电性能选择。

4：温度范围：

符号	温度范围	符号	温度范围	符号	温度范围	符号	温度范围	符号	温度范围
A	−55~125℃	B	−20~85℃	C	0~70℃	I	−40~125℃	M	−40~125℃

5：封装形式：

符号	封装	符号	封装	符号	封装	符号	封装
A	TO–237 型	F	陶瓷扁平封装	L	无引线陶瓷芯片载体	V	TO–39 型
B	微型塑料扁平封装	H	TO–66 型	P	塑料双列直插	Z	TO–92 型
C	TO–220 型	I	16 脚密封双列直插	S	TO–52 型 1	/W	大圆片
D	陶瓷双列直插	J	陶瓷双列直插	T	TO–5、TO–78、TO–99、TO–100 型"	/D	芯片
E	TO–8 微型封装	K	TO–3 型	U	TO–72、TO–18、TO–71 型	Q	2 引线金属管帽

6：引脚数：

符号	引脚数	符号	引脚数	符号	引脚数	符号	引脚数
A	8	B	10	C	12	D	14
E	16	F	22	G	24	H	42
I	28	J	32	K	35	L	40
M	48	N	18	P	20	Q	2
R	3	S	4	T	6	U	7
V	8（引线间距0.2in，绝缘外壳）	W	10（引线间距0.23in，绝缘外壳）	Y	8（引线间距0.2in，4脚接外壳）	Z	10（引线间距0.23in，5脚接外壳）

注：in 为非法定计量单位，1in＝0.0254m。

INTERSIL 公司网址：http：//www.intersil.com

10. NEC 常用产品型号命名

$$\mu P \quad X \quad XXXX \quad X$$
$$\quad 1 \quad 2 \quad 3 \quad 4$$

名称各部分说明：

1：前缀。

2：产品类型：

符号	芯片类型	符号	芯片类型	符号	芯片类型	符号	芯片类型
A	混合元件	B	双极数字电路	C	双极模拟电路	D	单极型数字电路

3：器件型号。

4：封装形式：

符号	封装	符号	封装	符号	封装	符号	封装
A	金属壳类似 TO-5 型封装	D	陶瓷双列	J	塑封类似 TO-92型	L	塑料芯片载体
B	陶瓷扁平封装	G	塑封扁平	M	芯片载体	K	陶瓷芯片载体
C	塑封双列	H	塑封单列直插	V	立式的双列直插封装	E	陶瓷背的双列直插

11. MICROCHIP 产品型号命名

$$PIC \quad XX \quad XXX \quad XXX \quad (X) - XX \quad X \quad /XX$$
$$\quad 1 \quad 2 \quad 3 \quad \quad 4 \quad 5 \quad 6$$

名称各部分说明：

1：前缀：PIC MICROCHIP 公司产品代号。

2：器件型号（类型）：

符号	芯片类型	符号	芯片类型	符号	芯片类型	符号	芯片类型	符号	芯片类型
C	CMOS 电路	LC	小功率 CMOS 电路	LCS	小功率保护	LV	低电压	F	快闪可编程存储器
CR	CMOS ROM	LCR	小功率 CMOS ROM	AA	1.8V	HC	高速 CMOS	FR	FLEX ROM

3：改进类型或选择。

4：速度标示：

符号	速度	符号	速度	符号	速度	符号	速度	符号	速度
-55	55ns	-70	70ns	-90	90ns	-10	100ns	-12	120ns
-15	150ns	-17	170ns	-20	200ns	-25	250ns	-30	300ns

晶体标示：

符号	名称	符号	名称
LP	小功率晶体	RC	电阻电容
XT	标准晶体/振荡器	HS	高速晶体

频率标示：

符号	名称	符号	名称	符号	名称	符号	名称
-20	2MHz	-04	4MHz	-10	10MHz	-16	16MHz
-20	20MHz	-25	25MHz	-33	33MHz		

5：温度范围：空白—0~70℃，I——45~85℃，E——40~125℃

6：封装形式：

符号	封装	符号	封装	符号	封装
L	PLCC 封装	SO	微型封装 300mil	SL	14 脚微型封装 150mil
P	塑料双列直插	SP	横向缩小型塑料双列直插	VS	超微型封装 8mm×13.4mm
W	大圆片	SS	缩小型微型封装	ST	薄型缩小的微型封装 4.4mm
JN	陶瓷熔封双列直插，无窗口	TS	薄型微型封装 8mm×20mm	CL	68 脚陶瓷凹面引线，带窗口
SM	8 脚微型封装 207mil	JW	陶瓷熔封双列直插，有窗口	PT	薄型四面引线扁平封装
SN	8 脚微型封装 150mil	PQ	塑料四面引线扁平封装	TQ	薄型四面引线扁平封装

MICROCHIP 公司网址：http：//imicrochip. com/

参 考 文 献

[1] 王建花, 茆姝. 电子工艺实习 [M]. 北京: 清华大学出版社, 2010.

[2] 姚宪华, 郝俊青. 电子工艺实习: 工程实训 [M]. 北京: 清华大学出版社, 2010.

[3] 殷志坚. 电子工艺实训教程 [M]. 北京: 北京大学出版社, 2007.

[4] 王天曦, 李鸿儒. 电子技术工艺基础 [M]. 北京: 清华大学出版社, 2003.

[5] 宁铎, 马令坤, 郝鹏飞, 等. 电子工艺实训教程 [M]. 西安: 西安电子科技大学出版社, 2010.

[6] 王成安. 电子技术基本技能综合训练 [M]. 北京: 人民邮电出版社, 2005.

[7] 廖芳. 电子产品生产工艺与管理 [M]. 北京: 电子工业出版社, 2003.

[8] 刘远贵, 马聪. Altium Designer 电子设计应用教程 [M]. 北京: 清华大学出版社, 2011.

[9] 张友汉. 电子线路设计应用手册 [M]. 福州: 福建科学技术出版社, 2000.

[10] 钟文耀, 段玉生, 何丽静. EWB 电路设计入门与应用 [M]: 北京: 清华大学出版社, 2000.

[11] 张新喜. Multisim 10 电路仿真及应用 [M]. 北京: 机械工业出版社, 2010.

[12] 朱清慧. Proteus 教程: 电子线路设计, 制板与仿真 [M]. 北京: 清华大学出版社, 2011.

[13] 陈梓城. 电子技术实训 [M]. 北京: 机械工业出版社, 2005.

[14] 姚彬. 电子元器件与电子实习实训教程 [M]. 北京: 机械工业出版社, 2005.

[15] 王松武. 常用电路模块分析与设计指导 [M]. 北京: 清华大学出版社, 2007.

[16] 康华光. 电子技术基础, 数字部分 [M]. 5 版. 北京: 高等教育出版社, 2006.

[17] 科特尔, 曼西尼. 运算放大器权威指南 [M]. 姚剑清, 等译. 北京: 人民邮电出版社, 2010.

[18] 曹文. 电子设计基础 [M]. 北京: 机械工业出版社, 2012.

[19] 吴建明, 张红琴. 电子工艺与实训 [M]. 北京: 机械工业出版社, 2012.

[20] 张大彪. 电子技能与实训 [M]. 2 版. 北京: 电子工业出版社, 2007.

[21] Tim Williams. 电路设计技术与技巧 [M]. 北京: 电子工业出版社, 2006.

[22] Darren Ashby, Bonnie Baker. Circuit Design [M]. Newnes, 2008.

[23] 黄智伟, 等. 全国大学生电子设计竞赛训练教程 (修订版) [M]. 北京: 电子工业出版社, 2007.

[24] 张金. 电子设计与制作 100 例 [M]. 北京: 电子工业出版社, 2012.

[25] 廖艳闰, 唐小庆, 李刚. 宽带直流放大器 [J]. 电子制作, 2009, 12: 42 - 26.

[26] 黄智伟. 全国大学生电子设计竞赛常用电路模块制作 [M]. 北京: 北京航空航天大学出版社, 2007.

[27] 洪利, 等. MSP430 单片机原理与应用实例详解 [M]. 北京: 北京航空航天大学出版社, 2010.

[28] 李冬梅, 高文焕, 张鸿远, 等. 过采样 Sigma - delta 调制器的研究与仿 [J]. 清华大学学报: 自然科学版, 2000, 40 (7): 89 - 92.

[29] 于慧敏, 屈民君. 一种新型 Sigm - Delta 调制器结构的研究 [J]. 电路与系统学报, 2004, 9 (14): 138 - 141.

[30] 冀文峰, 薛卧龙, 王学通, 等. 无线电能传输发射模块优化设计 [J]. 电力电网机电工程技术, 2013, 42 (11).

[31] 朱昌平, 刘昌伟, 黄波, 等. 通过团队建设促进 IT 大学生实践创新能力的提高 [J]. 实验技术与管理, 2010, 27 (5): 122 - 126.

[32] 朱昌平, 赵胜永, 朱陈松, 等. 借鉴 "雁阵效应" 提高大学生实践创新能力 [J]. 实验室研究与探索, 2012, 31 (10): 81 - 85.

[33] 殷明, 朱昌平. 从众心理与学生实践创新能力培养的研究 [J]. 实验技术与管理, 2009, 26 (7): 128 - 130.

[34] 陈秉岩, 朱昌平, 等. 团队模式下培养本科生科技创新能力的探索与实践 [J]. 实验技术与管理, 2013, 30 (12): 158 - 162.